# シリーズ・現象を解明する数学
Introduction to Interdisciplinary Mathematics:
Phenomena, Modeling and Analysis

三村昌泰，竹内康博，森田善久：編集

# 界面現象と曲線の微積分

矢崎成俊 著

共立出版

## 本シリーズの刊行にあたって

　数学は2000年以上の長い歴史を持つが，厖大な要因が複雑に相互作用をする生命現象や社会現象のような分野とはかなり距離を持って発展してきた．しかしながら，20世紀の後半以降，学際的な視点から，数学の新しい分野への展開は急速に増してきている．現象を数学のことばで記述し，数理的に解明する作業は可能だろうか？　そして可能であれば，数学はどのような役割を果たすことができるであろうか？　本シリーズでは，今後数学の役割がますます重要になってくると思われる生物，生命，社会学，芸術などの新しい分野の現象を対象とし，「現象」そのものの説明と現象を理解するための「数学的なアプローチ」を解説する．数学が様々な問題にどのように応用され現象の解明に役立つかについて，基礎的な考え方や手法を提供し，一方，数学自身の新しい研究テーマの開拓に指針となるような内容のテキストを目指す．

　数学を主に学んでいる学部4年生レベルの学生で，（潜在的に）現象への応用に興味を持っている方，数学の専門家であるが，数学が現象の理解にどのように応用されているかに興味がある方，また逆に，現象を研究している方で数学にハードルを感じているが，数学がどのように応用されているかに興味を持っている方などを対象としたこれまでの数学書にはない新しい企画のシリーズである．

編集委員

# まえがき

　本書は，「数学と現象」に興味がある学生を念頭に書かれたものです．ここで，「現象と数学」であってもかまいません．大学における理工系分野の中でも，特に，数学の解析系，応用数学系，数理科学系，現象数理系，総合数理系などと称される学部や学科に所属する学生を考えながら執筆しました．対象とする学年は，大学学部から修士課程，あるいは博士課程前半くらいまでを想定しています．本文の随所に問題を織りまぜていますが，

　　第Ⅰ部「準備編」のすべての問題に解答したら学部前半レベル
　　第Ⅱ部「基礎編」までのすべての問題を，なるべく自力で試行錯誤して
　　解答できたら学部卒業論文レベル
　　第Ⅲ部「発展編」の問題もすべて解いて，それらを題材に自分なりの
　　ストーリーを構成し，そして，レポートとして体裁を整えてまとめたら
　　修士論文レベル

と考えています．さらに，参考文献を芋づる式に辿って，新規性の高い研究にまで達したならば，博士論文に昇華することもできるでしょう．本書で対象とする数学は，一言で言うならば，「平面曲線の時間発展」に限定しました．また，対象とする現象は，「古典力学の範疇」で扱えるものにしました．

　冒頭で学生を念頭に執筆したと述べましたが，読んで楽しんでほしい一番の読者は，大学や理工系などという所属に関係なく，現象に興味をもち，不思議だなと素朴に思い，わからないことをどうにかわかりたいと思う熱意ある諸氏です．本書が，その熱意に応えられるものであることを願います．

　さて，本書の構成と各章の特徴を述べましょう．本書は，序章と八つの章からなっており，第1章～第8章は三つの部に大別されます．各部のレベルは，上で

述べた通りですが，大学の教科カリキュラムに沿った厳密な区分けではないので，おおらかに捉えて下さい．

序章「身近にあふれる界面現象」は，多くの現象や実験などを紹介した章です．扱った話題の多くは，第6, 7章を中心に後の章で扱っています．本書全般に関連する書籍や論説は，最終節にまとめて記載しました．以下，各章の特徴を述べましょう．

第I部「準備編」は二つの章からなります．第1章「平面曲線と曲率に関する基本事項」では微分幾何学の基礎知識について，第2章「界面現象を数学的に記述するための準備」では第1章で扱った各量が時間に依存して発展した場合の数学的表現について学びます．

第II部「基礎編」では，本書の主テーマの数学的な根幹をなす話題を三つの章に分けて解説しました．第3章「等周不等式とその精密化」と第4章「異方性と等周不等式の一般化」では，等周問題（序章）の解決から始めて，等方性から異方性，さらに強い異方性へと数学的議論を展開し，現象の数理解析に資する話題を詳述します．第5章「さまざまな勾配流方程式と曲率流方程式」においては，勾配流の概念を中心に，豊富な例を紹介します．

第III部「発展編」では，第II部までに学んだ数学的技術の応用と発展を，現象の数理解析と数値解析の二つの観点から論述します．第6, 7章「さまざまな界面現象にみられる移動境界問題1, 2」においては，序章で紹介した現象を含むいくつかの典型的な現象を数学的に表現し，それぞれの現象のもつ数学的性質や問題点などを扱います．特に，第6章では滑らかな移動境界を，第7章では必ずしも滑らかでない，例えば折れ線のような移動境界を主たる対象とします．そして，最終章の第8章「数値計算とその応用」では，界面現象を数値計算する際の考え方や注意点について詳しく述べました．

最後に「参考文献」には，できる限り多くの論文や成書を掲載しました．本書の話題をきっかけに芋づる式に文献散策を楽しんで下さい．

本書の随所で，多くの知己からのアイディアやアドバイスが生かされています．二宮広和氏（明治大学）には絵の具でのヘレ・ショウ流れの実験（序章）を教えていただき，末松信彦氏（明治大学）には筆者の研究室の学生とともにBZ反応実験（序章）のご指導を賜りました．牛島健夫氏（東京理科大学）には本書構想段階から貴重なご意見を頂戴しました．石渡哲哉氏（芝浦工業大学）には異方性（第4章）に関して，大崎浩一氏（関西学院大学）にはらせん運動（第6章）に関して，それぞれ本質的に重要なご助言をいただきました．また，明治大学大

学院理工学研究科博士前期課程・元大学院生の上形泰英，宗像俊行，山根匡史，現大学院生の加茂章太郎，明治大学法人PDの谷文之，東京大学大学院数理科学研究科博士課程の榊原航也，および，株式会社レキシーの秋田健一，以上の諸氏には，本書全般の校正に関して，数多くの誤植や問題の不備などをご指摘いただきました．みなさまに深く感謝いたします．

　2010年の夏に，編集委員の森田善久氏より執筆打診のメールを，そして，共立出版編集部の赤城圭さんより執筆要領のメールを拝受しました．その後，筆者の所属も変わり，2016年が明けてからは編集部の担当も大谷早紀さんに代わりました．執筆の機会をくださり，その上，辛抱強く待っていてくださった編集委員と担当者の方々に改めて感謝いたします．

　本書で扱った研究内容は，2010年の執筆開始当初から比べると大きく進歩しました．しかし，まだまだ研究の行く末が見えません．研究すべきことが山積しています．読者のみなさまが本書に触発され，そして本書を踏み台に多くの方々の勉学・研究が進展したならば，望外の喜びです．

平成28年6月18日　矢崎成俊

――――――○――――――○――――――

**ページ番号についての注意**

　図，定理，問や式番号が，読んでいるページより2ページ以上離れている場合にページ番号を付した．

# 目　次

序章　身近にあふれる界面現象　　1
- 0.1　境界とは何か (§3.1) ………………………………………　1
- 0.2　蛇口から垂れ落ちる水滴 …………………………………　3
- 0.3　ヘレ・ショウ流 (§6.1) ……………………………………　4
- 0.4　雪結晶 (§7.2) ………………………………………………　6
- 0.5　チンダル像と空像 (§7.1.2, §7.2.2) ………………………　7
- 0.6　BZ 反応 (§6.2) ……………………………………………　8
- 0.7　画像輪郭抽出 (§5.4) ………………………………………　9
- 0.8　関連書籍と論説 ……………………………………………　9

## 第 I 部　準備編　　11

## 第 1 章　平面曲線と曲率に関する基本事項　　12
- 1.1　平面曲線とその表現 ………………………………………　12
- 1.2　平面曲線の性質 ……………………………………………　17
- 1.3　弧長 $s$ に関する微分 $\partial_s \mathsf{F}$ と積分 $\int_\Gamma \mathsf{F}\,ds$ ……………　22
- 1.4　曲率 …………………………………………………………　23
- 1.5　凸性 …………………………………………………………　26
- 1.6　曲率円と曲率半径 …………………………………………　28
- 1.7　接線角度と曲率による曲線の構成 ………………………　33

## 第 2 章　界面現象を数学的に記述するための準備　　39
- 2.1　移動境界問題 ………………………………………………　39
- 2.2　時間変化する平面曲線とその表現 ………………………　40

| | | |
|---|---|---|
| 2.3 | 時間に依存する弧長 $s$ に関する微分 $\partial_s \mathsf{F}$ と積分 $\int_{\Gamma(t)} \mathsf{F}\,ds$ | 40 |
| 2.4 | 幾何学的量 | 42 |
| 2.5 | 接線速度 | 44 |
| 2.6 | 逆向きの曲線 | 46 |
| 2.7 | さまざまな量の時間発展 | 47 |
| 2.8 | 接線方向，法線方向，曲率の符号についての注意 | 50 |
| 2.9 | 古典的曲率流方程式 | 52 |
| 2.10 | 勾配流 | 55 |
| 2.11 | 勾配の由来 | 59 |
| 2.12 | 曲率の別の定義 | 60 |

# 第 II 部　基礎編　　61

# 第 3 章　等周不等式とその精密化　　62

| | | |
|---|---|---|
| 3.1 | 等周問題と等周不等式 | 62 |
| 3.2 | フーリエ級数を用いた証明 | 63 |
| 3.3 | 古典的曲率流方程式を用いた証明 | 66 |
| 3.4 | ボンネーゼンの不等式 | 67 |
| 3.5 | ゲージの不等式 | 67 |
| 3.6 | 凸曲線に対する表現 | 71 |
| 3.7 | 最大値原理と凸性の保存 | 73 |
| 3.8 | 爆発 | 75 |

# 第 4 章　異方性と等周不等式の一般化　　78

| | | | |
|---|---|---|---|
| 4.1 | 異方性と重み付き曲率流 | | 78 |
| | 4.1.1 | 正斉次性 | 79 |
| | 4.1.2 | 重み付き曲率流方程式 | 81 |
| 4.2 | ウルフ図形 | | 83 |
| 4.3 | 重み付き曲率流方程式の一般化 | | 87 |
| 4.4 | フランク図形 | | 90 |
| 4.5 | 等周不等式の一般化のための準備 | | 95 |
| 4.6 | 一般等周不等式 | | 98 |

## 第 5 章　さまざまな勾配流方程式と曲率流方程式　　102

- 5.1　アイコナール方程式　　102
- 5.2　面積保存流 —— 古典的面積保存曲率流　　103
- 5.3　重み付き曲率流方程式の一般化　　107
- 5.4　非斉次エネルギーの勾配流と画像輪郭抽出の考え方　　108
- 5.5　凸性の崩壊　　111
- 5.6　ウィルモア流　　113
- 5.7　周長保存曲率流　　114
- 5.8　ヘルフリッヒ流 —— 面積・周長保存曲率流　　114
- 5.9　等周比の勾配流　　115
- 5.10　異方的等周比の勾配流　　117
- 5.11　自明でない接線速度の効果 1 —— 局所長保存流　　117
- 5.12　自明でない接線速度の効果 2 —— 相対的局所長保存流と一様配置法　　119

## 第 III 部　発展編　　121

## 第 6 章　さまざまな界面現象にみられる移動境界問題 1　　122

- 6.1　気液／液液界面現象 —— ヘレ・ショウ問題　　122
  - 6.1.1　隙間が時間に依存する場合　　129
  - 6.1.2　縦置きヘレ・ショウセル中を浮上する気泡　　131
- 6.2　らせん運動　　134
  - 6.2.1　モデル 1：らせん波の実現　　135
  - 6.2.2　モデル 2：弧状波のフィードバック安定化　　137
  - 6.2.3　モデル 3：端点まで接線速度が連続であるモデル　　139
  - 6.2.4　定常渦巻波　　144

## 第 7 章　さまざまな界面現象にみられる移動境界問題 2　　150

- 7.1　固液界面現象 —— ステファン問題　　150
  - 7.1.1　ギブス-トムソン則　　151
  - 7.1.2　チンダル像　　152
- 7.2　気固界面現象 —— 雪結晶成長　　154
  - 7.2.1　横山-黒田モデル　　156

|  |  | 7.2.2 空像 ····················································· | 164 |
|---|---|---|---|
|  | 7.3 | 折れ線版移動境界問題 ············································ | 171 |
|  |  | 7.3.1 クリスタライン曲率流方程式 ······················· | 171 |
|  |  | 7.3.2 折れ線曲率流方程式 ······································ | 176 |

## 第8章 数値計算とその応用　　178

| 8.1 | 直接法と間接法 ·················································· | 178 |
|---|---|---|
| 8.2 | 時間変化する平面折れ線とその表現 ························· | 180 |
| 8.3 | 一様配置法（離散版）········································· | 188 |
| 8.4 | アルゴリズム ···················································· | 191 |
| 8.5 | 接線速度（詳説）··············································· | 192 |
| 8.6 | 自明でない接線速度の効果3 — 曲率調整型配置法 ············ | 196 |
| 8.7 | 形状関数 $\varphi(k)$ の効能 ········································· | 200 |

## 第 I 部略解　　208

## 参考文献　　210

## 索　引　　218

# 序章

# 身近にあふれる界面現象

　本章では，本書で対象とする現象の一部を紹介する．各節タイトルの括弧内に関連する節番号を記した．「まえがき」で述べたように，対象とする数学は，「平面曲線の運動」に限定している．したがって，対象とする現象は，平面曲線の運動として数学的に記述できるものに限ってしまうが，身の回りを見渡してみてほしい．そのように限定しても，面白い界面現象がごろごろ転がっている．

## 0.1　境界とは何か (§3.1)

　1992年，米スペースシャトル・エンデバーは，米東部夏時間9月20日午前8時53分（日本時間同日午後9時53分），9月12日からの宇宙実験を終えて，米フロリダ州のケネディ宇宙センターに着陸．日本人宇宙飛行士（搭乗科学技術者）毛利衛氏は，帰還直後の会見にて，次のように語った [131]．

> 非常に嬉しい幸福な気持ちで帰ってきました．そして，非常にわかったことは…，本当に地球は一つなんだな．国境は見えません．

　切なる願いにも聞こえるこの至言の裏には，古今東西，人類は自分の領土，それもなるべく広い領土を欲しがる，という歴史的事実がある．カルタゴ建国神話もその象徴的な一例であろう．次のような話である．フェニキア人の王女ディド (Dido) が，祖国から北アフリカ沿岸部（チュニジア付近）に避難してきた．その際，地元民から土地を分け与えられた．ただし，牛一頭の皮で覆えるだけの土地という条件付きで．そこで一計を案じた王女は，牛の皮を細長くひも状に裁断し，それで囲めるだけの広大な土地を手に入れたという．この土地がはじまりとなって後に古代都市国家カルタゴが建国された [105, 第3章・コラム]．ディドが

解決した問題は，

> 一定の長さのひもで囲むことができる図形の中で最大面積となるものは何か

という等周問題として数学的に定式化される．詳しくは，§3.1 で論じよう．

人類は太古の昔から今もなお，縄張りや領土，すなわち境界を意識している．国境だけではない．光と影，水と油，白と黒，海と空，…．質の異なるものとものの間には，必ず，**境界 (boundary)**，すなわち境界線，境界面があり，そこにわれわれの意識は向かう．だから，例えば，『ドラゴンボール（セルゲーム編）』の「精神と時の部屋」に入ると，境界がない世界に普通の精神では耐えられないのである．境界面はしばしば**界面 (interface)** と呼ばれる．接頭辞「inter-」は「の間」という意味があるからである．液相と気相，固相と気相など，気相との間の境界の場合は，界面を**表面 (surface)** ということもある．

境界とはいうけれど，実際には境界はあいまいで，白黒はっきりできないグレーゾーンのことも多い．例えば，波打ち際を見てほしい（図 0.1）．いったい，どこを海岸線（海と陸の境界線）と呼べばよいのだろうか．

もしかしたら，図 0.2 のように，境界と思しき部分を，境界線（あるいは境界面）として，勝手に脳内補正して理想化し，境界をはっきりさせているのかもしれない．

となると，境界とは何であろうか．まず，境界というものを構成する物質はない．すなわち，物理的には境界は存在しないといってよいだろう．実際，水面という物質はなく，それは水でも空気でもない究極的には何もない部分である．一方，数学的には境界という集合は存在する（境界は内部でも外部でもない）．ユークリッド (Euclid) は，時空を跨いだベストセラーとなったその著書『原論』第 1 巻「定義」の項目 2 において，

図 **0.1**　海の波打ち際

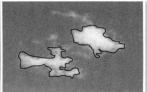

**図 0.2** 中図は左図の雲の「輪郭」を「それっぽく」脳内補正した曲線. 右図において, 内(白), 外(灰), 境界(黒)である.

> 線とは幅のない長さである

と述べている [122]. 紀元前の遙か昔から, 直観的に線とは幅をもってはならず, 線を紙に書いたら, もはやそれは線とは呼べないことが注視されていた. 境界線には幅がないのである[1].

見方を変えると, 境界自体が物理的性質をもつとき, その境界は「膜」であって, 境界自体が物理的性質をもたないとき, あるいはもたないとするとき, その境界は数学的な境界条件だけを与えることになる.

本書では, 境目の部分が, 数学的な境界としてはっきりとした界面 (sharp interface) とみなすことができ, そして, その境界の形状が時々刻々と変形する現象を扱う. このような界面現象を扱う問題を特に**移動境界問題 (Moving Boundary Problem, MBP)** と呼ぶ. 以下, いくつかの例を挙げよう.

## 0.2 蛇口から垂れ落ちる水滴

移動境界問題の卑近な例として, 蛇口から垂れ落ちる水滴の形を考えよう. 高速度カメラで撮影すると, 図 0.3 のように変形運動している.

水滴は回転対称であると仮定すれば, 水滴の変形運動は, 2次元平面内で変形・移動する曲線の問題に帰着され, 力の釣り合いから, 曲線の形状が算出される (図 0.4).

本書では, 何らかの仮定のもとで, 界面(あるいは表面)が, 2次元境界線としてみなせる現象について, 変形・移動する境界線を数学的に定式化して, その問題を数理的に解析することを目的とする.

---

[1] もちろん, 幅や長さの定義はどうすればよいのか, という疑問が氷解するには, ルベーグ (Lebesgue) [100] を待たねばならない.

4　序章　身近にあふれる界面現象

図 0.3　蛇口から垂れ落ちる水滴

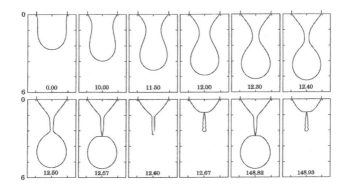

図 0.4　垂れ落ちる水滴の形のシミュレーション．[32] より引用

　蛇口からの水滴の問題は，回転対称の仮定によって，平面曲線の時間発展問題として定式化できたが，問題によっては，ほぼ 2 次元的な界面運動として捉えられるものもある．そのような例をいくつか見てみよう．

## 0.3　ヘレ・ショウ流 (§6.1)

　二枚の平行板を近接して設置し，その間に粘性流体を流し込み，その流体の変形運動を考えるという問題が知られている．この流体運動は，この問題設定を考えた創始者の名前をとって，「ヘレ・ショウ (Hele-Shaw) 流」と呼ばれる．実験は以下のように簡単である [185, 186]．

**実験 0.1**　二枚の平行板を近接して設置し，その間に粘性流体を流し込み，それを観察する．透明な二枚のアクリル板，プラスチック板，ガラス板などを平行

## 0.3 ヘレ・ショウ流 (§6.1)

板として使う．アクリル板，プラスチック板を用いる場合は，粘性流体としてサラダ油，台所用洗剤，グリセリンなど使い，板が CD や DVD のケースくらいの大きさならば，2mm 程度の隙間を空けるためのスペーサーとして，例えば小さなナットを使う．絵の具を粘性流体として使う場合は，ガラス板（松浪スライドグラス S9213）の方がアクリル板より使いやすかった．ただ，アクリル板ほどしならないので，製本テープくらいの厚さのものをスペーサーとして使うとよい．（アクリル板でも，分厚かったり，手のひらサイズの場合，ほとんどしならないので，やはり製本テープをスペーサーとするとよい．）

平行板の間に流体を挟んだだけでは何も起こらない．上の板を平行に持ち上げると流体が変形するが，持ち上げるのは難しいので，上の板の中央を押し，板のしなりの反発力を利用して，上の板の平行移動の代わりとする．

図 0.5 は，サラダ油をアクリル板で挟んだときのヘレ・ショウ流の様子（反発が収まり，ほぼ平行板になったと思われる時点からの写真）である．

ガラス板を用いて，サラダ油の代わりに粘性の高い絵の具にすると，変形が微細になって，最終形状は図 0.6 のような，非常に細かい凹凸が多数みられるようになる[2]．粘性が高く，板との摩擦が大きいため，変形していく途中で乾燥し

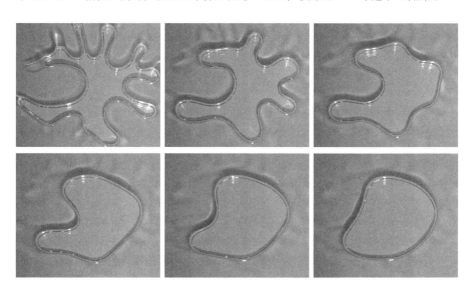

図 0.5　サラダ油によるヘレ・ショウ流

---
[2] 二宮広和氏（明治大学）のご教示

図 0.6　絵の具によるヘレ・ショウ流

て固化したと考えられる．ヘレ・ショウ流とそのヴァリエーションについては，§6.1 で解説する．

## 0.4　雪結晶 (§7.2)

　ヘレ・ショウ流は気体中の液体の（ほとんど 2 次元といえる）準 2 次元界面現象であるが，気体中で成長する固体の典型的で身近な現象として，雪結晶成長が挙げられよう．図 0.7（や図 7.5（154 ページ））は雪結晶の写真であるが，落ちている雪結晶をルーペで拡大してそれをデジカメで撮影したものである．

　この雪結晶は，乾燥した雪（牡丹雪でない，サラサラした雪）が降るところならば，スキー場でも簡単に見つけることができる「通常」のものであり，一方，図 0.8 のような六方対称形から遠く外れた奇妙な形の雪結晶は，日本では見つけられないだろう．これらは，南極などの極地において発見されたものである．

　図 0.9 は，針金枠に張られた石けん膜の上で成長する雪結晶である．お店のアイスクリームボックスのような大きな冷蔵庫の中で，「ダイヤモンドダスト」を作り，針金枠に張られた石けん膜をその中に入れると，ダイヤモンドダストが石

図 0.7　雪の結晶（ルーペとデジカメで筆者撮影）

けん膜に付着し，そこから，急速に結晶が成長する[3]．雪結晶については，§7.2 で解説する．

図 **0.8** 極地では，面白い形の雪結晶が観測される．(a) 四角形，(b) 御幣形，(c) するめのしっぽ状形．[88] より引用（オリジナルは偏光カラー写真）

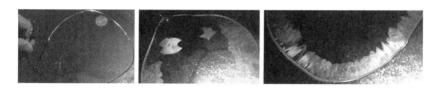

図 **0.9** 針金枠に張られた石けん膜の上で成長する雪結晶

## 0.5　チンダル像と空像 (§7.1.2, §7.2.2)

ヘレ・ショウ流は気液界面現象，雪結晶は気固界面現象であった．その他の例として，次のような固液界面現象と気固界面現象が知られている．

大きな氷に太陽光などを照射すると氷の内部から融解し，氷の内部に水の領域が広がり，その中に蒸気泡が浮かぶ現象が観察される．蒸気泡は，氷と水の体積差によってできるものである．融解が進むと，水の領域は，まるで雪結晶のような六花の形状を形成する．これを「チンダル像」と呼ぶ（図 7.4（153 ページ））．チンダル像は，蒸気泡を除けば氷の中の水の領域だから，その境界は，固液界面である．

太陽の照射が終わり，氷が再凍結されると，チンダル像の水の部分も再凍結がはじまる．そのとき，水の凍結は蒸気泡をよそに進行し，最終的には，蒸気泡は

---

[3] 雪結晶とは空中で成長する氷のことをいい，物体に付着して成長する場合は「霜」というから，石けん膜上の結晶は，正確には霜というべきものかもしれない．

氷の中に残される（図 0.10）．これを「空像」と呼ぶ．空像は，氷の中の蒸気泡であるから，その境界は気固界面である．詳しくは，§7.1.2 と§7.2.2 で解説する．

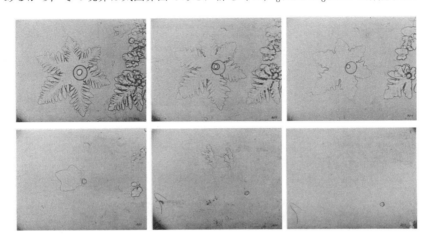

図 0.10　チンダル像から空像へ．[127] より引用．模式図は図 7.13（165 ページ）

## 0.6　BZ 反応（§6.2）

いままで紹介した界面現象は，異なる二つの相の境界面の変形や界面において相転移が起こる界面現象であった．一方，図 0.11 のパターン形成現象は，同じ相における相転移でもない現象で，異なる色の境界が移動する問題であり，ベロウソフ-ジャボチンスキー反応（Belousov-Zhabotinsky reaction, BZ 反応）実験において観察される「化学反応波」である．ベロウソフ-ジャボチンスキー反応に関連したらせん運動は，§6.2 で詳説する．

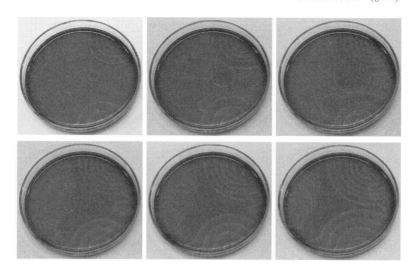

図 0.11　末松信彦氏（明治大学）の指導のもとで実験した BZ 反応による化学反応波

## 0.7　画像輪郭抽出 (§5.4)

最後に，物理や化学現象ではない，移動境界問題を工学的に応用した例を紹介しよう．図 0.12 は，曲率流（ある種の界面運動）を画像（漢字）の輪郭抽出に応用した例である．これは物理現象ではないが，その曲率流の原型は，材料科学の分野において芽生えた (§2.9)．詳しくは，§5.4 以降で扱う．

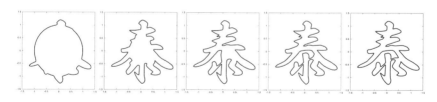

図 0.12　漢字「泰」の曲率流を用いた画像輪郭抽出．[13] より引用

## 0.8　関連書籍と論説

本章の最後に，本書全般に関係する成書，あるいは論説を，和文のものに限って知っている限りリストアップしておく．もちろん，下記のリストは偏っている可能性があるので，各自芋づる式により広い範囲で文献を探されたい．

- 関数空間など，関数解析の初歩（第1章以降）について，例えば，洲之内 [161] や増田 [104] などは，基礎的事項がコンパクトにまとまっている本である．
- 微分幾何（第1章〜第2章）については，例えば，小林 [85] を挙げておく．
- 勾配系や勾配流（第2章以降）に関して，曲率流に絡めた話題は，儀我 [44] や儀我・儀我 [46] などにおいて扱っている．また，一般的な事柄については，常微分方程式や力学系を扱った成書，例えば，桑村 [97] や柳田・栄 [177] などを参照されたい．
- ガウスの発散定理やグリーンの公式（第2章以降）については，ベクトル解析の成書，例えば，小林・高橋 [83] や澤野 [153] などを参照されたい．また，岡本 [139, 140] では，グリーンの人物としてのエピソードも紹介されていて興味深い．
- フーリエ解析（第3章）については，例えば，入江・垣田 [63] や壁谷 [73]，あるいは演習書として，矢崎 [184] などを参照されたい．
- 最大値原理（第3章）については，例えば，二宮 [134] において簡潔にまとめられている．
- 本書では平面曲線の時間発展に限定した話題のみを扱ったので，曲面の時間発展も含む曲率流全般（第2章以降）に関するものとして，儀我 [41, 42, 43, 44] や儀我・陳 [45] を参照するとよい．特に，クリスタライン曲率流方程式（第7章）に関して，上に挙げた儀我氏の論説の他，石渡 [66] や矢崎 [180] などが和文として入手可能である．
- 結晶成長や雪結晶（序章や第7章）や異方性（第4章）に関しては，大川 [141]，齋藤 [147]，上羽 [172]，砂川 [160]，黒田 [95, 96]，古川・長嶋 [34]，論説特集 [189] などを参照するとよいだろう．
- さまざまな界面現象（序，6，7章）を含む本書全般に関連した書籍として，西浦 [135]，太田 [137] や，あるいはその中でのいくつかのトピックスとして，山口・野木 [176]，小林 [82]，栄 [29] などを挙げておく．
- 数理実験と数学（序，6，7章）については，岡本 [140] や矢崎 [186] においてさまざまな例が扱われているので参照するとよいだろう．
- 移動境界問題の数値計算方法（第8章）については，木村 [79, 80] と同論文で挙げられた文献を，境界要素法については，登坂・中山 [167] をそれぞれ参照されたい．

# 第 I 部

準備編

# 第 1 章

# 平面曲線と曲率に関する基本事項

本章では，平面曲線の一般的表現について学ぶ．微分幾何学を学んだ読者は，本章を飛ばしても構わないが，記号が書物によって異なるので，そこだけ注意されたい．最も重要なキーワードは「曲率」である．

## 1.1 平面曲線とその表現

閉区間 $[a, b]$ で定義された連続な写像

$$\boldsymbol{x}(u) \in \mathbb{R}^2, \quad u \in [a, b]$$

を**平面曲線 (plane curve)** と呼ぶ．以下，**曲線**と言ったら平面曲線を意味するものとし，曲線 $\boldsymbol{x}$ の像を

$$\Gamma = \left\{ \boldsymbol{x}(u) \in \mathbb{R}^2 \,\middle|\, u \in [a, b] \right\}$$

と表し，混乱しない限り $\Gamma$ も**曲線**と呼ぶことにする．曲線 $\Gamma$ の端点は $\boldsymbol{x}(a)$ と $\boldsymbol{x}(b)$ であり，両端点が一致している場合，すなわち $\boldsymbol{x}(a) = \boldsymbol{x}(b)$ のとき，$\Gamma$ を**閉曲線 (closed curve)** と呼び，$\Gamma$ は**閉じている**という（図 1.1 (a), (b)）．閉じていない曲線を**開曲線 (open curve)** と呼び，$\Gamma$ は**開いている**という（図 1.1 (c), (d)）．曲線 $\Gamma$ が**単純 (simple)** であるとは，写像 $\boldsymbol{x}$ が単射であるときをいう．単射とは，1 対 1 写像，すなわち，任意の $u_1, u_2 \in [a, b]$ に対し，もし $u_1 \neq u_2$ ならば，$\boldsymbol{x}(u_1) \neq \boldsymbol{x}(u_2)$ が成り立つことである．（ただし，$\Gamma$ が閉じているときは $(u_1, u_2) \neq (a, b)$ とする．）　単純な閉曲線は**ジョルダン (Jordan) 曲線**と呼ばれる（図 1.1 (a)）．ジョルダン曲線 $\Gamma$ で囲まれた部分を曲線 $\Gamma$ の**内部**という（図 1.1 (a) の灰色部分）．

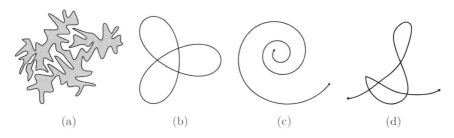

図 **1.1** (a) ジョルダン曲線, (b) 単純でない閉曲線, (c) 単純開曲線, (d) 単純でない開曲線

本書では，次の定理を認めて話を進める．

**定理 1.1**（ジョルダンの曲線定理） もし $\Gamma$ がジョルダン曲線であるならば，$\mathbb{R}^2 \setminus \Gamma$ は二つの部分をもち，$\Gamma$ はそれぞれの部分の境界となっている．ここで，二つの部分とは，有界な内部 $D$ と非有界な外部 $E$ のことである．$D$ と $E$ はそれぞれ連結だが，その直和 $D \oplus E$ は連結でない．

この定理は，一見すると自明に見えるが，証明が必要な定理である．しかし，自明すぎて，いったい何を示せばよいのかすら掴めない．例えば，[92, 21, 153] を参照するとよいだろう．

**問 1.1** 原点中心，半径 $R$ の円を，以下の三種類の方法で表せ．

(1) $x$ と $y$ の陰関数を用いた曲線の方程式
(2) (1) を $y$ について解いた方程式
(3) 媒介変数表示を用いた方程式

**問 1.2** 曲線の方程式 $|x| + |y| = 1$ はどのような図形を表すか．

**問 1.3** $a > 0$ とする．次の二つの曲線の方程式において，$y = ux$ とおき，それぞれを媒介変数表示せよ．

(1) $x^3 + (x-a)y^2 = 0$　(2) $x^3 + y^3 - 3axy = 0$

(1) はシッソイド (**cissoid**) 曲線, (2) はデカルトの正葉線 (**folium of Descartes**) と呼ばれる．

**注 1.2**（**gnuplot** について） gnuplot は，インターネットから無料で入手可能な関数のグラフの描画ソフトウェアである．パソコンがあって，インターネットに接続できる環境であれば，これを用いていろいろな曲線や曲面を描いてほしい．

gnuplot の使い方については以下のサイトを参照するとよいだろう．

- gnuplot homepage
  http://www.gnuplot.info/
- 米澤進吾ホームページ・gnuplot スクリプトの解説
  http://www.ss.scphys.kyoto-u.ac.jp/person/yonezawa
  　　　　　　　　　　　/contents/program/gnuplot/index.html
- ウィキペディア・gnuplot
  https://ja.wikipedia.org/wiki/Gnuplot

また，gnuplot や Windows 用の wgnuplot のインストールに関しては，上記ホームページを参照するか，「gnuplot インストール mac」や「gnuplot インストール windows」のキーワードで検索するとよい．

◼ **例 1.3** gnuplot で以下の曲線を描いてみよう．

$$\boldsymbol{x}(u) = 2\begin{pmatrix} \cos 3u \\ \sin 5u \end{pmatrix}, \quad u \in [0, 2\pi].$$

例えば，次のようにコードを書けばよい．

```
reset
set size ratio -1
set samples 1000
unset key
set param
set title "Lissajous curve"
plot [0:2*pi] 2*cos(3*t), 2*sin(5*t)
```

図 1.2 のようなリサージュ (**Lissajous**) 曲線が描かれるだろう．少し見栄えをよくするためのコードを載せた．コードを，仮に `lissajous.gnu` と名付けたファイルに保存して，コマンドモードにおいて，`gnuplot lissajous.gnu` と命令すればよい．gnuplot では，パラメータが `t` であることに注意．

**問 1.4** gnuplot で以下の曲線を描け．（驚嘆する !?）

$$\boldsymbol{x}(u) = \begin{pmatrix} 16\sin^3 u \\ 13\cos u - 5\cos 2u - 2\cos 3u - \cos 4u \end{pmatrix}, \quad u \in [0, 2\pi].$$

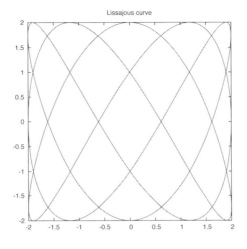

図 **1.2** リサージュ曲線

**問 1.5** 次の曲線は**アルキメデスらせん (Archimedes' spiral)** と呼ばれる $(a>0)$.

$$\boldsymbol{x}(u) = r(u) \begin{pmatrix} \cos u \\ \sin u \end{pmatrix}, \quad r(u) = au, \quad u \in [0, \infty).$$

アルキメデスらせんの概形を描け．例えば，gnuplot で，$a = 1$ として，$u \in [0, 100]$ の範囲で描いてみよ．

**問 1.6** 次の曲線は**カージオイド (cardioid)** と呼ばれる $(a > 0)$.

$$\boldsymbol{x}(u) = r(u) \begin{pmatrix} \cos u \\ \sin u \end{pmatrix}, \quad r(u) = a(1 + \cos u), \quad u \in [0, 2\pi].$$

カージオイドの概形を描け．例えば，gnuplot のコードを，以下のようにすれば，$a = 1, 2, 3$ と変化させた場合の図が一度に比較できる．

```
reset
set size ratio -1
set samples 1000
set param
r(a, t) = a * ( 1 + cos(t) )
set title "Cardioid"
plot [0:2*pi] r(1, t) * cos(t), r(1, t) * sin(t) t "a = 1", \
r(2, t) * cos(t), r(2, t) * sin(t) t "a = 2", \
r(3, t) * cos(t), r(3, t) * sin(t) t "a = 3"
```

また，$r(u) = a(1 - \cos u)$ とした場合，カージオイドはどのようになるか．

■ 例 1.4　次の曲線は半径 $R$ の円の伸開線 (involute) と呼ばれる $(R > 0)$.

$$\boldsymbol{x}(u) = r(u)\begin{pmatrix}\cos\theta(u)\\ \sin\theta(u)\end{pmatrix}, \quad \begin{cases}r(u) = R\sec u\\ \theta(u) = \tan u - u\end{cases}, \quad u \in \left[0, \frac{\pi}{2}\right).$$

円の伸開線は，缶に巻きつけた紐をほどきながら線を描くと簡単に描ける（図 1.3）.

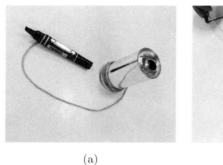
(a)
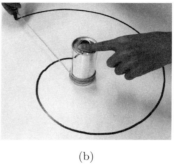
(b)

**図 1.3**　(a) 缶に紐を巻きつけ，紐の先にペンをくくりつける．(b) 紐が弛まないようにほどきながら，ペンで伸開線を描画する．

gnuplot で，伸開線の概形を半径 $R$ の円とともに描いてみよう．例えば，gnuplot のコードを，以下のようにすればよい（$u$ の動く範囲は $[0, 1.5]$ にした）.

```
reset
set size ratio -1
set samples 10000
unset key
set xzeroaxis
set yzeroaxis
set param
R = 1
r(t) = R / cos(t)
th(t) = tan(t) - t
set title "involute (R = 1)"
p = 1.5
plot [0:p] r(t) * cos( th(t) ), r(t) * sin( th(t) ), \
R * cos( 2 * pi * t / p ), R * sin( 2 * pi * t / p )
```

図 1.4 が描かれるだろう．

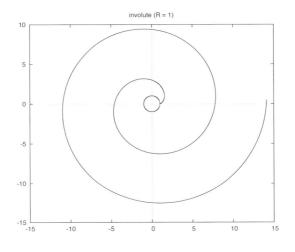

図 1.4 半径 1 の円の伸開線

## 1.2 平面曲線の性質

曲線 $\Gamma$ が $C^k$-**曲線** ($C^k$-**curve**) ($k = 1, 2, \cdots$) であるとは，写像 $\boldsymbol{x}$ が $C^k$-級関数であるときをいう．$C^1$-曲線 $\Gamma$ に対し，次のように**局所長** (**local length**) $g$ を定義する．

$$g(u) = |\boldsymbol{x}'(u)|. \tag{1.1}$$

ここで，$\mathsf{F}'(u) = d\mathsf{F}/du$，$\boldsymbol{x}(u) = (x(u), y(u))^{\mathrm{T}}$ のとき，$\boldsymbol{x}'(u) = (x'(u), y'(u))^{\mathrm{T}}$ である（T は転置）．また，ベクトル $\boldsymbol{a}, \boldsymbol{b}$ に対し，$\boldsymbol{a} \cdot \boldsymbol{b}$ はユークリッド内積，$|\boldsymbol{a}| = \sqrt{\boldsymbol{a} \cdot \boldsymbol{a}}$ は $\boldsymbol{a}$ の大きさである．$C^1$-曲線 $\Gamma$ は，任意の $u$ について $g(u) > 0$ が成り立つとき，**正則** (**regular**) と呼ばれる．

今後は，特に断らない限り，簡単のため，曲線 $\Gamma$ の定義域を区間 $[0,1]$ とする．

$$\Gamma = \left\{ \boldsymbol{x}(u) \in \mathbb{R}^2 \,\middle|\, u \in [0,1] \right\}.$$

**弧長** (**arc length**) を

$$s(u) = \int_0^u g(\xi)\,d\xi, \quad s(0) = 0 \tag{1.2}$$

と定義すると，$s(u)$ は $u \in [0,1]$ に対して，$C^1$-級の増加関数となる．実際，$g$ は連続関数で，$s'(u) = g(u) > 0$ が成り立つ．したがって，$u$ は $s$ の関数とな

り，正則曲線 $\Gamma$ は**弧長パラメータ** $s$ を用いて，次のように媒介変数表示できる．

$$\overline{\boldsymbol{x}}(s) = \boldsymbol{x}(u(s)), \quad s \in [0, L]. \tag{1.3}$$

ここで，

$$L = s(1) = \int_0^1 g(u)\,du \tag{1.4}$$

は $\Gamma$ が閉曲線ならば $\Gamma$ の**周長**，$\Gamma$ が開曲線ならば $\Gamma$ の**全長**である．

**問 1.7** 正則曲線 $\Gamma$ が関数 $f$ を用いて，

$$\boldsymbol{x}(x) = \begin{pmatrix} x \\ f(x) \end{pmatrix}, \quad x \in [0, 1]$$

のように表されていたとする．このとき，局所長 $g(x)$ と弧長 $s(x)$ と全長 $L$ をそれぞれ求めよ．

**問 1.8** 正則な開曲線 $\Gamma = \left\{\boldsymbol{x}(u) \big| u \in [0,1]\right\}$ に対して，$\Gamma$ の全長 $L$ は，両端点を結ぶ線分の長さよりもつねに長いこと，すなわち，次を示せ．

$$|\boldsymbol{x}(1) - \boldsymbol{x}(0)| \leq L.$$

(1.3) の両辺を $s$ で微分すると，逆関数の微分法 $u'(s) = \dfrac{1}{s'(u)}$ と弧長の定義 (1.2) より，

$$\overline{\boldsymbol{x}}'(s) = \boldsymbol{x}'(u(s))u'(s) = \frac{\boldsymbol{x}'(u(s))}{g(u(s))} \tag{1.5}$$

となる．これより，局所長の定義 (1.1) から，

$$|\overline{\boldsymbol{x}}'(s)| = \frac{|\boldsymbol{x}'(u(s))|}{g(u(s))} = 1$$

を得る．すなわち，弧長パラメータとは，局所長が 1 となるようなパラメータとして特徴付けられる．

**問 1.9** 以下の三つの曲線はいずれも半径 $R$ の円を表している．

$$\boldsymbol{x}(u) = R\begin{pmatrix} \cos(2\pi u) \\ \sin(2\pi u) \end{pmatrix}, \quad u \in [0, 1],$$

$$\widetilde{\boldsymbol{x}}(w) = R \begin{pmatrix} \cos w \\ \sin w \end{pmatrix}, \quad w \in [0, 2\pi],$$

$$\widehat{\boldsymbol{x}}(\xi) = R \begin{pmatrix} \cos(\xi/R) \\ \sin(\xi/R) \end{pmatrix}, \quad \xi \in [0, 2\pi R].$$

また，$\xi = 2\pi Ru = Rw$ として，$\boldsymbol{x}(u) = \widetilde{\boldsymbol{x}}(w) = \widehat{\boldsymbol{x}}(\xi)$ の関係にある．それぞれの曲線の局所長と弧長 $g(u), s(u), \widetilde{g}(w), \widetilde{s}(w), \widehat{g}(\xi), \widehat{s}(\xi)$ を求めよ．また，パラメータ $u, w, \xi$ の中で，弧長パラメータとなるものはどれか．

**問 1.10** アルキメデスらせん

$$\boldsymbol{x}(u) = au \begin{pmatrix} \cos u \\ \sin u \end{pmatrix}, \quad a > 0, \quad u \in [0, \infty)$$

の弧長 $s(u)$ を求めよ．

**注 1.5**（パラメータの範囲の変更） 例えば，

$$u = \frac{w}{1-w}, \quad u = \tan\left(\frac{\pi}{2}w\right)$$

などのようにパラメータを $u$ から $w$ に変換すれば，$u$ と $w$ は1対1に対応し，問 1.10 のアルキメデスらせん $\widetilde{\boldsymbol{x}}(w) = \boldsymbol{x}(u)$ を $w \in [0, 1)$ の範囲で表現できる．

### 接線ベクトルと法線ベクトル

曲線 $\Gamma = \{\boldsymbol{x}(u)\}$ を正則曲線とする．このとき，**単位接線ベクトル** $\boldsymbol{t}(u)$ を

$$\boldsymbol{t}(u) = \frac{\boldsymbol{x}'(u)}{|\boldsymbol{x}'(u)|} = \frac{\boldsymbol{x}'(u)}{g(u)} \tag{1.6}$$

と定義する．また，**単位法線ベクトル** $\boldsymbol{n}(u)$ を

$$\boldsymbol{n}(u) = -\boldsymbol{t}(u)^\perp \Leftrightarrow \det(\boldsymbol{n}(u)\ \boldsymbol{t}(u)) = 1$$

と定義する．ここで，$\begin{pmatrix} a \\ b \end{pmatrix}^\perp = \begin{pmatrix} -b \\ a \end{pmatrix}$ は，ベクトル $\begin{pmatrix} a \\ b \end{pmatrix}$ を反時計回りに90度回転させたベクトルである．

**問 1.11** 半径 $R$ の円 $\boldsymbol{x}(u) = R \begin{pmatrix} \cos u \\ \sin u \end{pmatrix}$ $(u \in [0, 2\pi])$ の単位接線ベクトル $\boldsymbol{t}(u)$ と単位法線ベクトル $\boldsymbol{n}(u)$ をそれぞれ求め,$R = 2$, $u = \dfrac{\pi}{4}$ のときのそれぞれのベクトルを円周上に矢印で描け.

**問 1.12** アルキメデスらせん $\boldsymbol{x}(u) = au \begin{pmatrix} \cos u \\ \sin u \end{pmatrix}$ $(a > 0, u \in [0, \infty))$ の単位接線ベクトル $\boldsymbol{t}(u)$ と $\boldsymbol{x}(u)$ のなす角 $\eta(u)$ の余弦 $\cos \eta(u)$ を求め,極限 $\lim\limits_{u \to \infty} \eta(u)$ を計算せよ.

**問 1.13** 楕円 $\boldsymbol{x}(u) = \begin{pmatrix} a \cos u \\ b \sin u \end{pmatrix}$ $(u \in [0, 2\pi])$ に対して,位置ベクトル $\boldsymbol{x}(u)$ と接線方向ベクトル $\boldsymbol{x}'(u)$ の張る平行四辺形の面積は一定であることを示せ.

### 曲線の向き

曲線 $\Gamma$ の**向き**を考え,その**正の方向**を $u$ の増加する方向とする(図 1.5).よって,$\Gamma$ が開曲線の場合,$\boldsymbol{x}(a)$ が**始点**,$\boldsymbol{x}(b)$ が**終点**である.$\Gamma$ がジョルダン曲線の場合は,反時計回りに正の方向をとる.つまり,$\Gamma$ に沿って動いたとき,いつも左手に $\Gamma$ で囲まれた部分をみる方向である(図 1.5 の左図).

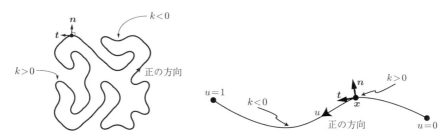

図 1.5 閉曲線と開曲線

### 「普通でない」円

本書で扱う曲線は,正則なジョルダン曲線か正則な開曲線がほとんどで,例えば,ペアノ (Peano) 曲線やコッホ (Koch) 曲線など,曲線を構成するのに極限操作が必要となるような,ある意味で「病的な」曲線について深入りすることはしない.しかし,そこまで病的でなくても,以下の例 1.6 で示す「普通でない」円

のように，曲線の表現において若干の気遣いが必要な場合があることは留意しておくとよいだろう．

■ **例 1.6** 定義域 $[0,1]$ で定義された連続関数 $f$ の値域の大きさを $2\pi$ 以上にとったならば，以下の点集合 $S$ は単位円を表している．

$$S = \left\{ \boldsymbol{x}(u) = \begin{pmatrix} \cos f(u) \\ \sin f(u) \end{pmatrix} \middle| u \in [0,1] \right\} = \left\{ \boldsymbol{x} \in \mathbb{R} \middle| |\boldsymbol{x}| = 1 \right\}.$$

以下の四つの円 (a), (b), (c), (d) は，いずれも平面内の点集合としては単位円であるが，連続写像 $\boldsymbol{x}$ による平面曲線は，いずれも通常の単位円とは呼べない．

下記リストにおいて，(0) は表 1.1 のそれに，また，(a), (b), (c), (d) は図 1.6 と表 1.1 のそれらに，それぞれ対応している．

(0) **通常の円** $f(u) = 2\pi u$ のときは通常の単位円に他ならない．
(a) **単純でない「閉じていない」円** $f(u) = (2\pi + 1)u$ ならば，写像 $f : [0,1] \to [0, 2\pi + 1]$ は全単射だが，$\lambda \in [0,1]$ に対して，$u_\lambda = \dfrac{\lambda}{2\pi + 1}$ とおいたとき，$\boldsymbol{x}(u_{2\pi+\lambda}) = \boldsymbol{x}(u_\lambda)$ となるので，単純でない．また，$\boldsymbol{x}(0) \neq \boldsymbol{x}(1)$ なので，閉じてもいない．したがって，$\boldsymbol{x}$ は正則で単純でない開曲線である．
(b) **正則でも単純でもない円** $f(u) = \pi(1 + (2u-1)(4(2u-1)^2 - 1)/3)$ ならば，写像 $f : [0,1] \to [0, 2\pi]$ は全射だが単射でない．また，$g(u) = |f'(u)| = 0$ となる $u$ が存在するので，$\boldsymbol{x}$ は正則でも単純でもない閉曲線である．
(c) **正則でない円** $f(u) = \pi((2u-1)^3 + 1)$ ならば，写像 $f : [0,1] \to [0, 2\pi]$ は全単射である．したがって，$\boldsymbol{x}$ は単純で $C^1$-閉曲線であるが，$u = 1/2$ で，$g(u) = |f'(u)| = 0$ となるので，正則でない．
(d) **多重被覆円** $f(u) = 2m\pi u$ $(m = 2, 3, \cdots)$ ならば $\boldsymbol{x}$ は $m$ 重被覆単位円である（図 1.6 (d) は $m = 2$ の場合）．このとき，写像 $\boldsymbol{x} : [0,1] \to S$ は単射でないので，$\boldsymbol{x}$ は正則閉曲線であるが，単純でない．

このように点集合としては同じでも，曲線としては区別される場合があることに注意しよう．§1.1 の冒頭で，連続写像 $\boldsymbol{x}$ を曲線と呼び，混乱しない限りその像 $\Gamma$ も曲線と呼ぶといったが，このような例があるため写像と像は本来区別するべきである．しかし，混乱が生じそうな場合は，曲線 $\Gamma = \{\boldsymbol{x}\}$ を曲線 $\boldsymbol{x}$ と読み替えればよいだけであるので，神経質になる必要はない．

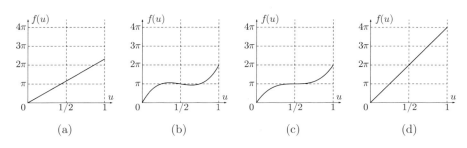

図 1.6　$[0,1]$ 上の連続関数 $f$ のグラフ

表 1.1　いろいろな「円」

|  | (0) | (a) | (b) | (c) | (d) | (e) | (f) | (g) |
|---|---|---|---|---|---|---|---|---|
| 正則 | ○ | ○ | × | × | ○ | × | ○ | × |
| 単純 | ○ | × | × | ○ | × | ○ | ○ | × |
| 閉性 | ○ | × | ○ | ○ | ○ | × | × | × |

**問 1.14**　表 1.1 (e), (f), (g) に対応する円があればそれを構成せよ．

## 1.3　弧長 $s$ に関する微分 $\partial_s \mathsf{F}$ と積分 $\displaystyle\int_\Gamma \mathsf{F}\,ds$

以後，関数 $\mathsf{F}(u)$ に対して，

$$\partial_s \mathsf{F}(u) = \frac{1}{g(u)} \mathsf{F}'(u) \tag{1.7}$$

のように，$\partial_s$ を定義する．弧長の定義 (1.2)$_{\mathrm{p.17}}$ から，$s'(u) = g(u) > 0$ であるから，

$$\frac{d}{ds} = \frac{1}{g(u)} \frac{d}{du}$$

が成り立つので，$\partial_s$ は $s$ による微分 $\dfrac{d}{ds}$ に他ならない．実際，(1.5)$_{\mathrm{p.18}}$ はそうであった．これより，単位接線ベクトルを $\overline{\bm{t}}(s) = \bm{t}(u(s))$ のように変数変換すれば，

$$\overline{\bm{t}}(s) = \overline{\bm{x}}'(s)$$

と定義される．この弧長微分による単位接線ベクトルの定義の方が $(1.6)_{\text{p.19}}$ による定義 $\boldsymbol{t}(u) = \boldsymbol{x}'(u)/g(u)$ よりも一般的である．しかし，第 2 章以降で扱う曲線は時間 $t$ に依存しており，したがって，弧長も $s(u,t)$ のように時間依存するため，弧長による微分が通常の意味では考えられなくなる．そこで，第 2 章以降のために，弧長による微分を形式的に $\partial_s$ と書いて，(1.7) のように定義する．これより，単位接線ベクトル $\boldsymbol{t} = \boldsymbol{t}(u)$ は，

$$\boldsymbol{t} = \partial_s \boldsymbol{x}$$

と定義できる．くどいようだが，右辺は，

$$\partial_s \boldsymbol{x}(u) = \frac{1}{g(u)} \boldsymbol{x}'(u)$$

の意味であって，$\boldsymbol{x}$ の変数を $s$ に変換したわけではない．

以上と同様な理由により，以後，曲線 $\Gamma = \left\{ \boldsymbol{x}(u) \big| u \in [0,1] \right\}$ に対応して，パラメータの区間 $[0,1]$ 上で定義された関数 $\mathsf{F}(u)$ の $\Gamma$ 上の積分を

$$\int_\Gamma \mathsf{F}(u)\, ds = \int_0^1 \mathsf{F}(u) g(u)\, du \tag{1.8}$$

と定義する．特に，$\mathsf{F} \equiv 1$ のとき，

$$\int_\Gamma ds = \int_0^1 g(u)\, du$$

であるが，これは $(1.4)_{\text{p.18}}$ において定義した周長，あるいは全長 $L$ に他ならない．

## 1.4 曲率

正則 $C^2$-曲線 $\Gamma = \{\boldsymbol{x}(u)\}$ の $\boldsymbol{x}(u)$ における**曲率** $k(u)$ を，

$$\begin{cases} \partial_s \boldsymbol{t}(u) = -k(u) \boldsymbol{n}(u) \\ \partial_s \boldsymbol{n}(u) = k(u) \boldsymbol{t}(u) \end{cases} \tag{1.9}$$

と定義する．左辺の $\partial_s$ は，(1.7) で定義されるものであるから，(1.9) は，

$$\begin{cases} \boldsymbol{t}'(u) = -g(u) k(u) \boldsymbol{n}(u) \\ \boldsymbol{n}'(u) = g(u) k(u) \boldsymbol{t}(u) \end{cases}$$

の意味である．

このように定める曲率はしばしば $-\boldsymbol{n}$ 方向の曲率と呼ばれる．曲率 $k$ の符号は，$\Gamma$ が単位円のとき，$k \equiv 1$ となるように定める（図 1.5（20 ページ））．

(1.9) は平面曲線に対する**フレネ-セレ (Frenet-Serret) の公式**と呼ばれる．ここで，曲率 $k$ は曲線の「曲がり具合」を表した量で，以下のように導出できる．

まず，$\boldsymbol{n} \cdot \boldsymbol{n} = 1$ より，

$$\partial_s(\boldsymbol{n} \cdot \boldsymbol{n}) = 2(\partial_s \boldsymbol{n}) \cdot \boldsymbol{n} = 0$$

を得る．故に，ある関数 $c$ があって，$\partial_s \boldsymbol{n} = c\boldsymbol{t}$ が成り立つ．同様に，$\boldsymbol{t} \cdot \boldsymbol{t} = 1$ と $\boldsymbol{t} \cdot \boldsymbol{n} = 0$ から，

$$\partial_s(\boldsymbol{t} \cdot \boldsymbol{t}) = 2(\partial_s \boldsymbol{t}) \cdot \boldsymbol{t} = 0$$

および

$$\partial_s(\boldsymbol{t} \cdot \boldsymbol{n}) = (\partial_s \boldsymbol{t}) \cdot \boldsymbol{n} + \boldsymbol{t} \cdot (\partial_s \boldsymbol{n}) = (\partial_s \boldsymbol{t}) \cdot \boldsymbol{n} + c = 0$$

を得る．したがって，$\partial_s \boldsymbol{t} = -c\boldsymbol{n}$ が成り立つ．そして，$c$ を曲率 $k$ として定義したのである．

よく用いられる曲率 $k$ の表現は以下の三つであろう．

### 曲率の表現 1

(1.9) と，$\boldsymbol{t} = \partial_s \boldsymbol{x}$ と，

$$\begin{pmatrix} a \\ b \end{pmatrix}^{\perp} \cdot \begin{pmatrix} c \\ d \end{pmatrix} = \begin{pmatrix} -b \\ a \end{pmatrix} \cdot \begin{pmatrix} c \\ d \end{pmatrix} = ad - bc = \det \begin{pmatrix} a & c \\ b & d \end{pmatrix}$$

より，曲率 $k$ は，

$$k(u) = -\boldsymbol{n} \cdot \partial_s \boldsymbol{t} = \boldsymbol{t}^{\perp} \cdot \partial_s \boldsymbol{t}$$
$$= \det(\partial_s \boldsymbol{x}(u) \ \partial_s^2 \boldsymbol{x}(u)) = \frac{\det(\boldsymbol{x}'(u) \ \boldsymbol{x}''(u))}{g(u)^3}$$

と表現される．ここで，関数 $\mathsf{F}(u)$ に対して，$\partial_s^2 \mathsf{F}(u)$ は，

$$\partial_s^2 \mathsf{F}(u) = \partial_s \left( \partial_s \mathsf{F}(u) \right) = \frac{1}{g(u)} \frac{d}{du} \left( \frac{1}{g(u)} \frac{d}{du} \mathsf{F}(u) \right) \tag{1.10}$$

と計算される．

## 曲率の表現 2

曲線が極座標 $(r, \theta)$ を用いて，

$$\boldsymbol{x}(\theta) = r(\theta) \begin{pmatrix} \cos\theta \\ \sin\theta \end{pmatrix}$$

と表されているならば，曲率の極座標表示

$$k(\theta) = \frac{r(\theta)^2 + 2r'(\theta)^2 - r(\theta)r''(\theta)}{(r(\theta)^2 + r'(\theta)^2)^{3/2}}$$

を得る．

## 曲率の表現 3

曲線が関数 $f$ を用いて，

$$\boldsymbol{x}(x) = \begin{pmatrix} x \\ f(x) \end{pmatrix}$$

と表されているならば，

$$k(x) = \frac{f''(x)}{(1 + f'(x)^2)^{3/2}}$$

がわかる．

**問 1.15** 曲線 $\begin{cases} x(u) = r(u)\cos\theta(u) \\ y(u) = r(u)\sin\theta(u) \end{cases}$ の曲率を求めよ．

**問 1.16** 曲率の表現 1, 2, 3 を確かめよ．

**問 1.17** 以下の三つの曲線の曲率 $k(u)$ をそれぞれ求めよ．

(1) 中心 $\boldsymbol{a}$，半径 $R$ の円 $\boldsymbol{x}(u) = R\begin{pmatrix} \cos(2\pi u) \\ \sin(2\pi u) \end{pmatrix} + \boldsymbol{a}$ $(u \in [0, 1])$

(2) 径 $a, b$ の楕円 $\boldsymbol{x}(u) = \begin{pmatrix} a\cos(2\pi u) \\ b\sin(2\pi u) \end{pmatrix}$ $(u \in [0, 1])$

(3) 点 $\boldsymbol{a}$ と $\boldsymbol{b}$ を結ぶ線分 $\boldsymbol{x}(u) = (1-u)\boldsymbol{a} + u\boldsymbol{b}$ $(u \in [0, 1])$
ただし，端点における曲率は，

$$\lim_{u \to +0} k(u), \quad \lim_{u \to 1-0} k(u)$$

のように片側極限で定義するのが自然であろう．

## 1.5 凸性

2点 $\boldsymbol{a}, \boldsymbol{b} \in \mathbb{R}^2$ を結ぶ線分を，
$$[\boldsymbol{a}, \boldsymbol{b}] = \left\{(1-\lambda)\boldsymbol{a} + \lambda\boldsymbol{b} \in \mathbb{R}^2 \,\middle|\, \lambda \in [0,1]\right\}$$
と書くことにする．集合 $S \subset \mathbb{R}^2$ が
$$\boldsymbol{a}, \boldsymbol{b} \in S \;\Rightarrow\; [\boldsymbol{a}, \boldsymbol{b}] \subset S$$
を満たすとき，$S$ は**凸** (convex, oval) であるという．また，集合 $R$ に対して，$R$ を含む最小の凸集合を $R$ の**凸包** (convex hull) と呼ぶ．

$\Gamma$ をジョルダン曲線として，$\Omega$ を $\Gamma$ で囲まれた部分（内部，連結開集合）とする．$\Gamma$ が
$$\boldsymbol{a}, \boldsymbol{b} \in \Gamma \;\Rightarrow\; [\boldsymbol{a}, \boldsymbol{b}] \subset \overline{\Omega}$$
を満たすとき，$\Gamma$ は凸であるという（図 1.7 (a), (c)）．このとき，$\Gamma$ が凸曲線であることと，$\overline{\Omega}$ が凸集合であることは同値である．実際，集合 $\overline{\Omega}$ が凸ならば，$\Gamma \subset \overline{\Omega}$ より，曲線 $\Gamma$ は凸である．逆も成り立つが，それは問とする（問 1.18 (1)）．また，便宜上，ジョルダン曲線 $\Gamma$ に対して，その内部 $\Omega$ を含む最小の凸集合の境界を曲線 $\Gamma$ の凸包と呼ぶ．

凸曲線 $\Gamma$ に対して，
$$\boldsymbol{a}, \boldsymbol{b} \in \Gamma \;\Rightarrow\; [\boldsymbol{a}, \boldsymbol{b}] \cap \Gamma = \{\boldsymbol{a}, \boldsymbol{b}\}$$
が成り立つとき，曲線 $\Gamma$ は**狭義凸** (strictly convex) であるという（図 1.7 (a)）．凸でない曲線は**凹** (concave)，あるいは**非凸** (nonconvex) であるという（図 1.7 (b)）．

**問 1.18** $\Gamma$ をジョルダン曲線，$\Omega$ を $\Gamma$ で囲まれた部分（内部，連結開集合）とする．このとき，以下の各問に答えよ．

(1) $\Gamma$ が凸曲線ならば，$\overline{\Omega}$ は凸集合であることを示せ．
(2) 一般に，集合 $S \subset \mathbb{R}^2$ が
$$\boldsymbol{a}, \boldsymbol{b} \in S \;\Rightarrow\; \left\{(1-\lambda)\boldsymbol{a} + \lambda\boldsymbol{b} \in \mathbb{R}^2 \,\middle|\, \lambda \in (0,1)\right\} \subset S^\circ$$

(a) 円は狭義凸　(b)（残念ながら!?）凸の字は凸でない

(c) 競技場のトラックは（線分を含むので）凸だが狭義凸ではない

**図 1.7**　(a) 狭義凸曲線，(b) 非凸曲線，(c) 凸曲線

を満たすとき，$S$ は**狭義凸**であるという．ここで，$S^\circ$ は集合 $S$ の内点の集合とする．このとき，$\Gamma$ が狭義凸曲線であることと，$\overline{\Omega}$ が狭義凸集合であることは同値であることを示せ．

曲線 $\Gamma$ が滑らかならば，曲率を使って $\Gamma$ の凸性を判定することもできる．

**命題 1.7** $\Gamma = \left\{\boldsymbol{x}(u)\,\middle|\, u \in [0,1]\right\}$ を正則な $C^2$-ジョルダン曲線とする．このとき，以下が成り立つ．

(1) 曲線 $\Gamma$ は，任意の $u \in [0,1]$ に対して $k(u) \geq 0$ が成り立つとき，またそのときに限り凸である．

(2) 曲線 $\Gamma$ は，任意の $u \in [0,1]$ に対して $k(u) > 0$ が成り立つとき，狭義凸である．

命題 1.7 の証明は，命題 1.9 の後の問としよう（問 1.19（29 ページ））．

**注 1.8**　少しウルサイことをいうと，凸曲線は，図 1.7 (c) のように，その一部に線分を含むことを許すが，狭義凸曲線はそれを許さない．しかし，このことは，命題 1.7 (2) の逆が真であることを意味していない．実際，狭義凸曲線は，その曲線上に有限個の曲率 $k$ の零点（$k = 0$ となる点）をもつことを許すからである．そのような点は線分が退化したものと捉えられる（後述の例 1.12（33 ページ））．

## 1.6 曲率円と曲率半径

以下の二つの命題は曲率を特徴付ける円に関する基本事項である．

**命題 1.9** $C^2$-級曲線 $\Gamma = \{\boldsymbol{x}(u)\}$ 上の 3 点

$$\mathrm{P}_1 : \boldsymbol{x}(u_1), \quad \mathrm{P} : \boldsymbol{x}(u), \quad \mathrm{P}_2 : \boldsymbol{x}(u_2) \quad (u_1 < u < u_2)$$

を通る円の中心を $\boldsymbol{a}$, 半径を $r$ とする．ただし，3 点は一直線上にないものとする．曲線 $\Gamma$ に沿って極限 $\mathrm{P}_1 \to \mathrm{P}, \mathrm{P}_2 \to \mathrm{P}$ をとったとき，$\boldsymbol{a}$ と $r$ はそれぞれ

$$\boldsymbol{c}(u) = \boldsymbol{x}(u) - k(u)^{-1}\boldsymbol{n}(u), \quad R(u) = |k(u)|^{-1}$$

に収束する．

**証明** まず，

$$\boldsymbol{y}_i = \boldsymbol{x}(u_i) - \boldsymbol{x}(u) \quad (i = 1, 2), \quad \boldsymbol{b} = \boldsymbol{a} - \boldsymbol{x}(u)$$

とおくと，$r = |\boldsymbol{b}|$ であり，

$$|\boldsymbol{b}|^2 = |\boldsymbol{a} - \boldsymbol{x}(u_i)|^2 = |\boldsymbol{b} - \boldsymbol{y}_i|^2 = |\boldsymbol{b}|^2 - 2\boldsymbol{b} \cdot \boldsymbol{y}_i + |\boldsymbol{y}_i|^2 \quad (i = 1, 2)$$

がわかる．よって，

$$2\boldsymbol{b} \cdot \boldsymbol{y}_i = |\boldsymbol{y}_i|^2 \quad (i = 1, 2) \quad \Leftrightarrow \quad \begin{pmatrix} \boldsymbol{y}_1^{\mathrm{T}} \\ \boldsymbol{y}_2^{\mathrm{T}} \end{pmatrix} \boldsymbol{b} = \frac{1}{2} \begin{pmatrix} |\boldsymbol{y}_1|^2 \\ |\boldsymbol{y}_2|^2 \end{pmatrix}$$

を得る．これより，

$$\boldsymbol{b} = \frac{1}{2} \begin{pmatrix} \boldsymbol{y}_1^{\mathrm{T}} \\ \boldsymbol{y}_2^{\mathrm{T}} \end{pmatrix}^{-1} \begin{pmatrix} |\boldsymbol{y}_1|^2 \\ |\boldsymbol{y}_2|^2 \end{pmatrix} = \frac{|\boldsymbol{y}_2|^2 \boldsymbol{y}_1^{\perp} - |\boldsymbol{y}_1|^2 \boldsymbol{y}_2^{\perp}}{2 \det(\boldsymbol{y}_1 \ \boldsymbol{y}_2)}$$

となる．ここで，

$$\begin{pmatrix} \boldsymbol{y}_1^{\mathrm{T}} \\ \boldsymbol{y}_2^{\mathrm{T}} \end{pmatrix}^{-1} = \frac{1}{\det(\boldsymbol{y}_1 \ \boldsymbol{y}_2)} \begin{pmatrix} -\boldsymbol{y}_2^{\perp} & \boldsymbol{y}_1^{\perp} \end{pmatrix}$$

である．実際,

$$\begin{pmatrix} \boldsymbol{y}_1^{\mathrm{T}} \\ \boldsymbol{y}_2^{\mathrm{T}} \end{pmatrix} \begin{pmatrix} -\boldsymbol{y}_2^{\perp} & \boldsymbol{y}_1^{\perp} \end{pmatrix} = \begin{pmatrix} -\boldsymbol{y}_1^{\mathrm{T}}\boldsymbol{y}_2^{\perp} & \boldsymbol{y}_1^{\mathrm{T}}\boldsymbol{y}_1^{\perp} \\ -\boldsymbol{y}_2^{\mathrm{T}}\boldsymbol{y}_2^{\perp} & \boldsymbol{y}_2^{\mathrm{T}}\boldsymbol{y}_1^{\perp} \end{pmatrix} = \begin{pmatrix} -\det(\boldsymbol{y}_2 \ \boldsymbol{y}_1) & 0 \\ 0 & \det(\boldsymbol{y}_1 \ \boldsymbol{y}_2) \end{pmatrix}$$

である．パラメータは，$u_1 < u < u_2$ なので，$u_1 = u - h_1, u_2 = u + h_2$ とおくと，$h_1, h_2 > 0$ で，

$$\boldsymbol{y}_1 = \boldsymbol{x}(u_1) - \boldsymbol{x}(u) = -\boldsymbol{x}'(u)h_1 + \frac{1}{2}\boldsymbol{x}''(u)h_1^2 + o(h_1^2) \quad (h_1 \to +0)$$

$$\boldsymbol{y}_2 = \boldsymbol{x}(u_2) - \boldsymbol{x}(u) = \boldsymbol{x}'(u)h_2 + \frac{1}{2}\boldsymbol{x}''(u)h_2^2 + o(h_2^2) \quad (h_2 \to +0)$$

と展開できる．これより，

$$|\boldsymbol{y}_1|^2 = g^2 h_1^2 + O(h_1^3), \quad |\boldsymbol{y}_2|^2 = g^2 h_2^2 + O(h_2^3)$$

がわかるから，

$$|\boldsymbol{y}_2|^2 \boldsymbol{y}_1^\perp - |\boldsymbol{y}_1|^2 \boldsymbol{y}_2^\perp = -g(u)^2 \boldsymbol{x}'(u)^\perp h_1 h_2 (h_1 + h_2) + o(h_1 h_2 (h_1 + h_2))$$

を得る．また，

$$2 \det(\boldsymbol{y}_1 \ \boldsymbol{y}_2) = -h_1 h_2 (h_1 + h_2) \det(\boldsymbol{x}'(u) \ \boldsymbol{x}''(u)) + o(h_1 h_2 (h_1 + h_2))$$

であるから，

$$\boldsymbol{b} \to \frac{g(u)^2 \boldsymbol{x}'(u)^\perp}{\det(\boldsymbol{x}'(u) \ \boldsymbol{x}''(u))} = -k(u)^{-1} \boldsymbol{n}(u) \quad ((h_1, h_2) \to (+0, +0))$$

となる．これより，

$$\boldsymbol{c}(u) = \boldsymbol{x}(u) - k(u)^{-1} \boldsymbol{n}(u), \quad R(u) = |k(u)|^{-1}$$

とおいて，

$$\boldsymbol{a} = \boldsymbol{b} + \boldsymbol{x} \to \boldsymbol{c}, \quad r = |\boldsymbol{b}| \to |k|^{-1} = R \quad ((h_1, h_2) \to (+0, +0))$$

を得る． ∎

上で求めた中心 $\boldsymbol{c}$, 半径 $R$ の円を，点 P における曲線 $\Gamma$ の**接触円**，あるいは**曲率円**，$R = |k|^{-1}$ を**曲率半径**と呼ぶ．

**問 1.19** 命題 1.7 (27 ページ) を示せ．

**問 1.20** 径 $a, b$ の楕円 $\boldsymbol{x}(u) = \begin{pmatrix} a \cos(2\pi u) \\ b \sin(2\pi u) \end{pmatrix}$ ($u \in [0, 1]$) の曲率円の中心と半径をそれぞれ求めよ．

曲率円は点 P において曲線 $\Gamma$ に接しているのだから，曲率円と曲線 $\Gamma$ は，接線ベクトル $\boldsymbol{t}=\partial_s\boldsymbol{x}$ を共有している．さらに，ともに同じ曲率（の絶対値）をもつので，曲がり方のベクトル $-\partial_s\boldsymbol{t}=-\partial_s^2\boldsymbol{x}=k\boldsymbol{n}$（しばしば，これを**曲率ベクトル**という）も共有することが想像される．実際，次の命題が成り立つ．

**命題 1.10** 曲率円は曲線に 2 次以上の接触をする円である．

**証明** 曲率円を，中心 $\boldsymbol{c}$，半径 $R$ の円とし，

$$\boldsymbol{z}(\theta)=\boldsymbol{c}+R\boldsymbol{N}(\theta),\quad \boldsymbol{N}(\theta)=(\cos\theta,\sin\theta)^{\mathrm{T}}$$

のように媒介変数表示して，曲線 $\Gamma=\{\boldsymbol{x}(u)\}$ との接点を，

$$\boldsymbol{z}(\theta_0)=\boldsymbol{c}+R\boldsymbol{N}(\theta_0)=\boldsymbol{x}(u_0)=\boldsymbol{c}+k^{-1}\boldsymbol{n}(u_0),\quad R=|k|^{-1}$$

とおく．このとき，

$$\boldsymbol{z}'(\theta)=R\boldsymbol{T}(\theta),\quad \boldsymbol{T}(\theta)=(-\sin\theta,\cos\theta)^{\mathrm{T}}$$

であるから，

$$\partial_s\boldsymbol{z}(\theta)=\frac{\boldsymbol{z}'(\theta)}{|\boldsymbol{z}'(\theta)|}=\frac{\boldsymbol{z}'(\theta)}{R}=\boldsymbol{T}(\theta)$$

となる．よって，$R=|k|^{-1}$ より，

$$\begin{aligned}\partial_s\boldsymbol{z}(\theta_0)&=\boldsymbol{T}(\theta_0)=\boldsymbol{N}(\theta_0)^{\perp}\\&=R^{-1}k^{-1}\boldsymbol{n}(u_0)^{\perp}=\mathrm{sgn}(k)\boldsymbol{t}(u_0)=\mathrm{sgn}(k)\partial_s\boldsymbol{x}(u_0)\end{aligned}$$

を得る．特に，$k>0$ のとき，接点において $\partial_s\boldsymbol{z}=\partial_s\boldsymbol{x}$ が成り立つ（$k<0$ のときは，$\theta$ の増加方向と $u$ の増加方向が逆になる）．また，

$$\begin{aligned}\partial_s^2\boldsymbol{z}(\theta_0)&=-R^{-1}\boldsymbol{N}(\theta_0)\\&=-R^{-2}k^{-1}\boldsymbol{n}(u_0)=-k\boldsymbol{n}(u_0)=\partial_s\boldsymbol{t}(u_0)=\partial_s^2\boldsymbol{x}(u_0)\end{aligned}$$

より，接点において，$\partial_s^2\boldsymbol{z}=\partial_s^2\boldsymbol{x}$ が成り立つ．

以上より，曲率円と曲線は，接点において 2 次以上の位数で接触していることがわかった． ∎

1.6 曲率円と曲率半径　31

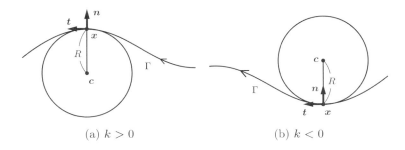

(a) $k > 0$　　　　　　　　　　(b) $k < 0$

図 1.8　曲率と中心 $c$, 半径 $R$ の曲率円

**問 1.21**　放物線 $y = x^2$ と中心 $(0, R)$, 半径 $R$ の下半円が原点において 2 次の接触をしたときの $R$ の値を求めよ.

曲率円が曲線のどちら側に位置するかは，曲率 $k$ の符号による（図 1.8）.

定義からわかるように，曲率の絶対値が大きいときは $R$ は小さくなり，小さいときは $R$ は大きくなる．特に，$k = 0$ のときは曲率半径無限大とする．しばしば，道路のカーブの手前で $R = \bigcirc\bigcirc$ m などという交通道路標識を見かけるが（図 1.9），国土交通省道路局（道の相談室）に問い合わせたところ，この $R$ は曲率半径 (radius of curvature) のことであり，道路の中心の曲率を測っているとの回答を得た[1]．$R$ の値が小さい箇所は曲率が大きい．したがって，道路のカーブはキツイから十分に気を付ける必要がある．このように，曲がり方だけが重要な場合は，しばしば $R^{-1}$ を **曲率**, $k$ を **符号付き曲率** と呼ぶこともある．

図 1.9　曲率半径に関する交通道路標識

---

[1] この標識の名称については，「実物を拝見していないので確定的なことはいえませんが，ご質問にある標識は「道路標識，区画線及び道路表示に関する命令」に規定されていない補助標識と思われます．したがって，正式名称はないと思われますが「補助標識 (510) 注意事項」に分類される標識であると考えられます．」という回答を得た．ちなみに，道路

曲線上を等速運動するときに次のことがわかる．

**命題 1.11** 曲線 $\bm{x}(u)$ 上を一定の速さ $v \neq 0$ で運動する物体の加速度の大きさは $v^2/R$ で（$R$ は曲率半径），加速度の方向は，曲率円の中心に向かう方向である．

**証明** $u = w(t)$ として，$\bm{X}(t) = \bm{x}(w(t))$ の両辺を $t$ で微分すると，

$$\dot{\bm{X}} = \bm{x}'\dot{w} = g\bm{t}\dot{w} \tag{1.11}$$

$$\ddot{\bm{X}} = g'\bm{t}\dot{w}^2 + g\bm{t}'\dot{w}^2 + g\bm{t}\ddot{w} = (g'\dot{w}^2 + g\ddot{w})\bm{t} - g^2k\bm{n}\dot{w}^2 \tag{1.12}$$

となる．ここで，時間 $t$ の関数 $\mathsf{F}(t)$ に対し，時間微分は，

$$\dot{\mathsf{F}}(t) = \frac{d\mathsf{F}(t)}{dt}, \quad \ddot{\mathsf{F}}(t) = \frac{d\dot{\mathsf{F}}(t)}{dt} \tag{1.13}$$

のようにドットで表した．また，$\bm{t}' = -gk\bm{n}$ を用いた．一方，$|\dot{\bm{X}}|^2 = v^2$（一定）の両辺を微分すると，$\dot{\bm{X}} \cdot \ddot{\bm{X}} = 0$ を得る．よって，(1.11), (1.12) より，

$$\dot{\bm{X}} \cdot \ddot{\bm{X}} = (g'\dot{w}^2 + g\ddot{w})g\dot{w} = 0.$$

ここで，$v^2 = |\dot{\bm{X}}|^2 = g^2\dot{w}^2 > 0$ であるから，$g'\dot{w}^2 + g\ddot{w} = 0$ がわかる．故に，(1.12) と，$v^2 = g^2\dot{w}^2$ より，加速度ベクトル

$$\ddot{\bm{X}} = -g^2k\bm{n}\dot{w}^2 = -v^2k\bm{n}$$

を得る．また，加速度の大きさは，

$$|\ddot{\bm{X}}| = v^2|k| = \frac{v^2}{R}$$

である． ∎

---

構造令・第 15 条（曲線半径）には，「車道の屈曲部のうち緩和区間を除いた部分の中心線の曲線半径は，当該道路の設計速度に応じ，次の表の曲線半径の欄に掲げる値以上とするものとする．（抜粋）」とある．したがって，$R = 130\,\mathrm{m}$ のカーブの場合，時速 $60\,\mathrm{km}$ の速度では少々厳しいということになる．

| 設計速度 [km/h] | 120 | 100 | 80 | 60 | 50 | $\cdots$ |
|---|---|---|---|---|---|---|
| 曲線半径 [m] | 710 | 460 | 280 | 150 | 100 | $\cdots$ |

**問 1.22** 半径 $\rho$ の円の伸開線は，

$$\boldsymbol{x}(\theta) = \boldsymbol{c}(\theta) - \theta \boldsymbol{c}'(\theta), \quad \boldsymbol{c}(\theta) = \rho \begin{pmatrix} \cos\theta \\ \sin\theta \end{pmatrix}, \quad \theta \geq 0$$

のように媒介変数表示される．このとき以下の各問に答えよ．

(1) 弧長パラメータ $s$ を求めよ．
(2) 曲率半径 $R$ を $\rho$ と $s$ を用いて表せ．

## 1.7　接線角度と曲率による曲線の構成

接線角度を $\nu(u)$，すなわち $\boldsymbol{t}(u) = \begin{pmatrix} \cos\nu(u) \\ \sin\nu(u) \end{pmatrix}$ とする．このとき，$\boldsymbol{n} = -\boldsymbol{t}^\perp$，$\partial_s \boldsymbol{t} = -\boldsymbol{n}\partial_s \nu$，および $(1.9)_{\text{p.23}}$ から，

$$\partial_s \nu(u) = k(u) \Leftrightarrow \nu'(u) = g(u)k(u)$$

を得る．

$u \in [0,1]$ に対して，曲率 $k(u)$ と弧長 $s(u)$ ($s(0) = 0$, $s'(u) > 0$) が与えられているとき，次のように曲率から曲線 $\Gamma = \{\boldsymbol{x}(u)\}$ を描き出すことができる．

$$\boldsymbol{x}(u) = \boldsymbol{x}(0) + \int_0^u \boldsymbol{t}(\xi) s'(\xi)\, d\xi, \quad \boldsymbol{t}(u) = \begin{pmatrix} \cos\nu(u) \\ \sin\nu(u) \end{pmatrix},$$

$$\nu(u) = \nu(0) + \int_0^u k(\xi) s'(\xi)\, d\xi.$$

**問 1.23** $u \in [0,1]$ と $m = 2, 3, \cdots$ に対して，$k(u) = 1$, $s(u) = 2m\pi u$ とする．このとき，これらから構成される曲線 $\boldsymbol{x}(u)$ が $m$ 重被覆単位円（例 1.6（21 ページ））となることを確認せよ．

**問 1.24** $R > 0$ と $u \in (0,1)$ に対して，$k(u) = \dfrac{1}{\sqrt{2Rs(u)}}$ とし，$s(u)$ は，$s(0) = 0$, $s'(u) > 0$, $\displaystyle\lim_{u \to 1-0} s(u) = \infty$ を満たす関数とする．このとき，どのような曲線 $\boldsymbol{x}(u)$ が得られるか（問 1.22（33 ページ），§6.2.4 参照）．

■ **例 1.12（狭義凸曲線の構成）** 図 1.10 (b) の曲線 $\Gamma = \{\boldsymbol{x}(u)\}$ は，曲線上に曲率の零点が 2 点あり，それ以外の点では曲率は正の値をとる正則な狭義凸 $C^2$-

閉曲線である．以下のように構成した．（図 1.10 (a) に $\nu(u)$ のグラフの概形を描いた．）

$$\boldsymbol{x}(u) = \int_0^u \boldsymbol{t}(\xi)\,d\xi, \quad \boldsymbol{t}(u) = \begin{pmatrix} \cos\nu(u) \\ \sin\nu(u) \end{pmatrix},$$

$$\nu(u) = \begin{cases} f(u), & u \in [0, 0.5) \\ f(u-0.5) + \pi, & u \in [0.5, 1] \end{cases}, \quad f(u) = \frac{\pi}{2}(2 - \cos(2\pi u)).$$

図 1.10 (b) の曲線 $\Gamma$ 上に，8 点集合

$$X_8 = \left\{ \boldsymbol{x}(u) \,\middle|\, \nu(u) \in S \right\}, \quad S = \left\{ i + \frac{\pi}{2} \ (i = 1, 2, \cdots, 6),\ \frac{3\pi}{2},\ \frac{5\pi}{2} \right\}$$

が ● で示されている．（$\nu(0) = \pi/2$, $\nu(0.5) = 3\pi/2$, $\nu(1) = 5\pi/2$ に注意せよ．）局所長は $g(u) \equiv 1$（弧長は $s(u) = u$）で，曲率は $k(u) = \nu'(u) = \pi^2|\sin(2\pi u)|$ である．よって，$k(u)$ は 2 点 $u = 0.5$, $u = 1$ $(u = 0)$ を除いて正の値をとる．

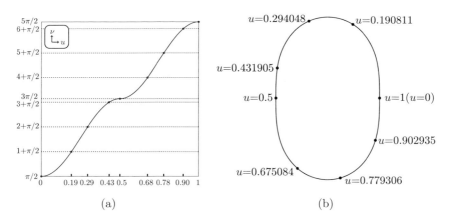

図 **1.10** (a) グラフ $\nu(u)$．(b) 曲線 $\Gamma$ と集合 $X_8$（黒点 ●）

### クロソイド曲線

図 1.11 のような，直線道路と半径 $R$ の円弧道路の間に道路を作って繋げたい．

例えば，図 1.12 の点線ように，直線道路を延ばして，半径 $r$ の円弧道路を作れば，滑らかな曲線が得られる．このように接続された道路を車で走行するこ

1.7 接線角度と曲率による曲線の構成　35

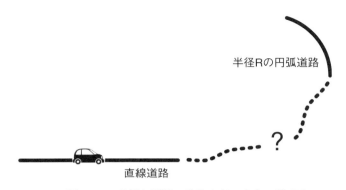

図 1.11　直線と円弧の道路をどのように繋ぐ？

とを考えよう．直線を等速 $V_0 > 0$ で走る車を質点 $\boldsymbol{x}(t) = \begin{pmatrix} x(t) \\ y(t) \end{pmatrix} = \begin{pmatrix} V_0 t \\ -r \end{pmatrix}$
$(t < 0)$ とし，時刻 $t = 0$ で，円弧 $\boldsymbol{x}(t) = r\begin{pmatrix} \cos\theta(t) \\ \sin\theta(t) \end{pmatrix}$ $(t \geq 0)$ に入るとする．ここで，$\theta(0) = -\pi/2, \dot{\theta}(t) > 0$ としておく．円弧内での速度ベクトルは，$\dot{\boldsymbol{x}}(t) = r\dot{\theta}(t)\begin{pmatrix} -\sin\theta(t) \\ \cos\theta(t) \end{pmatrix}$ であるから，$|\dot{\boldsymbol{x}}(t)| = r\dot{\theta}(t) = V_0$ ならば，速度を維持できる．つまり，角速度 $\dot{\theta}(t) = V_0/r$ で走ればよい．ところが，このとき加速度の大きさは，直線では零，時刻 $t = 0$ 以降では $|\ddot{\boldsymbol{x}}(t)| = V_0^2/r$ となるからギャップがある．このギャップは危険である．時刻 $t = 0$ において急に力が加わるから

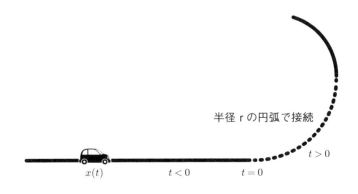

図 1.12　円弧で繋いだ場合

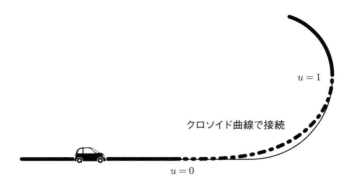

**図 1.13** 点線はクロソイド曲線．細線は図 1.12 の直線と円弧を繋いだ曲線

である．これは，直線と円弧を結んだ曲線は $C^1$-曲線であるが，$C^2$-曲線でないことに起因している．つまり，曲線は滑らかに繋がっているが，曲率は不連続なのである．

そこで，直線と半径 $R$ の円弧の間に滑らかな開曲線 $\Gamma$ を挿入して，曲率が連続になるように緩和してみる．直線と $\Gamma$ の繋ぎ目を $u = 0$, $\Gamma$ と円弧の繋ぎ目を $u = 1$ とし，

$$k(u) = \frac{s(u)}{LR}, \quad s(0) = 0, \quad u \in [0, 1]$$

のように補間して曲率を設定する．ここで，$L = s(1)$ は $\Gamma$ の全長である．このとき，$\partial_s \nu = g(u)^{-1} \nu'(u) = k(u)$ と $s'(u) = g(u)$ より，$\nu(u) = \dfrac{s(u)^2}{2LR}$ ($\nu(0) = 0$) を得る．接線ベクトルは $\boldsymbol{t}(\nu) = (\cos\nu, \sin\nu)^{\mathrm{T}} = g(u)^{-1} \boldsymbol{x}'(u)$ であるから，

$$\begin{aligned}
\boldsymbol{x}(u) &= \boldsymbol{x}(0) + \int_0^u \boldsymbol{t}(\nu(u)) g(u)\, du \\
&= \boldsymbol{x}(0) + \int_0^{s(u)} \boldsymbol{t}\left(\frac{s^2}{2LR}\right) ds, \quad u \in [0, 1]
\end{aligned}$$

を得る．この曲線を**クロソイド (clothoid) 曲線**または**オイラーらせん (Euler's spiral), コルニュらせん (Cornu Spiral)** などと呼び，これらは高速道路のジャンクションや遊園地のジェットコースターなどで使われている．図 1.13 の点線は，クロソイド曲線で接続した道路である．ここで，$s(u) = Lu, \nu(1) = \dfrac{\pi}{2}$ とし（これより，$L = \pi R$ がわかる），クロソイド曲線の積分を以下のように近似した

($R = 1$, $N = 1000$ とした). この近似は粗いが曲線の様子はつかめる.

$$u_i = \frac{i}{N}, \ \nu_i = \nu(u_i) = \frac{s_i^2}{2LR}, \ s_i = s(u_i) = i\Delta s, \ \Delta s = \frac{L}{N} \ (i = 0, 1, 2, \cdots, N),$$

$$\boldsymbol{x}(u_j) = \sum_{i=1}^{j}(\boldsymbol{x}(u_i) - \boldsymbol{x}(u_{i-1}))$$

$$= \sum_{i=1}^{j}\int_{s(u_{i-1})}^{s(u_i)} \boldsymbol{t}(\nu)\,ds \approx \sum_{i=1}^{j}\boldsymbol{t}(\nu_{i-\frac{1}{2}})\Delta s \quad (j = 1, 2, \cdots, N; \ \boldsymbol{x}(0) = \boldsymbol{0}).$$

より精度を高めるには，工夫が必要である．例えば，[121, pp.156–157] を参照せよ．

図 1.14 (a) は，$L = 200$, $R = 1$, $N = 1000$ としたときのクロソイド曲線である．(b) は，クロソイド曲線碑（図 1.15 (a)）に刻印されている曲線である．

**問 1.25** 図 1.14 (a) に負の部分を付け足して，gnuplot で，図 1.14 (b) のような形に描画せよ．

三国トンネルは，群馬県と新潟県の県境を跨ぐ国道 17 号（三国街道）のトンネルである．三国トンネルの群馬県側の入り口の手前に三国除雪ステーションがあり，その横の「クロソイド記念広場」と銘打った場所にクロソイド曲線碑がある（図 1.15 (a)）．草が刈ってあれば広場らしかっただろう．碑文には，クロソイド曲線を緩和曲線として道路に適用した日本初の設置例であることが記してある（図 1.15 (b)）．

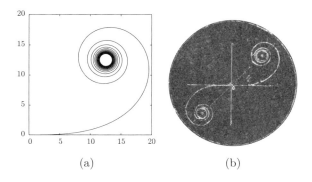

(a) (b)

**図 1.14** (a) コンピュータで描画したクロソイド曲線，(b) クロソイド曲線碑（図 1.15 (a)）に刻印されている曲線

38　第1章　平面曲線と曲率に関する基本事項

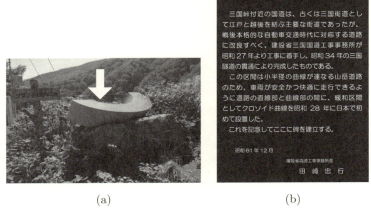

(a)　　　　　　　　　　　　　　(b)

**図 1.15**　(a) クロソイド曲線碑（↓の部分に，図 1.14 (b) が刻印されている），(b) クロソイド曲線碑の碑文の模写

# 第 2 章

# 界面現象を数学的に記述するための準備

　界面現象は視覚的には界面の変形運動として捉えられる．それは，時々刻々と変形・移動する境界面（境界線）の問題として数学的に定式化される．したがって，移動する境界がどのように時間変化するのかを追跡することは界面現象の理解へと繋がる．本章では，平面内を移動する境界線の数学的記述方法について学ぶ．

## 2.1 移動境界問題

　異なる 2 相，あるいは同じ相でも区別可能な二つの媒質を隔てる境界面（境界線）が時々刻々と変形運動する問題を**移動境界問題 (moving boundary problem, MBP)** と呼ぶ．これは，**自由境界問題 (free boundary problem, FBP)** とも呼ばれ，名称は混用されているが，本書では，移動境界問題と総称することにする．MBP と FBP の差異についての整理した記述が [79] に見られるので参照されたい．

　境界面は，一方の相が気相であった場合，**表面 (surface)** と呼ばれることも多いが，ここではその場合も含めて**界面 (interface)** と呼ぶことにする．したがって，上述した変形運動を**界面運動 (interface motion)** と呼ぶが，これは表面の変形運動も含んでいる．特に，変形運動が境界面（境界線）の曲がり具合，すなわち曲率に依存する場合，**曲率運動 (curvature motion)** という．

　本節の前半では，曲率の基本的な性質について，若干詳しく述べてある．というのも，曲率は，幾何学的には曲がり具合を表す量であるが，物理学的には界面張力（表面張力）に関わる量であり，本書のテーマである界面現象の解析において中心的な役割を果たすからである．また，数値計算をする上でも重要な鍵とな

ることも追々明らかとなるであろう．次節以降で，時間とともに変形する2次元平面曲線の表現を紹介する．2次元モデルとして記述された界面現象の解析においては，時間発展する平面曲線を如何にして追跡するかが主題となる．

## 2.2 時間変化する平面曲線とその表現

本節では，平面曲線の上で定義されたさまざまな幾何学的量が時間発展したときの変化の様子を考察する．時間パラメータ $t$ で媒介変数表示された時々刻々と変形する平面曲線 $\Gamma(t)$ が，空間パラメータ $u$ と時間パラメータ $t$ の2変数の連続写像 $\boldsymbol{x}$ によって，

$$\Gamma(t) = \left\{ \boldsymbol{x}(u,t) \in \mathbb{R}^2 \,\middle|\, u \in [0,1] \right\}, \quad t \geq 0$$

のように表示されているとしよう．

曲線 $\Gamma(t)$ 上の各点は，速度

$$\partial_t \boldsymbol{x} = V\boldsymbol{n} + \alpha \boldsymbol{t} \tag{2.1}$$

で成長する．ここで，$\mathsf{F}(u,t)$ に対して，

$$\partial_t \mathsf{F}(u,t) = \frac{\partial \mathsf{F}(u,t)}{\partial t}$$

と表記する．また，$V$ は $\partial_t \boldsymbol{x}$ の $\boldsymbol{n}$ 方向の速度成分で**法線速度**，$\alpha$ は $\partial_t \boldsymbol{x}$ の $\boldsymbol{t}$ 方向の速度成分で**接線速度**と呼ばれる．

局所長 $g$ は $\boldsymbol{x}(u,t) = (x(u,t), y(u,t))^{\mathrm{T}} \in \Gamma(t)$ に対して，

$$g(u,t) = |\partial_u \boldsymbol{x}(u,t)| = \sqrt{(\partial_u x(u,t))^2 + (\partial_u y(u,t))^2}$$

と定義する．ここで，$\mathsf{F}(u,t)$ に対して，

$$\partial_u \mathsf{F}(u,t) = \frac{\partial \mathsf{F}(u,t)}{\partial u}$$

と表記する．

## 2.3 時間に依存する弧長 $s$ に関する微分 $\partial_s \mathsf{F}$ と積分 $\int_{\Gamma(t)} \mathsf{F}\, ds$

曲線 $\Gamma(t)$ がつねに $g > 0$ を満たす（すなわち，正則）曲線ならば，次のように

## 2.3 時間に依存する弧長 $s$ に関する微分 $\partial_s \mathsf{F}$ と積分 $\int_{\Gamma(t)} \mathsf{F}\,ds$

弧長が定まる.

$$s(u,t) = \int_0^u g(\xi, t)\,d\xi, \quad s(0,t) = 0.$$

したがって，弧長は時間と独立ではない．

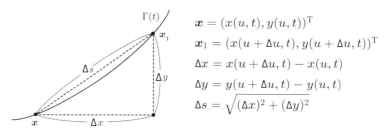

**図 2.1** パラメータの増分 $\Delta u$, $x$ 成分の増分 $\Delta x$, $y$ 成分の増分 $\Delta y$, および弧長の増分 $\Delta s$

ある時刻 $t$ を固定し，図 2.1 のように，弧長の増分 $\Delta s$ の極限として，弧長要素 $ds$ を捉えると，

$$\Delta s = \sqrt{(\Delta x)^2 + (\Delta y)^2} = \sqrt{\left(\frac{\Delta x}{\Delta u}\right)^2 + \left(\frac{\Delta y}{\Delta u}\right)^2}\,\Delta u$$

$$\downarrow \Delta u \to +0$$

$$ds = \sqrt{(\partial_u x(u,t))^2 + (\partial_u y(u,t))^2}\,du = g(u,t)\,du$$

となる．しかし，本来は，全微分

$$ds = g(u,t)\,du + \partial_t s(u,t)\,dt$$

であるから，$ds = g\,du$ は時間 $t$ を無視した形式的表記である．

しかし，以後，しばしば関数 $\mathsf{F}(u,t)$ に対して，この形式的表記 $ds = g(u,t)\,du$ を用いて，弧長についての微分 $\partial_s \mathsf{F}$ や曲線 $\Gamma(t)$ に沿った積分 $\int \mathsf{F}\,ds$ を考えるが，これらは，§1.3 と同様に，次のような形式的演算表記を意味するものとする．

$$\partial_s \mathsf{F}(u,t) = \frac{\partial_u \mathsf{F}(u,t)}{g(u,t)},$$

$$\int_{s_1}^{s_2} \mathsf{F}(u,t)\,ds = \int_{u_1}^{u_2} \mathsf{F}(\xi, t) g(\xi, t)\,d\xi.$$

ここで，$i = 1, 2$ に対して，$s_i = s(u_i, t)$ である．さらに，

$$\int_{s_1}^{s_2} \partial_s \mathsf{F}(u, t)\, ds = \int_{u_1}^{u_2} \partial_u \mathsf{F}(\xi, t)\, d\xi = [\mathsf{F}(u, t)]_{u_1}^{u_2} = \mathsf{F}(u_2, t) - \mathsf{F}(u_1, t)$$

のような積分計算もしばしば実行する．特に，$u_1 = 0, u_2 = 1$ のときは，

$$\int_{\Gamma(t)} \mathsf{F}(u, t)\, ds = \int_0^1 \mathsf{F}(u, t) g(u, t)\, du$$

と表す．（$\mathsf{F} = 1$ のとき，これは全長，あるいは周長に他ならない．後述の $(2.8)_{\text{p.48}}$ を見よ．）また，

$$\int_{\Gamma(t)} \partial_s \mathsf{F}(u, t)\, ds = \int_0^1 \partial_u \mathsf{F}(u, t)\, du = [\mathsf{F}(u, t)]_{u_1}^{u_2} = \mathsf{F}(1, t) - \mathsf{F}(0, t)$$

である．

## 2.4 幾何学的量

弧長 $s$，単位接線ベクトル $\boldsymbol{t}$，単位法線ベクトル $\boldsymbol{n}$，曲率 $k$ などは曲線上の位置を指定すれば，パラメータのとり方に依存せずに定まる量なので**幾何学的量**と呼ばれる．一方，局所長 $g$ や接線速度 $\alpha$ は幾何学的量ではない．以下，このことについて論じよう．

新しいパラメータ $w \in [0, p]$ $(p > 0)$ と $\tau \geq 0$ を導入し，

$$\overline{\boldsymbol{x}}(w, \tau) = \boldsymbol{x}(u, t), \quad u = u(w, \tau), \quad t = \tau$$

とする．ここで，関数 $u(w, \tau)$ は，

$$u(0, \tau) = 0, \quad u(p, \tau) = 1, \quad \partial_w u(w, \tau) > 0$$

を満たすものとする．ここで，$\partial_w$ は $\partial_u$ や $\partial_t$ と同じく，$\partial_w = \dfrac{\partial}{\partial w}$ を表す．このとき，

$$\partial_w \overline{\boldsymbol{x}}(w, \tau) = (\partial_u \boldsymbol{x}(u(w, \tau), \tau)) \partial_w u(w, \tau)$$

より，局所長は，

$$\overline{g}(w, \tau) = |\partial_w \overline{\boldsymbol{x}}(w, \tau)| = g(u(w, \tau), \tau) \partial_w u(w, \tau)$$

となる．よって，弧長は，

$$\overline{s}(w,\tau) = \int_0^w \overline{g}(\xi,\tau)\,d\xi, \quad \overline{s}(0,\tau) = 0$$

と定義される．局所長の計算を，

$$\overline{g}(w,\tau) = g(u(w,\tau),\tau)\partial_w u(w,\tau) = (\partial_u s(u(w,\tau),\tau))\partial_w u(w,\tau)$$
$$= \partial_w s(u(w,\tau),\tau)$$

のように続けて，この両辺を $w$ について積分すると，

$$\int_0^w \overline{g}(\xi,\tau)\,d\xi = \int_0^w \partial_\xi s(u(\xi,\tau),\tau)\,d\xi = s(u(w,\tau),\tau) - s(u(0,\tau),\tau)$$
$$= s(u(w,\tau),\tau) - s(0,\tau) = s(u(w,\tau),\tau)$$

を得る．したがって，

$$\overline{s}(w,\tau) = s(u(w,\tau),\tau)$$

がわかる．

一般に，

$$\overline{\mathsf{F}}(w,\tau) = \mathsf{F}(u,t), \quad u = u(w,\tau), \quad t = \tau$$

に対して，

$$\partial_w \overline{\mathsf{F}}(w,\tau) = (\partial_u \mathsf{F}(u(w,\tau),\tau))\partial_w u(w,\tau)$$

より，

$$\frac{1}{\overline{g}(w,\tau)}\partial_w \overline{\mathsf{F}}(w,\tau) = \frac{1}{g(u(w,\tau),\tau)}\partial_u \mathsf{F}(u(w,\tau),\tau)$$

となるので，形式的演算表記 $\partial_{\overline{s}} = \dfrac{1}{\overline{g}(w,t)}\partial_w$ を用いれば，

$$\partial_{\overline{s}} \overline{\mathsf{F}}(w,\tau) = \partial_s \mathsf{F}(u(w,\tau),\tau)$$

が成り立つ．よって，単位接線ベクトルは，

$$\overline{\boldsymbol{t}}(w,\tau) = \partial_{\overline{s}}\overline{\boldsymbol{x}}(w,\tau) = \partial_s \boldsymbol{x}(u(w,\tau),\tau) = \boldsymbol{t}(u(w,\tau),\tau)$$

で，単位法線ベクトルは

$$\overline{\boldsymbol{n}}(w,\tau) = -\overline{\boldsymbol{t}}(w,\tau)^\perp = -\boldsymbol{t}(u(w,\tau),\tau)^\perp = \boldsymbol{n}(u(w,\tau),\tau)$$

であり，曲率は，

$$\overline{k}(w,\tau) = \partial_{\overline{s}}\overline{\boldsymbol{n}}(w,\tau)\cdot\overline{\boldsymbol{t}}(w,\tau) = \partial_s\boldsymbol{n}(u(w,\tau),\tau)\cdot\boldsymbol{t}(u(w,\tau),\tau) = k(u(w,\tau),\tau)$$

となる．

以上により，パラメータを変換した曲線 $\overline{\boldsymbol{x}} = \boldsymbol{x}$ に対して，

$$\overline{s} = s, \quad \overline{\boldsymbol{t}} = \boldsymbol{t}, \quad \overline{\boldsymbol{n}} = \boldsymbol{n}, \quad \overline{k} = k$$

や，合成関数 $\overline{\mathsf{F}} = \mathsf{F}$ に対する形式的演算表記

$$\partial_{\overline{s}}\overline{\mathsf{F}} = \partial_s\mathsf{F}$$

が成り立つことがわかった．一方で，局所長に関しては，

$$\overline{g} = g\partial_w u$$

となった．局所長と同じく，接線速度 $\alpha$ もパラメータの変換に依存する．次節で考察しよう．

## 2.5 接線速度

パラメータ変換後の曲線 $\overline{\boldsymbol{x}}(w,\tau)$ の時間発展方程式は，

$$\partial_\tau\overline{\boldsymbol{x}}(w,\tau) = \overline{V}(w,\tau)\overline{\boldsymbol{n}}(w,\tau) + \overline{\alpha}(w,\tau)\overline{\boldsymbol{t}}(w,\tau)$$

である．ここで，$\partial_\tau$ は $\partial_u, \partial_t, \partial_w$ と同じく，$\partial_\tau = \dfrac{\partial}{\partial \tau}$ を表す．

関数 $\overline{\boldsymbol{x}}(w,\tau) = \boldsymbol{x}(u(w,\tau),\tau)$ の両辺を $\tau$ で偏微分すると，

$$\partial_\tau\overline{\boldsymbol{x}}(w,\tau) = \partial_u\boldsymbol{x}(u(w,\tau),\tau)\partial_\tau u(w,\tau) + \partial_t\boldsymbol{x}(u(w,\tau),\tau)$$

$$= g(u(w,\tau),\tau)(\partial_\tau u(w,\tau))\boldsymbol{t}(u(w,\tau),\tau) + \partial_t\boldsymbol{x}(u(w,\tau),\tau)$$

を得る．ここで，

$$\partial_t\boldsymbol{x}(u(w,\tau),\tau) = V(u(w,\tau),\tau)\boldsymbol{n}(u(w,\tau),\tau) + \alpha(u(w,\tau),\tau)\boldsymbol{t}(u(w,\tau),\tau)$$

$$\boldsymbol{t}(u(w,\tau),\tau) = \overline{\boldsymbol{t}}(w,\tau), \quad \boldsymbol{n}(u(w,\tau),\tau) = \overline{\boldsymbol{n}}(w,\tau)$$

である．よって，法線速度 $V$ が幾何学的量のみから定まるならば（下記注 2.1），$\overline{V}(w,\tau) = V(u(w,\tau),\tau)$ であるから，

$$\overline{\alpha}(w,\tau) = \alpha(u(w,\tau),\tau) + g(u(w,\tau),\tau)\partial_\tau u(w,\tau)$$

となる．

**注 2.1** 例えば，$V = f(\boldsymbol{x},\boldsymbol{n},k)$ のような形であったならば，

$$V(u(w,\tau),\tau) = f(\boldsymbol{x}(u(w,\tau),\tau),\boldsymbol{n}(u(w,\tau),\tau),k(u(w,\tau),\tau))$$
$$= f(\overline{\boldsymbol{x}}(w,\tau),\overline{\boldsymbol{n}}(w,\tau),\overline{k}(w,\tau)) = \overline{V}(w,\tau)$$

が成り立つ．一方，法線速度が幾何学的量以外にも依存した場合，例えば，$V = f(g,\boldsymbol{x},\boldsymbol{n},k)$ のような形であったとすると，$g \neq \overline{g}$ であるから，$\overline{V} = f(\overline{g},\overline{\boldsymbol{x}},\overline{\boldsymbol{n}},\overline{k})$ と $V$ は等しくない．

一般に，曲線が変形運動するとき，その形状はパラメータに依存せずに定まるはずであるから，法線速度 $V$ が形状を決定し，接線速度 $\alpha$ は形状には無関係であることがわかる．§8.5 においてより詳しく論じよう．

**■ 例 2.2** 単位円 $\boldsymbol{x}(u,t) = \begin{pmatrix} \cos(2\pi u) \\ \sin(2\pi u) \end{pmatrix}$ は $V = \alpha = 0$ なので動かない．ここで次のようにパラメータ $w \in [0,1], \tau \geq 0$ を導入して，新しいパラメータ表示の単位円

$$\overline{\boldsymbol{x}}(w,\tau) = \boldsymbol{x}(u,t), \quad u = u(w,\tau), \quad t = \tau$$

$$u(w,\tau) = \begin{cases} w^{f(\tau)} & (f(\tau) \geq 1) \\ 1 - (1-w)^{2-f(\tau)} & (f(\tau) < 1) \end{cases}$$

$$f(\tau) = 1 - (m-1)\sin(2\pi\tau)$$

の運動を考える．ここで，$m \geq 1$ とすると，$2 - m \leq f(\tau) \leq m$ で，特に $m = 1$ のとき，$f(\tau) = 1, u(w,\tau) = w$ である．また，$u(0,\tau) = 0, u(1,\tau) = 1$, $\partial_w u(w,\tau) > 0$ を満たし，初期値は $u(w,0) = w$ である．このとき法線速度は $\overline{V} = 0 = V$, 接線速度は $\overline{\alpha} = 2\pi\partial_\tau u \neq \alpha$ となるが，曲線の形状は単位円のま

まである．したがって，上のように凝ったパラメータを導入してもなんら形状に変化はみられないわけだが，単位円周上に点を $N$ 個，例えば $w = w_i = i/N$ ($i = 1, 2, \cdots, N$) のように配置してみると，図 2.2 のように接線方向の運動が観察される．図 2.2 は $m = 10, N = 200$ としたときの図で，$\partial_\tau f = 0$ のとき，すなわち $t = 0.25, 0.75, \cdots$ のとき回転の方向が反転し，周期 1 で分点の疎密が変化する．

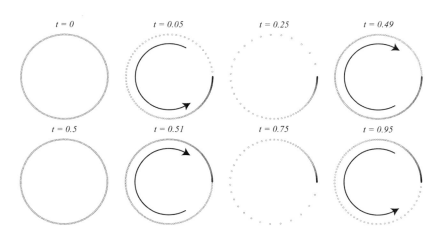

図 **2.2** 円上に配置された 200 個の点の接線方向の運動

## 2.6 逆向きの曲線

ジョルダン曲線 $\Gamma = \{\bm{x}(u)\}$ の正の方向とは，パラメータ $u$ が増加する方向に $\Gamma$ に沿って動いたとき，いつも左手にその曲線で囲まれた部分（図 2.3 (a) の $\Omega$）を見る方向であった．一方，図 2.3 (b) のように，外部領域 $\Omega' = \mathbb{R}^2 \setminus \overline{\Omega}$ を，「内部（例えば，水の領域）」とみれば，内部領域 $\Omega$ は，「外部（例えば，泡）」となり，$\Gamma$ の向きは逆になる．このとき，§2.4 や §2.5 でみた各量はどのようになるのだろうか．問としよう（問 2.1）．

**問 2.1** ジョルダン曲線 $\Gamma(t) = \{\bm{x}(u, t)\}$ に，新しいパラメータ $w \in [0, p]$ ($p > 0$), $\tau \geq 0$ を導入し，

$$\begin{aligned}
&\widetilde{\bm{x}}(w, \tau) = \bm{x}(u, t), \quad u = u(w, \tau), \quad t = \tau \\
&u(0, \tau) = 1, \quad u(p, \tau) = 0, \quad \partial_w u(w, \tau) < 0
\end{aligned} \tag{2.2}$$

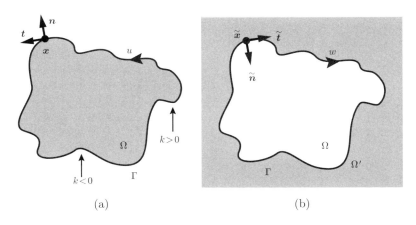

図 **2.3** 平面曲線の向きの反転

としたとき,対応する局所長と弧長

$$\widetilde{g}(w,\tau) = |\partial_w \widetilde{\bm{x}}(w,\tau)|, \quad \widetilde{s}(w,\tau) = \int_0^w \widetilde{g}(\xi,\tau)\, d\xi \quad (\widetilde{s}(0,\tau) = 0)$$

および,単位接線ベクトル $\widetilde{\bm{t}}$,単位法線ベクトル $\widetilde{\bm{n}}$,曲率 $\widetilde{k}$ を,それぞれ適切に表現せよ.また,発展方程式を

$$\partial_\tau \widetilde{\bm{x}} = \widetilde{V}\widetilde{\bm{n}} + \widetilde{\alpha}\widetilde{\bm{t}}$$

としたとき,$V$ が幾何学的量のみに依存する場合,法線速度 $\widetilde{V}$ と接線速度 $\widetilde{\alpha}$ は,それぞれどのように表されるか.

## 2.7 さまざまな量の時間発展

時間発展するさまざまな量の基本性質をみていく.まず,$u$ と $t$ は互いに独立なパラメータなので,$\partial_t$ と $\partial_u$ は,$\partial_t \partial_u = \partial_u \partial_t$ のように交換可能である.これより,フレネ-セレの公式 (§1.4) を用いて,

$$\partial_t g = (kV + \partial_s \alpha)g \tag{2.3}$$

を得る.これと $\bm{t} = g^{-1}\partial_u \bm{x}$, $\bm{t} = \bm{n}^\perp$ より

$$\partial_t \bm{t} = (\partial_s V - k\alpha)\bm{n}, \quad \partial_t \bm{n} = -(\partial_s V - k\alpha)\bm{t} \tag{2.4}$$

がわかる.

接線角度を $\nu = \nu(u,t)$, すなわち $\bm{t} = \begin{pmatrix} \cos \nu \\ \sin \nu \end{pmatrix}$ とする. このとき,

$$\partial_s \nu = k, \quad \partial_t \nu = -\partial_s V + k\alpha \tag{2.5}$$

を得る.

また, §2.2 で定義したように, $\mathsf{F}(u,t)$ に対して, $\partial_s \mathsf{F}(u,t) = \dfrac{\partial_u \mathsf{F}(u,t)}{g(u,t)}$ であるから, $\partial_t$ と $\partial_s$ は非可換で,

$$\partial_t \partial_s \mathsf{F} = \partial_s \partial_t \mathsf{F} - (kV + \partial_s \alpha)\partial_s \mathsf{F}$$

となる. ここで, $\mathsf{F}(u,t)$ に対して, (1.10)$_{\mathrm{p.24}}$ と同じく,

$$\partial_s^2 \mathsf{F}(u,t) = \frac{1}{g(u,t)} \frac{\partial}{\partial u} \left( \frac{1}{g(u,t)} \frac{\partial}{\partial u} \mathsf{F}(u,t) \right)$$

の意味である.

以上の式を用いると曲率 $k$ の発展方程式

$$\partial_t k = -(\partial_s^2 V + k^2 V) + \alpha \partial_s k \tag{2.6}$$

を得る.

弧長 $s$ の時間発展方程式は,

$$\partial_t s = \int_0^s kV\,ds + [\alpha]_0^u, \quad [\alpha]_0^u = \alpha(u,t) - \alpha(0,t) \tag{2.7}$$

となる. この式で, $u=1$ のとき, $s(1,t) = L(t)$ は, $\Gamma(t)$ の周長(開曲線の場合は全長)である. すなわち,

$$L(t) = \int_{\Gamma(t)} ds = \int_0^1 g\,du \tag{2.8}$$

である. これより, $\partial_t g$ の式 (2.3) を用いて, $L(t)$ の時間発展方程式

$$\dot{L}(t) = \int_{\Gamma(t)} kV\,ds + [\alpha]_0^1, \quad [\alpha]_0^1 = \alpha(1,t) - \alpha(0,t) \tag{2.9}$$

を得る．ここで，時間微分については，(1.13)$_{\text{p.32}}$ と同様にドットで表す．特に，$\Gamma(t)$ が閉曲線の場合は，

$$\dot{L}(t) = \int_{\Gamma(t)} kV \, ds \tag{2.10}$$

である．

曲線 $\Gamma(t)$ がジョルダン曲線の場合，曲線が囲む部分を $\Omega(t)$ とし，$\Omega(t)$ の面積を $A(t)$ とすると，ガウスの発散定理より，

$$A(t) = \frac{1}{2} \int_{\Omega(t)} \operatorname{div} \boldsymbol{x} \, d\Omega = \frac{1}{2} \int_{\Gamma(t)} \boldsymbol{x} \cdot \boldsymbol{n} \, ds = \frac{1}{2} \int_0^1 (\boldsymbol{x} \cdot \boldsymbol{n}) g \, du$$

となる．これより，$\partial_t \boldsymbol{x}$ の式 (2.1)$_{\text{p.40}}$，$\partial_t \boldsymbol{n}$ の式 (2.4)$_{\text{p.47}}$，$\partial_t g$ の式 (2.3)$_{\text{p.47}}$ を用いて，$A(t)$ の時間発展方程式

$$\dot{A}(t) = \int_{\Gamma(t)} V \, ds \tag{2.11}$$

を得る．ここで，$\boldsymbol{x} = (x,y)^{\mathrm{T}}$ として，$\boldsymbol{F}(\boldsymbol{x},t) = (\mathsf{F}_1(\boldsymbol{x},t), \mathsf{F}_2(\boldsymbol{x},t))^{\mathrm{T}}$ の発散 (divergence) は，$\partial_x = \dfrac{\partial}{\partial x}$, $\partial_y = \dfrac{\partial}{\partial y}$ として，

$$\operatorname{div} \boldsymbol{F}(\boldsymbol{x},t) = \partial_x \mathsf{F}_1(\boldsymbol{x},t) + \partial_y \mathsf{F}_2(\boldsymbol{x},t)$$

と定義される．これは，$\nabla = (\partial_x, \partial_y)^{\mathrm{T}}$ と $\boldsymbol{F}$ の形式的内積を用いて $\nabla \cdot \boldsymbol{F}$ と表してもよい．また，$\boldsymbol{x} = (x,y)^{\mathrm{T}} \in \Omega(t)$ の関数 $\mathsf{F}(\boldsymbol{x},t)$ の $\Omega(t)$ 上での面積分（二重積分）を，$d\Omega = dxdy$ を面積要素として，簡単のため，

$$\int_{\Omega(t)} \mathsf{F}(\boldsymbol{x},t) \, d\Omega = \iint_{\Omega(t)} \mathsf{F}(x,y,t) \, dxdy$$

と表す．

**問 2.2** 47 ページの (2.3) から (2.7) と (2.11) を示せ．

**問 2.3** 以下の各問に答えよ．

(1) 任意の $\boldsymbol{a} \in \mathbb{R}^2$ に対して，$\operatorname{div}((\boldsymbol{x} \cdot \boldsymbol{a})\boldsymbol{x}) = 3(\boldsymbol{x} \cdot \boldsymbol{a})$ を示せ．

(2) 必要ならば (1) を用いて，$\int_{\Omega} \boldsymbol{x} \, d\Omega = \dfrac{1}{3} \int_{\Gamma} (\boldsymbol{x} \cdot \boldsymbol{n}) \boldsymbol{x} \, ds$ を示せ．

(3) $\Omega(t)$ の重心

$$\bm{c}(t) = \frac{1}{A(t)} \int_{\Omega(t)} \bm{x}\, d\Omega = \frac{1}{3A(t)} \int_{\Gamma(t)} (\bm{x} \cdot \bm{n})\bm{x}\, ds \qquad (2.12)$$

の時間発展方程式が,

$$\dot{\bm{c}}(t) = -\frac{\dot{A}(t)}{A}\bm{c} + \frac{1}{A} \int_{\Gamma(t)} \bm{x} V\, ds \qquad (2.13)$$

となることを確認せよ.

**問 2.4** 問 2.1 (46 ページ) の図 2.3 (b) (47 ページ) のような状況で, $(2.2)_{\text{p.46}}$ が成立しているとする.

$$\widetilde{\mathsf{F}}(w, \tau) = \mathsf{F}(u(w, \tau), \tau), \quad \tau = t$$

としたとき,

$$\int_{\Gamma(t)} \mathsf{F}(u, t)\, ds = \int_{\Gamma(t)} \widetilde{\mathsf{F}}(w, t)\, d\widetilde{s}$$

となることを示せ. また, $\dot{L}(t)$, $\dot{A}(t)$, $\dot{\bm{c}}(t)$ について, $k$, $V$, $\bm{x}$, $s$ を用いて, (2.10), (2.11) および (2.13) に対応する式をそれぞれ導け.

## 2.8 接線方向, 法線方向, 曲率の符号についての注意

$n$ を自然数とし, 閉区間 $[a, b]$ で定義された連続な写像

$$\bm{x} = \bm{x}(u) \in \mathbb{R}^n \quad (u \in [a, b])$$

を曲線と呼び, $n = 2$ のとき平面曲線といった (§1.1). さらに, $n = 3$ のときは空間曲線といい, 一般の $n$ については $n$ 次元ユークリッド空間 $\mathbb{R}^n$ 内の曲線という. 曲線の向きは, パラメータ $u$ の増加する方向を正とするのが自然であり, その意味では, 接線ベクトル $\bm{t}(u) = \bm{x}'(u)/|\bm{x}'(u)|$ や弧長要素 $ds = |\bm{x}'(u)|\, du$ の定義は自然である. そして, 曲線の正の向きは, 図 2.4 (a) のように, 閉曲線の内部を左手に見る方向にとるのが通常である (20 ページ).

一方, 図 2.4 (b) の矢印の方向を正の向きとすることも少なくない. 例えば, 灰色を A 相の領域, 白色を B 相の領域として, A 相から B 相を見た方向を法線ベクトル $\bm{n}$ の方向とした場合, (a) も (b) も同じ関係にするべきであろう. このと

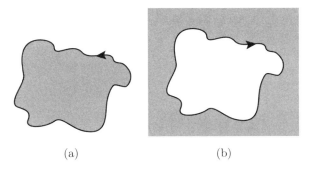

図 **2.4** 平面曲線の向き

き，(b) において図と逆の (a) と同じ矢印の方向をパラメータの正の方向としてしまうと，(a) では $t = n^\perp$ であるのに対し，(b) では $t = -n^\perp$ となってしまい，混乱の元である．これを避けるために，(a) と (b) を両方扱う場合には，(b) の矢印の方向を ((a) とは逆に) 正の向きとするとよい (図 2.3 (47 ページ))．

しかし，これでもまだ混乱は避けられない．図 2.4 (a) において，灰色から白色を見た方向を法線ベクトル $n$ の方向と上述したが，その逆としても全く問題はないからである．微分幾何学では，最初に接線ベクトル $t$ を決めて，次に $x$ 軸から $y$ 軸を決めるように，$t$ を反時計回りに回して $n = t^\perp$ のように法線ベクトルを定める．(基底 $\{t, n\}$ をフレネ枠 (Frenet frame) と呼ぶ．) このとき，(a) においては $n$ は内向き法線ベクトルとなる．一方，界面運動を考える場合は，全体的に界面が広がって成長する方向の速度を正にしたいため，その方向を $n$ にして $V > 0$ とすることが多く，このとき，図 1.5 (20 ページ) のように $n$ は外向き法線ベクトルとなる．このように，論文の著者によって流儀が異なることは認識しておくとよいだろう．

さらに，$t$ と $n$ の向きが明確に把握できたとしても，曲率の符号に二通りの流儀，つまり，単位円の曲率を $1$ とするか $-1$ とするかの流儀があることも知っておくとよい．例えば，次節で紹介する古典的曲率流方程式 $V = -k$ は，論文によっては $V = k$ と表現されることも多いが，内向き法線速度 $V$ が単位円の曲率を $1$ とする曲率 $k$ に等しくても，外向き法線速度 $V$ が単位円の曲率を $-1$ とする曲率 $k$ に等しくても，同じ $V = k$ と表現されることに注意しよう．(曲面の平均曲率は，符号問題に加えて，主曲率の和で定義するか，その平均値で定義するかの流儀がある．)

国や分野などいろいろな意味での出自が異なる著者が書いた論文を読んでいる

と，感覚と流儀の違いが見受けられることも多い．しかし，それは数学の文化的側面として享受するものであって本質的なことではない．ただ初学者は，楽しむ以前に無用に混乱する可能性もあるので，本節を設けて，老婆心ながら若干の注意喚起をしたまでである．

## 2.9 古典的曲率流方程式

一般の曲率流方程式や界面運動方程式の解の挙動をイメージするために，古典的で典型的な方程式

$$V = -k \tag{2.14}$$

を考える．この方程式は，**曲線短縮方程式 (curve-shortening equation)**，あるいは（古典的）**曲率流方程式**などと呼ばれる．曲線短縮方程式がはじめて登場したのは，材料科学の分野であった．金属の焼き鈍しの際の結晶粒界の運動を記述するモデル方程式として，Mullinsが提案した [120]．一般に金属は原子配列の向きが揃っている結晶粒（単結晶）の集合体，すなわち多結晶の構造をなしている．結晶粒の境界を結晶粒界という．金属を加熱した後ゆっくり冷まし，小さい結晶粒を消滅させて，全体として単一構造の結晶に近づけることが焼き鈍しの目的である．今，一つの結晶粒を $\Omega(t)$，その粒界を $\Gamma(t)$ とする．Mullins は $\Gamma(t)$ の動きについて，2次元の単純な状況下では曲線短縮方程式に従うとした．その動きは，$\Gamma(t)$ の周長を「最も」急激に減らす方向に動く変形運動である（「最も」の意味は§2.10で述べる）．以下，曲線短縮方程式の解曲線の挙動を観察しよう．

■ **例 2.3** 解曲線 $\Gamma(t)$ が，中心 $\boldsymbol{a}$，半径 $R(t)$ の円であった場合，

$$\boldsymbol{x}(u,t) = R(t)\boldsymbol{n}(u) + \boldsymbol{a}, \quad \boldsymbol{n}(u) = \begin{pmatrix} \cos(2\pi u) \\ \sin(2\pi u) \end{pmatrix}, \quad u \in [0,1]$$

より，$V = \partial_t \boldsymbol{x} \cdot \boldsymbol{n} = \dot{R}$ となる．よって，

$$V = -k \quad \Leftrightarrow \quad \dot{R} = -\frac{1}{R}$$

より，これを解いて，

$$R(t) = \sqrt{2(T-t)}, \quad T = \frac{R(0)^2}{2} = \frac{A(0)}{2\pi}$$

を得る．すなわち，初期曲線が半径 $R(0)$ の円であった場合，中心の位置にかかわらず，解曲線は時間とともに相似縮小する円であり，時刻 $T$ において1点に縮退する．このように，形を変えずに相似縮小（あるいは相似拡大）する解を**自己相似解 (self-similar solution)** と呼ぶ．

■ **例 2.4** 初期曲線が凹凸のあるジョルダン曲線であった場合，(2.14) に従って運動する曲線は，例えば，図 2.5 のようになるだろう．ジョルダン曲線 $\Gamma(t)$ の内から外に突き出ている凸の部分 $(k > 0)$ は $-\boldsymbol{n}$ 方向（内向き）に動き，へこんでいる凹の部分 $(k < 0)$ は $\boldsymbol{n}$ 方向（外向き）に動く．そうするとだんだん凹凸がなくなっていくように思えるが，実際，任意の滑らかなジョルダン曲線は，有限時間で滑らかな閉凸曲線に変形し（定理 3.6（70 ページ），[51]），その後，有限時間で円に近づきながら1点に縮退することが知られている（定理 3.5（70 ページ），[39]）．図 2.5 はこれらの結果を繋ぎ合わせたもののシミュレーションとなっている．(c) は (b) の時間発展の図において，最終時刻に近い中心付近の点に見える図形の拡大図で，上述した既知の結果（定理 3.5（70 ページ））に違わず，最終時刻に近い解曲線が円に近いことがわかるであろう．

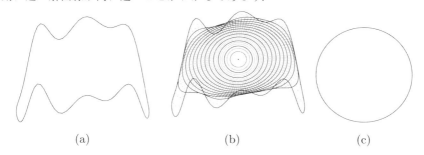

**図 2.5** (a) 初期曲線，(b) 時間発展の図（外側から内側の点へ），(c) (b) の中心付近の点の拡大図

■ **例 2.5** 曲線 $\Gamma(t)$ がグラフ $y = f(x, t)$ で表されている場合，

$$\Gamma(t) = \{\boldsymbol{x}(x, t)\}, \quad \boldsymbol{x}(x, t) = \begin{pmatrix} x \\ f(x, t) \end{pmatrix}$$

であるから，

$$V = \begin{pmatrix} 0 \\ \partial_t f \end{pmatrix} \cdot \boldsymbol{n}, \quad \boldsymbol{n} = \frac{1}{\sqrt{1+(\partial_x f)^2}} \begin{pmatrix} \partial_x f \\ -1 \end{pmatrix}, \quad k = \frac{\partial_x^2 f}{(1+(\partial_x f)^2)^{3/2}}$$

より（問 1.16（25 ページ）），(2.14)$_{\text{p.52}}$ と同値な微分方程式

$$\partial_t f = \frac{\partial_x^2 f}{1+(\partial_x f)^2}$$

を得る．図 2.6 は，区間 $0 < x < 1$ で時間発展するグラフ $y = f(x,t)$ のシミュレーションで，境界条件は $f(0) = f(1) = 0$, 初期曲線は $f(x,0) = 0.1\sin(\pi x) - 0.3\sin(2\pi x) + 0.2\sin(5\pi x)$ とした．

図 2.5 や図 2.6 から示唆されるように，周長 $L(t)$ は時間とともに減少する．(2.14)$_{\text{p.52}}$ がしばしば曲線短縮方程式と呼ばれる所以である．実際，(2.10)$_{\text{p.49}}$ より，

$$\dot{L}(t) = -\int_{\Gamma(t)} k^2 \, ds < 0$$

が成り立つ．さらに，(2.5)$_{\text{p.48}}$ と (2.11)$_{\text{p.49}}$ より，

$$\dot{A}(t) = -\int_{\Gamma(t)} k(u,t) \, ds = -\int_{\Gamma(t)} \partial_s \nu(u,t) \, ds$$
$$= -\int_0^1 \partial_u \nu(u,t) \, du = -(\nu(1,t) - \nu(0,t)) = -2\pi$$

が成り立つ．これより，$A(t) = A(0) - 2\pi t$ がわかり，面積が 0 になる時刻 $T$ は，

$$T = \frac{A(0)}{2\pi}$$

となる．このとき $L(T) = 0$ となることも知られている．故に，$t = T$ で解曲線は 1 点に縮退する．

図 2.6　古典的曲率流方程式によるグラフの時間発展

2.10 勾配流　55

**問 2.5** 半径 $R(t)$ の円が，以下の各方程式に従って運動しているとき，$R(t)$ をそれぞれ求めよ．

(1) 曲率流方程式 $V = -k^p$ $(p > 0)$
(2) 曲率流方程式 $V = k^{-q}$ $(q > 0)$

## 2.10　勾配流

§1.2 でみたように，曲線 $\Gamma = \{\boldsymbol{x}(u)\}$ の全長 $L$ は，

$$L = \int_\Gamma ds = \int_0^1 g(u)\, du = \int_0^1 |\partial_u \boldsymbol{x}(u)|\, du$$

であった．閉曲線の場合は，$L$ は周長であった．曲線 $\Gamma$ を決めると $L$ が定まるのだから，$L$ は $\Gamma$ の汎関数 $L = L(\Gamma)$ として考えられる．本節での主題は，$L(\Gamma)$ を「最も」急激に減少させる方向に変形する運動の方程式を導出することである．(「最も」の意味は後に明らかとなる．)

$C^1$-級関数 $\boldsymbol{z} : [0,1] \ni u \mapsto \boldsymbol{z}(u) \in \mathbb{R}^2$ に対して，$\Gamma$ を少し変形した曲線を

$$\Gamma_{\varepsilon \boldsymbol{z}} : \boldsymbol{x}(u) + \varepsilon \boldsymbol{z}(u) \quad (0 < \varepsilon \ll 1)$$

とおく．ただし，閉曲線の場合は $\boldsymbol{z}(0) = \boldsymbol{z}(1)$ とし，開曲線の場合は $\boldsymbol{t}(0) \cdot \boldsymbol{z}(0) = \boldsymbol{t}(1) \cdot \boldsymbol{z}(1)$ とする．開曲線の仮定は，端点での接線方向の「伸び」と「縮み」が一致しているという意味で，例えば，$u = 0$ で伸びる方向に変形したら，$u = 1$ でその分縮める方向に変形するということである．このとき，

$$L(\Gamma_{\varepsilon \boldsymbol{z}}) = \int_{\Gamma_{\varepsilon \boldsymbol{z}}} ds = \int_0^1 |\partial_u \boldsymbol{x}(u) + \varepsilon \partial_u \boldsymbol{z}(u)|\, du.$$

したがって，$\boldsymbol{z}$ 方向の周長 $L$ の変化率は，

$$\begin{aligned}
\frac{d}{d\varepsilon} L(\Gamma_{\varepsilon \boldsymbol{z}}) \bigg|_{\varepsilon=0} &= \int_0^1 \frac{(\partial_u \boldsymbol{x}(u) + \varepsilon \partial_u \boldsymbol{z}(u)) \cdot \partial_u \boldsymbol{z}(u)}{|\partial_u \boldsymbol{x}(u) + \varepsilon \partial_u \boldsymbol{z}(u)|}\, du \bigg|_{\varepsilon=0} \\
&= \int_0^1 \frac{\partial_u \boldsymbol{x}(u) \cdot \partial_u \boldsymbol{z}(u)}{|\partial_u \boldsymbol{x}(u)|}\, du = \int_0^1 \boldsymbol{t}(u) \cdot \partial_u \boldsymbol{z}(u)\, du \\
&= \underbrace{[\boldsymbol{t}(u) \cdot \boldsymbol{z}(u)]_0^1}_{(*1)} - \int_0^1 \boldsymbol{z} \cdot \partial_u \boldsymbol{t}\, du
\end{aligned}$$

$$= -\int_\Gamma \boldsymbol{z} \cdot \partial_s \boldsymbol{t}\, ds = \int_\Gamma \boldsymbol{z} \cdot k\boldsymbol{n}\, ds = \int_\Gamma k(\boldsymbol{z} \cdot \boldsymbol{n})\, ds.$$

ここで，(*1) は，閉曲線の場合は，$\boldsymbol{t}(1) = \boldsymbol{t}(0)$ かつ，仮定より $\boldsymbol{z}(1) = \boldsymbol{z}(0)$ であり，開曲線の場合は，仮定より $\boldsymbol{t}(1) \cdot \boldsymbol{z}(1) = \boldsymbol{t}(0) \cdot \boldsymbol{z}(0)$ であるから，いずれにしても零である．よって，$\boldsymbol{z} = p\boldsymbol{n} + q\boldsymbol{t}$ のように分解したとき，周長 $L$ の変化率に関係あるのは，$\boldsymbol{z}$ の $\boldsymbol{n}$ 方向の成分 $p$ であり，$\boldsymbol{t}$ 方向の成分 $q$ は無関係であることがわかる．（ただし，開曲線の場合は $q(0) = q(1)$ を仮定する．）

これより，はじめから，

$$\Gamma_{\varepsilon p \boldsymbol{n}} : \boldsymbol{x}(u) + \varepsilon p(u)\boldsymbol{n}(u)$$

のような微小変形を考えて，

$$\left.\frac{d}{d\varepsilon} L(\Gamma_{\varepsilon p \boldsymbol{n}})\right|_{\varepsilon=0} = \int_\Gamma kp\, ds$$

としても一般性は失われない．（開曲線の場合の仮定 $q(0) = q(1)$ は，端点での接線方向の伸び縮みの収支が零であるというものであったが，この微小変形では，そもそも端点は接線方向には動かないということになっている．）さらに，$\varepsilon$ を時間のパラメータとみなすと，$p$ は時刻 $0$ における法線速度 $V = V(u,0)$ に等しい．実際，$t$ が小さいとき，

$$\boldsymbol{x}(u,t) = \boldsymbol{x}(u,0) + t\partial_t\boldsymbol{x}(u,0) + t\boldsymbol{y}(u,t), \quad |\boldsymbol{y}(u,t)| = o(1) \quad (t \to +0)$$

と展開できる．ここで，

$$\Gamma_{t\boldsymbol{z}} = \left\{\boldsymbol{x}(u,0) + t\boldsymbol{z}(u,t) \in \mathbb{R}^2 \,\middle|\, u \in [0,1]\right\}, \quad \boldsymbol{z}(u,t) = \partial_t\boldsymbol{x}(u,0) + \boldsymbol{y}(u,t)$$

とおいて，$\boldsymbol{y}$ が $|\partial_u \boldsymbol{y}(u,t)|, |t\partial_t\partial_u \boldsymbol{y}(u,t)| = o(1)\ (t \to +0)$ を満たせば，上と同様の計算により（開曲線の場合は，$\alpha(0,0) = \alpha(1,0)$ を仮定して），

$$\left.\frac{d}{dt} L(\Gamma_{t\boldsymbol{z}})\right|_{t=0} = \int_{\Gamma(0)} k(u,0)V(u,0)\, ds$$

を得る．ここで，$\Gamma$ 上の関数 $a, b$ に対して，

$$(a,b) = \int_\Gamma a(u)b(u)\, ds \tag{2.15}$$

のように内積を定めると，$L(\Gamma(t))$ の $t=0$ での時間微分は，

$$\frac{d}{dt}L(\Gamma(t))\Big|_{t=0} = (k, V)$$

に他ならないことがわかる．シュワルツの不等式と相加相乗平均より，

$$|(k,V)| \leq \|k\|\,\|V\| \leq \frac{1}{2}(\|k\|^2 + \|V\|^2) \quad \left(\|a\| = \sqrt{(a,a)}\right)$$

となる．二つの不等式の等号が成立するように正規化する．その条件は，それぞれ $V=ck$（$c$ は定数）と $\|V\|=\|k\|$ であるから，$(k,V)$ は，$V=k$ のとき最大値 $\|k\|^2$ をとり，$V=-k$ のとき最小値 $-\|k\|^2$ をとることがわかる．したがって，$V=-k$ は，内積 $(\cdot,\cdot)$ のもとで，周長 $L(\Gamma(t))$ を $t=0$ で最も急激に減らす法線速度である．各時刻 $t>0$ においても同様に考えれば，古典的曲率流方程式 $V=-k$ は，周長 $L(\Gamma(t))$ を最も大きく減らす法線速度である．「最も大きく」というのは，内積 $(\cdot,\cdot)$ を用いた計量による．

まとめると，

$$\frac{d}{dt}L(\Gamma(t)) = (\delta L(\Gamma), V), \quad \delta L(\Gamma) = k \tag{2.16}$$

と書けば，古典的曲率流方程式は，

$$V = -\delta L(\Gamma) = -k$$

と与えられ，曲線短縮性

$$\frac{d}{dt}L(\Gamma(t)) = -\|k\|^2 \leq 0$$

が成り立つことになる．(2.16) で $\delta L(\Gamma)$ と書いたが，これを $L$ の**第 1 変分 (first variation)** と呼ぶ．すなわち，曲率 $k$ は周長 $L$ の第 1 変分として得られたことになる．

一般に，$\Gamma$ の汎関数 $J(\Gamma)$ に対して，

$$\frac{d}{dt}J(\Gamma(t)) = (\delta J(\Gamma), V)$$

のようにして計算される第 1 変分 $\delta J(\Gamma)$ を用いた

$$V = -\delta J(\Gamma)$$

を $J$ に対する（内積 $(\cdot,\cdot)$ を用いた計量による）**勾配流方程式 (gradient flow equations)** と呼ぶ．

**問 2.6** 関数 $\sigma(\bm{x},\bm{y},\bm{z})$ を $(\bm{x},\bm{y},\bm{z}) \in \mathbb{R}^{2\times 3}$ で定義された滑らかなスカラー値関数とし，汎関数 $J$ を

$$J(\Gamma(t)) = \int_{\Gamma(t)} \sigma(\bm{x}, \partial_s \bm{x}, \partial_s^2 \bm{x})\, ds$$

とする．このとき，$J$ の第1変分 $\delta J(\Gamma)$ を求めよ．（$J$ の勾配流は，古典的曲率流をはじめ，後の章で登場するいくつかの典型的な例を含むであろう．実際，$\sigma = \sigma(\bm{x}, \bm{t}, -k\bm{n})$ のように書けるからである．）

■ **例 2.6（熱方程式）** 曲線 $\Gamma(t)$ が滑らかなグラフ $y = f(x,t)$ $(0 \leq x \leq 1)$ で表されているとして，次のエネルギー

$$E(\Gamma(t)) = \frac{1}{2}\int_0^1 (\partial_x f(x,t))^2\, dx$$

の勾配流として時間発展しているとする．ただし，境界 $x=0$ と $x=1$ において，すべての $t \geq 0$ に対して，ディリクレ境界条件 $f(x,t) = 0$ かノイマン境界条件 $\partial_x f(x,t) = 0$ を満たしているとする．このとき，

$$\frac{d}{dt}E(\Gamma(t)) = \int_0^1 (\partial_x f)(\partial_x \partial_t f)\, dx = \int_0^1 (\partial_x f)(\partial_t \partial_x f)\, dx$$
$$= [(\partial_x f)(\partial_t f)]_0^1 - \int_0^1 (\partial_x^2 f)(\partial_t f)\, dx = \int_0^1 \delta E(\Gamma) \partial_t f\, dx$$

$$\delta E(\Gamma) = -\partial_x^2 f$$

であるから，$E$ の勾配流方程式は，

$$\partial_t f = -\delta E(\Gamma) = \partial_x^2 f$$

となる．これは，よく知られた**熱方程式**に他ならない．

**問 2.7** 曲線 $\Gamma(t)$ が滑らかなグラフ $y = f(x,t)$ $(0 \leq x \leq 1)$ で表されているとして，次のエネルギー（曲線の長さ）

$$L(\Gamma(t)) = \int_0^1 \sqrt{1 + (\partial_x f(x,t))^2}\, dx$$

の勾配流として時間発展しているとする．ただし，境界 $x=0$ と $x=1$ において，すべての $t \geq 0$ に対して，ディリクレ境界条件 $f(x,t) = 0$ かノイマン境界条件

$\partial_x f(x,t) = 0$ を満たしているとする．このとき，$L$ の勾配流方程式 $\partial_t f = -\delta L(\Gamma)$ を求めよ．

## 2.11 勾配の由来

「勾配 (gradient)」という名称は，以下に由来する．ベクトル $\boldsymbol{x}$ のスカラー値関数 $f(\boldsymbol{x})$ の $\boldsymbol{z}$ 方向の方向微分係数は，$f$ の勾配を $\boldsymbol{x} = (x, y)^\mathrm{T}$ について，

$$\nabla f(\boldsymbol{x}) = \mathrm{grad}\, f(\boldsymbol{x}) = (\partial_x f(\boldsymbol{x}), \partial_y f(\boldsymbol{x}))^\mathrm{T}$$

として，

$$\frac{\partial f(\boldsymbol{x})}{\partial \boldsymbol{z}} = \left.\frac{d}{d\varepsilon} f(\boldsymbol{x} + \varepsilon \boldsymbol{z})\right|_{\varepsilon=0} = \lim_{\varepsilon \to 0} \frac{f(\boldsymbol{x} + \varepsilon \boldsymbol{z}) - f(\boldsymbol{x})}{\varepsilon} = \boldsymbol{z} \cdot \nabla f(\boldsymbol{x})$$

と与えられるが，シュワルツの不等式と相加相乗平均より，

$$|\boldsymbol{z} \cdot \nabla f(\boldsymbol{x})| \leq |\boldsymbol{z}||\nabla f(\boldsymbol{x})| \leq \frac{1}{2}(|\boldsymbol{z}|^2 + |\nabla f(\boldsymbol{x})|^2)$$

となる．二つの不等式の等号が成立するように正規化する．その条件は，それぞれ $\boldsymbol{z} = c\nabla f(\boldsymbol{x})$（$c$ は定数）と $|\boldsymbol{z}| = |\nabla f(\boldsymbol{x})|$ であるから，

$$\boldsymbol{z} = -\nabla f(\boldsymbol{x}) \Rightarrow 最小値：\frac{\partial f(\boldsymbol{x})}{\partial \boldsymbol{z}} = -|\nabla f(\boldsymbol{x})|^2,$$
$$\boldsymbol{z} = \nabla f(\boldsymbol{x}) \quad \Rightarrow 最大値：\frac{\partial f(\boldsymbol{x})}{\partial \boldsymbol{z}} = |\nabla f(\boldsymbol{x})|^2.$$

よって，スカラー値関数 $f(\boldsymbol{x})$ に対して，その勾配の負値 $-\nabla f(\boldsymbol{x})$ は，各点において $f(\boldsymbol{x})$ の値が最も急激に減少する方向のベクトルである．また，$\boldsymbol{x} \in \mathbb{R}^2$ のとき，勾配 $\nabla f(\boldsymbol{x})$ は，各点 $\boldsymbol{x}$ における等高線の接線方向に直交する方向，すなわち法線方向のベクトルである．実際，「$f(\boldsymbol{x}) = 定数$」を満たす $\boldsymbol{x}$ がパラメータ $u$ を用いて等高線 $\Gamma = \{\boldsymbol{x}(u)\}$ となっていたとする．このとき，

$$\frac{d}{du} f(\boldsymbol{x}(u)) = \nabla f(\boldsymbol{x}(u)) \cdot \boldsymbol{x}'(u) = 0$$

であり，等高線 $\Gamma$ の接線ベクトルは，$\boldsymbol{t}(u) = \boldsymbol{x}'(u)/|\boldsymbol{x}'(u)|$ であったから，$\nabla f(\boldsymbol{x}(u))$ はそれに直交する法線ベクトル $\boldsymbol{n}(u)$ の方向であることがわかる．

**問 2.8** 回転放物面 $f(\boldsymbol{x}) = 1 - |\boldsymbol{x}|^2$ ($\boldsymbol{x} = (x,y)^{\mathrm{T}}$) に対して，その勾配 $\nabla f(\boldsymbol{x})$ が各等高線の接線方向に直交する方向であることを確認せよ．

ベクトル値関数 $\boldsymbol{x}(t)$ に対して，

$$\dot{\boldsymbol{x}}(t) = -\nabla f(\boldsymbol{x}(t))$$

を $f$ の勾配系 (gradient system)，あるいは**勾配流方程式**などと呼ぶ．このとき，

$$\frac{d}{dt}f(\boldsymbol{x}(t)) = \nabla f(\boldsymbol{x}) \cdot \dot{\boldsymbol{x}} = -|\nabla f(\boldsymbol{x})|^2 \leq 0$$

が成り立つ．すなわち，$f$ の勾配流方程式は，$f$ の値を（ユークリッド内積の計量で）最も急激に減少させる方向に $\boldsymbol{x}$ が時間発展する方程式である．

## 2.12 曲率の別の定義

(2.16)$_{\mathrm{p.57}}$ で，曲率 $k$ は周長 $L$ の第 1 変分 $\delta L(\Gamma)$ として得られることがわかった．言い換えると，§1.4 で定義した曲率の代わりに，$L$ の第 1 変分，あるいは (2.10)$_{\mathrm{p.49}}$ の右辺の積分に現れる $k$ を曲率と定義することもできる．このような曲率の定義は，折れ線の上の「離散的な曲率」を定義する際に有効になるが，これについては第 8 章で詳説する．

# 第 II 部

# 基礎編

# 第 3 章

# 等周不等式とその精密化

本章では,前半で,等周不等式とそれを精密化した不等式を紹介し,後半で,古典的曲率流の主な性質の概要を述べる.

## 3.1 等周問題と等周不等式

次の問題を**等周問題**という.

**問題** 周の長さを一定とした平面内のジョルダン曲線の中で囲まれた部分の面積が一番大きくなるような曲線は何か?

この問題の解は,次の実験 3.1 によって示唆される.

**実験 3.1** 針金で作った任意の平面ジョルダン曲線の中に,それより小さく糸で輪(平面ジョルダン曲線)を作り,両方一度に石けん膜を張る(図 3.1 (a)).そして,糸の中だけを(乾いた指でつついて)割る.

実験の結果,糸は円を描く(図 3.1 (b)).その周りの石けん膜は表面張力により最小の面積となっているので,相対的に糸の形は等周問題の解となっている.

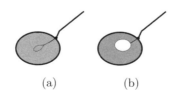

図 **3.1** 等周問題の解を示唆する石けん膜の実験

さて，平面内のジョルダン曲線を $\Gamma$ とし，$\Gamma$ で囲まれた部分の面積を $A$, 周の長さを $L$ とすると，次の不等式が成り立つことが知られている．

$$L^2 \geq 4\pi A. \tag{3.1}$$

あるいは，

$$I = \frac{L^2}{4\pi A} \tag{3.2}$$

とおいて，

$$I \geq 1 \tag{3.3}$$

と表現することも多い．不等式 (3.1) や (3.3) を**等周不等式 (isoperimetric inequality)**, $I$ を**等周比 (isoperimetric ratio)** と呼ぶ．等周問題は，固定した周長 $L$ に対して面積 $A$ が最大となる $\Gamma$ は何か，すなわち，等周不等式の等号を成立させる $\Gamma$ は何か，という問題に定式化される．$\Gamma$ が円のとき等号成立することはすぐにわかるが（問 3.1），その逆は言えるのだろうか．

等周問題，あるいは等周不等式の証明はさまざまに知られているが，ここでは，Hurwitz (1902) によるフーリエ級数を用いた証明 [86] と，古典的曲率流方程式を用いた証明 [166, 44] を紹介しよう．その他，Steiner による対称化の方法や Crone と Frobenius による方法などが知られている．詳しいことは，[86] や [168], およびそれらに記載されている参考文献を参照されたい．§0.1 で触れた理由から，等周問題はしばしばディドの問題 (Dido's problem) と呼ばれるが，その実際的な設定については [140, リメイク新版] を見よ．

**問 3.1** 以下の各問に答えよ．
(1) $\Gamma$ が円のとき，等周不等式において等号が成立することを確認せよ．
(2) $\Gamma$ が長方形のとき，等周不等式において等号が成立しないことを確認せよ．
(3) 等周不等式を証明するには，$\Gamma$ が閉凸曲線である場合のみを示せば十分であることを示せ．

## 3.2 フーリエ級数を用いた証明

$\Gamma = \left\{ \boldsymbol{x}(u) = (x(u), y(u))^{\mathrm{T}} \right\}$ をジョルダン曲線とする．フーリエ級数を用いて解析するので，簡単のため，パラメータ $u$ の範囲を $[0, 2\pi] \subset \mathbb{R}/2\pi\mathbb{Z}$ とし，$\Gamma$

の周長を $L$, 局所長を $g(u) = |\boldsymbol{x}'(u)| = \dfrac{L}{2\pi}$ とする．このとき，弧長は，

$$s(u) = \int_0^u g(u)\,du = \frac{L}{2\pi}u \quad (u \in [0, 2\pi])$$

$$s(0) = 0, \quad s(2\pi) = L$$

を満たす．よって，

$$\int_0^{2\pi} g(u)^2\,du = \int_0^{2\pi} (x'(u)^2 + y'(u)^2)\,du = \frac{L^2}{2\pi}$$

となる．

一方，$\Gamma$ で囲まれた部分を $\Omega$ とし，$\mathbb{R}^2$ 上の滑らかなベクトル値関数 $\boldsymbol{f} \in \mathbb{R}^2$ に対して，ガウスの発散定理を以下のように適用する．

$$\int_\Gamma \boldsymbol{f} \cdot \boldsymbol{t}\,ds = \int_\Gamma \boldsymbol{f} \cdot \boldsymbol{n}^\perp\,ds = -\int_\Gamma \boldsymbol{f}^\perp \cdot \boldsymbol{n}\,ds$$
$$= -\int_\Omega \nabla \cdot \boldsymbol{f}^\perp\,d\Omega = \int_\Omega \nabla^\perp \cdot \boldsymbol{f}\,d\Omega.$$

ここで，$\nabla \cdot$ は $\mathrm{div}$ に他ならない．

通常，$\boldsymbol{f} = (f_1, f_2)^\mathrm{T}$ としたとき，

$$\boldsymbol{f} \cdot \boldsymbol{t}\,ds = \boldsymbol{f} \cdot d\boldsymbol{x} = f_1\,dx + f_2\,dy$$

$$\int_\Gamma f_1\,dx + f_2\,dy = \int_\Omega (\partial_x f_2 - \partial_y f_1)\,d\Omega$$

と書いて，これをグリーンの公式と呼ぶ．平面上ではガウスの発散定理とグリーンの公式は同値である．これより，$\boldsymbol{f} = (y, 0)^\mathrm{T}$ とおくと，$\Omega$ の面積を $A$ として，

$$A = \int_\Omega d\Omega = -\int_\Gamma y\,dx = -\int_0^{2\pi} y(u)x'(u)\,du$$

となる．よって，

$$L^2 - 4\pi A = 2\pi \int_0^{2\pi} (x'(u)^2 + y'(u)^2)\,du + 4\pi \int_0^{2\pi} x'(u)y(u)\,du$$
$$= 2\pi \int_0^{2\pi} (x'(u) + y(u))^2\,du + 2\pi \int_0^{2\pi} (y'(u)^2 - y(u)^2)\,du$$

(3.4)

$$\geq 2\pi \int_0^{2\pi} (y'(u)^2 - y(u)^2)\, du$$

を得る．

さて，滑らかな関数 $y(u)$ を

$$y(u) = \frac{a_0}{2} + \sum_{n=1}^{\infty} (a_n \cos nu + b_n \sin nu)$$

$$a_n = \frac{1}{\pi} \int_0^{2\pi} y(u) \cos nu\, du \quad (n = 0, 1, 2, \cdots)$$

$$b_n = \frac{1}{\pi} \int_0^{2\pi} y(u) \sin nu\, du \quad (n = 1, 2, 3, \cdots)$$

のようにフーリエ級数に展開する．ここで，曲線を平行移動して $y(u) - \dfrac{a_0}{2}$ を改めて $y(u)$ とおく．このとき，

$$\int_0^{2\pi} y(u)^2\, du = \sum_{n=1}^{\infty} a_n^2 \int_0^{2\pi} \cos^2 nu\, du + \sum_{m \neq n} a_m a_n \int_0^{2\pi} \cos mu \cos nu\, du$$
$$+ 2 \sum_{m,n} a_m b_n \int_0^{2\pi} \cos mu \sin nu\, du + \sum_{n=1}^{\infty} b_n^2 \int_0^{2\pi} \sin^2 nu\, du$$
$$+ \sum_{m \neq n} b_m b_n \int_0^{2\pi} \sin mu \sin nu\, du$$
$$= \pi \sum_{n=1}^{\infty} (a_n^2 + b_n^2).$$

ここで，

$$\sum_{m \neq n} = \sum_{1 \leq m, n < \infty, m \neq n}, \quad \sum_{m,n} = \sum_{1 \leq m, n < \infty}$$

の意味である．また，$a_n$ を $nb_n$，$b_n$ を $-na_n$ に置き換えれば，

$$\int_0^{2\pi} y'(u)^2\, du = \pi \sum_{n=1}^{\infty} n^2 (a_n^2 + b_n^2)$$

を得る．これより，

$$\int_0^{2\pi} (y'(u)^2 - y(u)^2)\, du = \pi \sum_{n=1}^{\infty} (n^2 - 1)(a_n^2 + b_n^2) \geq 0$$

を得る．よって，$L^2 - 4\pi A \geq 0$ がわかる．

さらに，等号が成立するには，$n \geq 2$ のとき，$a_n = b_n = 0$ が成り立つ必要があり，このとき，$y(u) = a_1 \cos u + b_1 \sin u$ である．また，(3.4)$_{\mathrm{p.64}}$ の第1項も消滅する必要があるので，$x'(u) + y(u) = 0$ も成立しなければならず，

$$x(u) = -a_1 \sin u + b_1 \cos u + C$$

を得る．曲線を平行移動して，$x(u) - C$ を改めて $x(u)$ とおくと，等号が成立するための曲線は，

$$\begin{cases} x(u) = -a_1 \sin u + b_1 \cos u \\ y(u) = a_1 \cos u + b_1 \sin u \end{cases}$$

となるが，$x(u)^2 + y(u)^2 = a_1^2 + b_1^2 > 0$ より，これは円に他ならない．逆に，$\Gamma$ が円ならば，$L^2 = 4\pi A$ が成り立つので，等号成立の必要十分条件は $\Gamma$ が円であることになる． ∎

## 3.3 古典的曲率流方程式を用いた証明

平面内の滑らかなジョルダン曲線を $\Gamma_0$ とし，$\Gamma_0$ で囲まれた部分の面積を $A_0$，$\Gamma_0$ の周長を $L_0$ とする．$\Gamma(t)$ を $\Gamma_0$ を初期値とした古典的曲率流方程式 $V = -k$ に従って運動するジョルダン曲線とすると，$\Gamma(t)$ は，有限時間内で凸曲線になり（定理 3.6（70 ページ）），さらに，円に近づきながら1点に縮退する（定理 3.5（70 ページ））ことが知られている．したがって，§2.9 で述べたように，$\Gamma(t)$ で囲まれた部分の面積を $A(t)$，$\Gamma(t)$ の周長を $L(t)$ とすると，$A(0) = A_0$，$L(0) = L_0$ で，縮退時刻を $T = A(0)/2\pi$ とすると $A(T) = L(T) = 0$ である．さらに，面積と周長の時間変化について，49 ページの (2.10), (2.11) より，次のことがわかった．

$$\dot{L}(t) = \int_{\Gamma(t)} kV \, ds = -\int_{\Gamma(t)} k^2 \, ds,$$

$$\dot{A}(t) = \int_{\Gamma(t)} V \, ds = -\int_{\Gamma(t)} k \, ds = -2\pi.$$

これより，CBS 不等式（コーシー-ブニャコフスキー-シュワルツ (Cauchy-Bunyakovsky-Schwarz) 不等式．例えば，[27] を参照）を用いて，

$$4\pi \dot{A}(t) = -2 \left( \int_{\Gamma(t)} k \, ds \right)^2 \geq -2L(t) \int_{\Gamma(t)} k^2 \, ds = \frac{d}{dt} L(t)^2$$

を得る.両辺を $(0,T)$ で積分すれば,$A(T) = L(T) = 0$ より,

$$-4\pi A_0 \geq -L_0^2$$

がわかる.等号成立は CBS 不等式で等号のとき,すなわち曲率が一定のときで,これは円に他ならない.曲線 $\Gamma_0$ は任意だったので,こうして等周不等式が示された. ∎

## 3.4 ボンネーゼンの不等式

ジョルダン曲線 $\Gamma$ に対し,

$$B(r) = rL - A - \pi r^2 \geq 0, \quad r \in [r_{\text{in}}, r_{\text{out}}] \tag{3.5}$$

を**ボンネーゼン (Bonnesen) の不等式**という.ここで,$r_{\text{in}}$ は $\Gamma$ の最大内接円の半径,$r_{\text{out}}$ は $\Gamma$ の最小外接円の半径である.

ボンネーゼンの不等式 (3.5) は次の意味で等周不等式の精密化になっている.

$$(3.5) \Rightarrow L^2 - 4\pi A \geq \pi^2 (r_{\text{out}} - r_{\text{in}})^2 \tag{3.6}$$

$$\Leftrightarrow I \geq 1 + \frac{\pi}{4A}(r_{\text{out}} - r_{\text{in}})^2. \tag{3.7}$$

ここで,(3.6) は,$r$ についての 2 次式 $-B(r) = 0$ の二つの実数解の間に $r_{\text{in}}$ と $r_{\text{out}}$ が挟まれていることからわかる.

さて,証明は単純閉凸曲線に対し,$B(r_{\text{in}}) \geq 0$,$B(r_{\text{out}}) \geq 0$ を示せば十分である.実際,曲線 $\Gamma$ の凸包 (§1.5) を $\hat{\Gamma}$ とし,$\hat{\Gamma}$ の周長を $\hat{L}$,$\hat{\Gamma}$ で囲まれる領域の面積を $\hat{A}$,$\hat{\Gamma}$ の最大内接円の半径を $\hat{r}_{\text{in}}$,$\hat{\Gamma}$ の最小外接円の半径を $\hat{r}_{\text{out}}$ とすると,

$$\hat{L} \leq L, \quad \hat{A} \geq A, \quad \hat{r}_{\text{in}} \geq r_{\text{in}}, \quad \hat{r}_{\text{out}} = r_{\text{out}}$$

がつねに成り立っている.さらに,$B(r_{\text{in}}) \geq 0$,$B(r_{\text{out}}) \geq 0$ ならば,$-B(r)$ が $r$ の 2 次式であるので,$B(r) \geq 0$ がわかる.

単純閉凸曲線に対する (3.5) の証明は,[28] がわかりやすいので参照されたい.

## 3.5 ゲージの不等式

単純閉凸曲線 $\Gamma$ に対しては,ボンネーゼンの不等式よりさらに強い次の不等式がゲージ (Gage) [35] により得られている.

$$\pi \frac{L}{A} \le \int_\Gamma k^2 \, ds. \tag{3.8}$$

**注 3.2** この不等式は凸でない曲線に対しては成立しない．Jacobowitz がそのような曲線の例を構成した（図 3.2, [35, Figure 1]）．

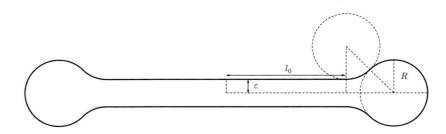

**図 3.2** Jacobowitz の反例．半径 $R$ の円と直線の組み合わせで作られた，区分的に $C^2$-級である $C^1$-曲線

**問 3.2** 図 3.2 の曲線は，十分小さい $\varepsilon > 0$ と，十分大きい $l_0$ をとれば，ゲージの不等式 (3.8) が成り立たない曲線となることを示せ．

ゲージの不等式 (3.8) の証明は，凸曲線が滑らかならば，比較的易しい．[35] の (3.8) に関連する部分の結果を整理しておこう．

**命題 3.3**（**Gage [35]**）原点を基点とする支持関数を $h(u) = \boldsymbol{x}(u) \cdot \boldsymbol{n}(u)$ とする．

(1) 原点について点対称な閉凸曲線 $\Gamma$ に対し，

$$\frac{AL}{\pi} \ge \int_\Gamma h^2 \, ds \tag{3.9}$$

が成立する．
(2) 任意の $C^1$ 級の閉凸曲線 $\Gamma$ に対し，(3.9) が成立するように原点を選ぶことができる．
(3) さらに，もし $\Gamma$ が区分的に $C^2$-級だったら，(3.8) が成立する．

**証明** 証明の概略を述べる．まず，区分的に $C^2$-級の曲線に対し，恒等式

$$\int_\Gamma hk \, ds = \int_\Gamma \boldsymbol{x} \cdot (k\boldsymbol{n}) \, ds = \int_\Gamma \boldsymbol{x} \cdot (-\partial_s \boldsymbol{t}) \, ds = \int_\Gamma \boldsymbol{t} \cdot \boldsymbol{t} \, ds = L$$

が成立する．この式に CBS 不等式を用いる．

$$L = \int_\Gamma hk\,ds \le \left(\int_\Gamma h^2\,ds\right)^{1/2}\left(\int_\Gamma k^2\,ds\right)^{1/2}.$$

よって，もし (3.9) が成立するならば，命題 (3) が成立することがわかる．

次に，$\Gamma$ が原点について点対称な曲線であるとする．このとき，すべての $u \in [0,1]$ について，$h = h(u)$ の値域はちょうど $[r_{\rm in}, r_{\rm out}]$ であるので，$h$ についてボンネーゼンの不等式が成り立つ．

$$B(h(u)) \ge 0, \quad u \in [0,1]. \tag{3.10}$$

この両辺を $s$ について $\Gamma$ 上で積分すれば (3.9) を得る．ここで，恒等式

$$A = \frac{1}{2}\int_\Gamma h\,ds$$

を用いた．これより命題 (1) を得る．

最後に，命題 (2)，すなわち $\Gamma$ が任意の $C^1$ 級凸曲線である場合の証明は，$\Gamma$ で囲まれた面積を 2 等分する線で折り返して，二つの点対称な曲線を作るという，いわゆる対称化の方法により示される．この証明の中で，接線ベクトル $\boldsymbol{t}$ の連続性を用いているので，曲線に $C^1$ 級の滑らかさが必要になる． ∎

**注 3.4** この 2 等分線が $u = 0$ と，ある $u_0 \in (0,1)$ を結ぶ線とする．$[0, u_0]$ と $[u_0, 1]$ に相当する弧をそれぞれ $\gamma_1$, $\gamma_2$ とする．弧 $\gamma_i$ と弧 $\gamma_i$ を点対称に移動した弧を合わせた点対称な閉凸曲線を $\Gamma_i$ とする $(i = 1, 2)$．$\Gamma_1$ の最大内接半径を $r_{\rm in}^{(1)}$，最小外接半径を $r_{\rm out}^{(1)}$ とする．このとき，$u \in [0, u_0]$ に対し，$r_{\rm in}^{(1)} \le h(u) \le r_{\rm out}^{(1)}$ である．同様に，$u \in [u_0, 1]$ に対し，$r_{\rm in}^{(2)} \le h(u) \le r_{\rm out}^{(2)}$ である．しかし，$u \in [0,1]$ に対し，$r_{\rm in} \le h(u) \le r_{\rm out}$ は一般には成立しない．なぜなら，$h$ の基点を原点にしているからである．

**問 3.3** $\Gamma$ が古典的曲率流方程式 $V = -k$ に従って運動するとき，以下の等式が成り立つことを示せ．

$$\dot{I}(t) = -\frac{L(t)}{2\pi A(t)}\left(\int_{\Gamma(t)} k^2\,ds - \pi\frac{L(t)}{A(t)}\right). \tag{3.11}$$

ここで，

$$I(t) = \frac{L(t)^2}{4\pi A(t)} \tag{3.12}$$

は時間に依存した等周比 (3.2)_{p.63} である．

次の§3.7 で示すが，$\Gamma(t)$ が古典的曲率流方程式 $V = -k$ に従って運動するとき，$\Gamma(0)$ が凸ならば，$\Gamma(t)$ も凸であることがわかっている．したがって，ゲージの不等式 (3.8)_{p.68} により，等式 (3.11) の右辺は負となり，等周比 $I(t) = \dfrac{L(t)^2}{4\pi A(t)}$ の値は減少していくことが期待される．等周不等式 (3.3)_{p.63} から $I(t) \geq 1$ がわかっているので，もし $I(t)$ が 1 に収束すれば，それは $\Gamma(t)$ が円に収束することに他ならないことになる．ゲージは不等式 (3.8)_{p.68} を提示した論文 [35] において，次の二つの疑問を投げかけて締めくくっている．

1. 曲線で囲まれた領域の面積が零になるまで解曲線は時間発展するのか，あるいはその前に曲率が発散する角のような特異点が発生するのか？
2. $I(t)$ の値は 1 に向かって減少するのか？ 解曲線は漸近的に円になるのか？

これらの疑問は，ゲージとハミルトン (Gage & Hamilton) によって氷解した．すなわち，次の定理が示された．

**定理 3.5** (**Gage & Hamilton [39]**) $\Gamma(0)$ を $C^2$-狭義閉凸曲線とし，$T = \dfrac{A(0)}{2\pi}$ とする．$\Gamma(t)$ が古典的曲率流方程式 $V = -k$ に従って運動するとき，$\Gamma(t)$ は狭義凸のまま $t \to T$ のとき次の意味で円に近づきながら 1 点に縮退する．
(1) $\Gamma(t)$ の内接円と外接円の半径の比が 1 に近づく．
(2) $\Gamma(t)$ の最大曲率と最小曲率の比が 1 に近づく．
(3) $\Gamma(t)$ の曲率の高階導関数が一様に 0 に収束する．

この翌年，グレイソン (Grayson) により次の定理が発表された．

**定理 3.6** (**Grayson [51]**) $\Gamma(0)$ を $C^2$-ジョルダン曲線とし，$T = \dfrac{A(0)}{2\pi}$ とする．$\Gamma(t)$ が古典的曲率流方程式 $V = -k$ に従って運動するとき，$\Gamma(t)$ は自己交差することなくある時刻 $T' \in (0, T)$ で $\Gamma(T')$ は狭義凸となる．

時刻 $T'$ 以降は定理 3.5 の結果に繋がる（図 2.5 (53 ページ) はこの二つの定理を繋げたシミュレーション）．これらの結果は，古典的曲率流方程式の研究に関する決定打となった．

## 3.6 凸曲線に対する表現

いたるところ曲率が正である閉凸曲線に対する曲率の時間発展方程式は，接線角度と時間を変数とした偏微分方程式として書き表されることをみる．すなわち，曲率 $k$ の時間発展方程式 (2.6)$_{\text{p.48}}$ を接線角度 $\nu$ を用いた表現に変換する．

曲線 $\Gamma(t) = \{\boldsymbol{x}(u,t)\}$ を，曲率 $k(u,t)$ がいたるところ正である回転数が 1 以上の正則閉凸曲線とする．接線速度を

$$\alpha(u,t) = \frac{1}{k}\partial_s V \tag{3.13}$$

としたとき，(2.5)$_{\text{p.48}}$ から，

$$\partial_t \nu = -\partial_s V + k\alpha \equiv 0 \tag{3.14}$$

がわかるから，接線角度 $\nu$ は時間 $t$ に依存しない．（接線速度 $\alpha$ は，(3.13) の形に限らず，任意にとってよい．このことは，§2.5 で触れたが，§8.5 において詳述する．） $\nu = \nu(u)$ がわかったことに加えて，$\nu'(u) = gk > 0$ より，$\nu$ は $u$ について狭義単調増加であるから，接線角度 $\nu$ を時間に独立な変数，$m$ を自然数として，

$$\overline{\boldsymbol{x}}(\nu,\tau) = \boldsymbol{x}(u,t)$$

$$\nu = \nu(u) : [0,1] \to [0, 2m\pi]$$

$$\tau = t \geq 0$$

のように変数変換することができる．ここで，

$$\frac{1}{2\pi}\int_{\Gamma(t)} k\,ds = \frac{1}{2\pi}\int_{\Gamma(t)} \partial_s \nu\,ds = \frac{1}{2\pi}\int_0^{2m\pi} d\nu = m \tag{3.15}$$

は曲線 $\Gamma(t)$ の回転数である．以後，各種関数について，

$$\mathsf{F}(u,t) = \overline{\mathsf{F}}(\nu,\tau) \quad (\nu = \nu(u),\ \tau = t)$$

と表すことにする．

**問 3.4** $\mathsf{F}(u,t) = \overline{\mathsf{F}}(\nu,\tau)$ に対して，

$$\partial_s \mathsf{F} = \overline{k}\partial_\nu \overline{\mathsf{F}}$$

を示せ．さらに，次を示せ．

$$\alpha = \partial_\nu \overline{V},$$
$$\partial_s^2 V = \overline{k}(\partial_\nu \overline{k})\partial_\nu \overline{V} + \overline{k}^2 \partial_\nu^2 \overline{V}.$$

ここで，

$$\partial_\nu = \frac{\partial}{\partial \nu}, \quad \partial_\nu^2 = \frac{\partial^2}{\partial \nu^2}$$

である．

問 3.4，(2.6)$_{\mathrm{p.48}}$，および $\partial_\tau \overline{k} = \partial_t k$ より，

$$\partial_\tau \overline{k} = -\overline{k}^2 \left( \partial_\nu^2 \overline{V} + \overline{V} \right) \tag{3.16}$$

を得る．

**問 3.5** これを確認せよ．

また，問 3.4 より，

$$\overline{\boldsymbol{t}} = \boldsymbol{t} = \partial_s \boldsymbol{x} = \overline{k}\partial_\nu \overline{\boldsymbol{x}}$$

となり，曲線 $\Gamma(\tau) = \Gamma(t)$ の曲率は，

$$\overline{k}(\nu, \tau) = \frac{1}{|\partial_\nu \overline{\boldsymbol{x}}(\nu, \tau)|} \tag{3.17}$$

のように表されることがわかる．

**‖ 補題 3.7 ‖** $m$ を自然数とし，正値関数 $\overline{k}: [0, 2m\pi] \ni \nu \mapsto \overline{k}(\nu) \in (0, \infty)$ が，

$$\int_0^{2m\pi} \frac{1}{\overline{k}(\nu)} \overline{\boldsymbol{t}}(\nu)\, d\nu = \boldsymbol{0}, \quad \overline{\boldsymbol{t}}(\nu) = \begin{pmatrix} \cos \nu \\ \sin \nu \end{pmatrix} \tag{3.18}$$

を満たしているとき，またそのときに限り，$\overline{k}$ はいたるところ曲率が正である回転数 $m$ の閉凸曲線の曲率である．

**証明** 平面上に 1 点 $\overline{\bm{x}}(0)$ を与えて, (3.18) を満たしている正値関数 $\overline{k}$ に対して,

$$\overline{\bm{x}}(\nu) = \overline{\bm{x}}(0) + \int_0^\nu \frac{1}{\overline{k}(\nu)} \overline{\bm{t}}(\nu) \, d\nu, \quad \nu \in [0, 2m\pi]$$

によって曲線 $\Gamma$ を定義する. このとき, (3.18) より, $\overline{\bm{x}}(2m\pi) = \overline{\bm{x}}(0)$ が成り立つから, $\Gamma$ は閉曲線である. また,

$$\partial_\nu \overline{\bm{x}}(\nu) = \frac{1}{\overline{k}(\nu)} \overline{\bm{t}}(\nu) = \frac{1}{\overline{k}(\nu)} \partial_s \overline{\bm{x}}(\nu), \quad ds = |\overline{\bm{x}}'(\nu)| \, d\nu$$

であるから, (3.17) より, $\overline{k}(\nu) = 1/|\overline{\bm{x}}'(\nu)|$ は閉曲線 $\Gamma$ の曲率で, さらに, (3.15)$_{\text{p.71}}$ より, $\Gamma$ の回転数は $m$ であることがわかる.

逆に, $k(u) = \overline{k}(\nu(u))$ が閉曲線 $\Gamma = \{\bm{x}(u) = \overline{\bm{x}}(\nu(u))\}$ のいたるところ正の曲率, すなわち, $\overline{k}(\nu) = 1/|\overline{\bm{x}}'(\nu)|$ ならば, 問 3.4 (71 ページ) より,

$$\overline{\bm{x}}(\nu) = \overline{\bm{x}}(0) + \int_0^\nu \overline{\bm{x}}'(\nu) \, d\nu = \overline{\bm{x}}(0) + \int_0^u \frac{1}{\overline{k}} \partial_s \bm{x} \, du$$
$$= \overline{\bm{x}}(0) + \int_0^u \frac{1}{\overline{k}} \bm{t} \, du = \overline{\bm{x}}(0) + \int_0^\nu \frac{1}{\overline{k}} \overline{\bm{t}} \, d\nu, \quad \nu \in [0, 2m\pi].$$

よって, $\overline{\bm{x}}(2m\pi) = \overline{\bm{x}}(0)$ より, (3.18) を得る. ∎

## 3.7 最大値原理と凸性の保存

本節と次節では, 前節で議論した曲率がいたるところ正である回転数が 1 以上の正則閉凸曲線のみを対象とし, $\overline{(\cdot)}$ を省略する. 簡単のため変数 $\tau$ を $t$ と書いて, $(\nu, t)$ を独立した 2 変数とする. また, 最大値原理の考え方を用いて, 解曲線の凸性が保存することを示す.

**補題 3.8** 法線速度を $V = -k$ としたとき, 発展方程式

$$\partial_t \bm{x} = V \bm{n} + (\partial_\nu V) \bm{t}, \quad \nu \in [0, 2m\pi], \quad t \in [0, T) \tag{3.19}$$

を満たす, いたるところ曲率 $k$ が正で, 回転数 $m$ の閉凸曲線 $\Gamma(t) = \{\bm{x}(\nu, t)\}$ を探すことと, 次を満たす正値関数

$$k : [0, 2m\pi] \times [0, T) \ni (\nu, t) \mapsto k(\nu, t) \in (0, \infty)$$

を見つけることは同値である.

$$\partial_t k = -k^2(\partial_\nu^2 V + V), \quad V = -k, \tag{3.20}$$

$$k(\nu, 0) = \varphi(\nu) > 0, \quad \nu \in [0, 2m\pi], \tag{3.21}$$

$$\int_0^{2m\pi} \frac{1}{\varphi(\nu)} \boldsymbol{t}(\nu) \, d\nu = \boldsymbol{0}. \tag{3.22}$$

**証明** 前節において, 必要性は示されているので, 十分性を示せばよい. もし, すべての $\nu \in [0, 2m\pi]$ と $t \in [0, T)$ について, $k(\nu, t) > 0$ ならば, (3.20) から,

$$\frac{d}{dt} \int_0^{2m\pi} \frac{1}{k(\nu, t)} \boldsymbol{t}(\nu) \, d\nu = \boldsymbol{0}, \quad t \in [0, T)$$

がわかるので, (3.22) より,

$$\int_0^{2m\pi} \frac{1}{k(\nu, t)} \boldsymbol{t}(\nu) \, d\nu = \boldsymbol{0}, \quad t \in [0, T)$$

を得る. また,

$$\boldsymbol{x}(\nu, t) = \boldsymbol{x}(0, t) + \int_0^\nu \frac{1}{k(\nu, t)} \boldsymbol{t}(\nu) \, d\nu, \quad \nu \in [0, 2m\pi]$$

により曲線 $\Gamma(t)$ を定めると, 補題 3.7 (72 ページ) とその証明より, $\Gamma(t)$ は回転数 $m$ の閉曲線で $k$ はその曲率となる. $\boldsymbol{x}$ を $t$ で微分すると,

$$\partial_t \boldsymbol{x}(\nu, t) - V(\nu, t) \boldsymbol{n}(\nu) - (\partial_\nu V(\nu, t)) \boldsymbol{t}(\nu)$$
$$= \partial_t \boldsymbol{x}(0, t) - V(0, t) \boldsymbol{n}(0) - (\partial_\nu V(0, t)) \boldsymbol{t}(0)$$

となる. したがって, 右辺を $\boldsymbol{0}$ となるように平行移動すれば, (3.19) を得る.

最後に, 上で仮定した, すべての $\nu \in [0, 2m\pi]$ と $t \in [0, T)$ について, $k(\nu, t) > 0$ であること, すなわち, (3.20) を満たす解 $k$ は, 初期値が正ならば時間が経過しても正であり続けることを, いわゆる**最大値原理**の考え方を用いて示そう. そのために,

$$k_{\min}(t) = \min \left\{ k(\nu, t) \,\middle|\, \nu \in [0, 2m\pi] \right\}$$

が非減少であることを示す．$\varepsilon \in (0, k_{\min}(0))$ を一つとり，ある時刻 $t > 0$ で $k_{\min}(t) = \varepsilon$ となることを仮定する．

$$t_0 = \inf\left\{t > 0 \,\middle|\, k_{\min}(t) = \varepsilon\right\}$$

とおくと，$t_0 > 0$ で，$k$ の連続性から $k(\nu_0, t_0) = k_{\min}(t_0)$ となる $\nu_0 \in [0, 2m\pi]$ が見つかる．この点において，

$$\partial_t k(\nu_0, t_0) \leq 0$$

かつ，

$$\partial_\nu^2 k(\nu_0, t_0) \geq 0, \quad k(\nu_0, t_0) = \varepsilon > 0$$

すなわち，

$$k(\nu_0, t_0)^2 (\partial_\nu^2 k(\nu_0, t_0) + k(\nu_0, t_0)) > 0$$

となり矛盾．よって，すべての $\nu \in [0, 2m\pi]$ と $t \in [0, T)$ について，(3.21) より，

$$k(\nu, t) \geq k_{\min}(t) \geq k_{\min}(0) = \min_{\nu \in [0, 2m\pi]} \varphi(\nu) > 0$$

が成り立つ． ∎

## 3.8 爆発

曲率 $k$ の時間発展方程式 (3.20) を用いて，古典的曲率流方程式 $V = -k$ の解は（回転数が 2 以上の解曲線の場合で）有限時間で特異性を発生すること，すなわち，時間大域的に存在しないことを示そう．

**補題 3.9** (3.20), (3.21), (3.22) の解 $k$ は，ある有限時刻 $T$ で特異性を発生する．すなわち，$\displaystyle\lim_{t \to T-0} \max_{\nu \in [0, 2m\pi]} k(\nu, t) = +\infty$ である．ここで，$T$ は以下のように評価される．

$$T \leq \frac{1}{2}\left(\frac{1}{2m\pi} \int_0^{2m\pi} \frac{1}{k(\nu, 0)}\, d\nu\right)^2. \tag{3.23}$$

**証明** (3.20)$_{\text{p.74}}$ より，

$$\frac{d}{dt}\int_0^{2m\pi}\frac{1}{k}\,d\nu = -\int_0^{2m\pi}k\,d\nu$$

を得る．さらに CBS 不等式

$$(2m\pi)^2 = \left(\int_0^{2m\pi}d\nu\right)^2 \leq \left(\int_0^{2m\pi}\frac{1}{k}\,d\nu\right)\left(\int_0^{2m\pi}k\,d\nu\right)$$

から，

$$\frac{d}{dt}\int_0^{2m\pi}\frac{1}{k}\,d\nu \leq -(2m\pi)^2\left(\int_0^{2m\pi}\frac{1}{k}\,d\nu\right)^{-1}$$

を得る．故に，

$$\left(\int_0^{2m\pi}\frac{1}{k(\nu,t)}\,d\nu\right)^2 \leq \left(\int_0^{2m\pi}\frac{1}{k(\nu,0)}\,d\nu\right)^2 - 2(2m\pi)^2 t$$

となる．左辺は，

$$\left(\int_0^{2m\pi}\frac{1}{k(\nu,t)}\,d\nu\right)^2 \geq \frac{(2m\pi)^2}{\left(\max_{\nu\in[0,2m\pi]}k(\nu,t)\right)^2}$$

と評価できるので，

$$\max_{\nu\in[0,2m\pi]}k(\nu,t) \geq \left(\left(\frac{1}{2m\pi}\int_0^{2m\pi}\frac{1}{k(\nu,0)}\,d\nu\right)^2 - 2t\right)^{-1/2}$$

がわかる．したがって，左辺が有限であるためには，

$$\left(\frac{1}{2m\pi}\int_0^{2m\pi}\frac{1}{k(\nu,0)}\,d\nu\right)^2 > 2t$$

でなければならず，$T$ の上からの評価 (3.23) を得る． ∎

■ **例 3.10** 図 3.3 のように曲線が小さなループをもっている場合，そのループは有限時間に縮退して，カスプ状になることが観察される．縮退直前の漸近形は回転数が 1 のときの結果（定理 3.5（70 ページ））とは異なり円ではないが [8]，縮退時刻で曲率の最大値は無限大に発散する．このような特異性と呼ばれる性質の解析は，現代数学における注目の話題の一つである．

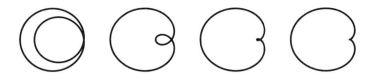

図 3.3 小さなループの縮退と曲率の爆発

**注 3.11** 一般に解を適当なノルムで測った量が，ある有限時刻 $T$ で発散する現象を**爆発** (blow-up) と呼び，その特異性発生時刻 $T$ を**爆発時刻** (blow-up time) と呼ぶ．曲線短縮方程式の場合，$T$ は，曲線やループの**消滅時刻** (extinction time) でもある．解は時刻 $T$ 以後には延長できないと考えて，$T$ を解の最大存在時間，生存時間 (duration) などということもある．

# 第 4 章
# 異方性と等周不等式の一般化

　前章における等周不等式の等号成立が円に限ることや古典的曲率流方程式の解曲線の漸近形が円になることは，シャボン玉が丸いように界面の向きに依存しない「等方性」が要因である．一方，雪の結晶（図 0.7（6 ページ））が丸くなく六角形をモチーフにしているように，自然界には界面の形が方向によって異なる「異方性」をもった対象も多く見られる．本章では，前半で，異方性について言及し，後半で，等周不等式を一般化する．一般化の仕方は，さまざまであるが，ここでは，等方的なものを異方的なものにすることで一般化する．

## 4.1　異方性と重み付き曲率流

　国際宇宙ステーションにおいて，山崎直子宇宙飛行士が色付きシャボン玉の実験をした．その結果，膜全体に色が広がった様子が公開された（2010 年 4 月 14 日）．この広がりは，重力の影響がない状況下で，表面張力が膜上の場所に依存せず等しく働いた結果といえるだろう．

　一方，例えば，雪の結晶（図 0.7（6 ページ）や図 7.5（154 ページ））は六方対称性をもっており，明らかに円形からは遠い形状である．この事実は，雪の結晶の縁を平面閉曲線 $\Gamma$ とみなしたとき，$\Gamma$ 上の各点における法線方向がある特定の 6 方向であった場合とそうでない場合とでは何らかの異なる現象が発現している証左と考えられる．別の例として，絶対零度付近におけるヘリウム結晶を挙げよう（図 4.1）．こちらも，明らかに方向によって平らな面と尖った角があり，球形からはほど遠い形状である．

　界面上で定義された何らかの量が方向に依存する性質を**異方的 (anisotropic)**

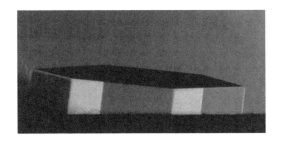

図 4.1　絶対零度付近 (0.4K) におけるヘリウム $^4$He 結晶．Balibar, Guthmann and Rolley [10]（Balibar, Alles and Parshin [9, FIG.2] 所収）から引用

な性質，**異方性 (anisotropy)** といい，そうでない場合，**等方的 (isotropic)** な性質，**等方性 (isotropy)** という．例えば，古典的曲率流 $V = -k$ は等方的運動を記述している．異方性は**非等方性**とも呼ばれる．一般的に界面上の異方的性質は，上述した雪結晶やヘリウム結晶の例のように，界面形状の非等方的な変化として発現する．

異方性を数学的に説明するために，典型的な状況として，曲線 $\Gamma$ 上で定義される界面エネルギーが，法線ベクトル $\boldsymbol{n}$ に依存した異方的界面エネルギー密度関数 $\sigma(\boldsymbol{n}) > 0$ を有している場合を考えてみる．（以後，しばしば $\sigma$ を異方的関数と呼ぶ．）このとき，$\sigma$ を $\Gamma$ 上で積分すると全界面エネルギー

$$L_\sigma = \int_\Gamma \sigma(\boldsymbol{n}) \, ds$$

が得られる．特に，等方的な $\sigma(\boldsymbol{n}) \equiv 1$ の場合，$L_1$ は周長 $L$ に他ならず，その勾配流は $(2.14)_{\text{p.52}}$ であった．では，一般の $\sigma$ に対して，$L_\sigma$ の勾配流を考えるとどのような運動法則が得られるのであろうか．

### 4.1.1　正斉次性

関数 $\sigma(\boldsymbol{n})$ は，閉曲線 $\Gamma$ 上でのみ定義されたものであるが，次のようにして $\boldsymbol{x} \in \mathbb{R}^2$ の関数として拡張できる．

$$\sigma(\boldsymbol{x}) = \begin{cases} |\boldsymbol{x}| \, \sigma\left(\dfrac{\boldsymbol{x}}{|\boldsymbol{x}|}\right), & \boldsymbol{x} \neq \boldsymbol{0}, \\ 0, & \boldsymbol{x} = \boldsymbol{0}. \end{cases} \tag{4.1}$$

この拡張は**正斉次 1 次拡張 (the extension of positively homogeneous of degree 1)** と呼ばれるが，それは以下の式が $\lambda > 0$ と $\boldsymbol{x} \in \mathbb{R}^2 \setminus \{\boldsymbol{0}\}$ に対して成り

立つからである．

$$\sigma(\lambda \boldsymbol{x}) = \lambda \sigma(\boldsymbol{x}).$$

**注 4.1** 等方的な $\sigma(\boldsymbol{n}) \equiv 1$ の場合は，$\sigma(\boldsymbol{x}) = |\boldsymbol{x}|$ の場合に成り立ち，またこれに限る．

以後，$\sigma(\boldsymbol{x})$ は $\boldsymbol{x} \neq \boldsymbol{0}$ のとき正で，$\sigma \in C^2(\mathbb{R}^2 \setminus \{\boldsymbol{0}\})$ であると仮定する．このとき，以下の性質が成り立つ（問 4.1 参照）．

(1) $\nabla \sigma(\lambda \boldsymbol{x}) = \nabla \sigma(\boldsymbol{x})$ （$\nabla \sigma$ は正斉次 0 次）

(2) $\sigma(\boldsymbol{x}) = \boldsymbol{x} \cdot \nabla \sigma(\boldsymbol{x})$ （特に $\sigma(\boldsymbol{n}) = \boldsymbol{n} \cdot \nabla \sigma(\boldsymbol{n})$ が成立）

(3) $\operatorname{Hess} \sigma(\lambda \boldsymbol{x}) = \lambda^{-1} \operatorname{Hess} \sigma(\boldsymbol{x})$ （$\operatorname{Hess} \sigma$ は正斉次 $-1$ 次）

ここで，

$$\operatorname{Hess} \sigma = \begin{pmatrix} \sigma_{11} & \sigma_{12} \\ \sigma_{21} & \sigma_{22} \end{pmatrix}$$

は $\sigma$ のヘッセ行列 (Hessian matrix) で，$i, j \in \{1, 2\}$ と $\boldsymbol{x} = (x_1, x_2)^{\mathrm{T}}$ に対して，$\sigma_{ij} = \dfrac{\partial^2 \sigma(\boldsymbol{x})}{\partial x_i \partial x_j}$ である．上の三つの性質の答えは [84, Appendix 1] にあるが，問 4.1 でより一般の場合を考えよう．

**注 4.2** ヘッセ行列はヘッシアン (Hessian) ともいう．残念ながら（？），ヘッセ行列の行列式 (Hessian determinant) もヘッシアンと呼ぶことも多い．ところで，変数 $\boldsymbol{x} = (x_1, x_2)^{\mathrm{T}}$ のベクトル値関数 $\boldsymbol{f}(\boldsymbol{x}) = (f_1(\boldsymbol{x}), f_2(\boldsymbol{x}))^{\mathrm{T}}$ に関する 1 階導関数の行列

$$\mathrm{J}(\boldsymbol{f}) = \begin{pmatrix} f_{11} & f_{12} \\ f_{21} & f_{22} \end{pmatrix}, \quad f_{ij} = \frac{\partial f_i(\boldsymbol{x})}{\partial x_j}, \quad i, j \in \{1, 2\}$$

を，ヤコビ行列 (Jacobian matrix) という．したがって，

$$\operatorname{Hess} \sigma = \mathrm{J}(\nabla \sigma)$$

であるから，$\sigma$ の勾配 $\nabla \sigma$ のヤコビ行列がヘッセ行列に他ならない．ヘッシアンが行列と行列式の両方の呼称に混用されるように，やはり残念ながら（？），ヤコビアン (Jacobian) もヤコビ行列とヤコビ行列の行列式の両方の呼称に使われる．

**問 4.1** $V$ を実ベクトル空間とし，関数 $f : V\backslash\{0\} \to \mathbb{R}; x \mapsto f(x)$ が，$\lambda > 0$ と $a \in \mathbb{R}$ について，

$$f(\lambda x) = \lambda^a f(x)$$

を満たすとき，関数 $f$ は**正斉次 $a$ 次 (positively homogeneous of degree $a$)** であるといい，$a$ を**斉次次数**と呼ぶ．

以下の各問に答えよ．

(1) $V = \mathbb{R}^2$ とし，$m, n \in \mathbb{Z}$ とする．このとき $(x, y) \in V\backslash\{(0, 0)\}$ に対して，$f(x, y) = x^m + y^n$ とおくとき，$f$ が正斉次関数となるための条件を $f$ の斉次次数とともに求めよ．

(2) $V = \mathbb{R}^3$ とし，$l, m, n \in \mathbb{Z}$ とする．このとき $(x, y, z) \in V\backslash\{(0, 0, 0)\}$ に対して，$f(x, y, z) = x^l y^m + z^n$ とおくとき，$f$ が正斉次関数となるための条件を $f$ の斉次次数とともに求めよ．

(3) $V = \mathbb{R}^{n \times n}$ とする．$n$ 次正方行列 $X \in V\backslash\{O\}$ に対して，$f(X) = \det X$ とおくとき，$f$ は正斉次関数となるか．

(4) $V = \mathbb{R}^n$ とし，$f \in C^1(\mathbb{R}^n\backslash\{\boldsymbol{0}\})$ とする．$\boldsymbol{x} = (x_1, x_2, \cdots, x_n)^\mathrm{T} \in V\backslash\{\boldsymbol{0}\}$ に対して，$f$ が正斉次 $a$ 次関数であることの必要十分条件が次で与えられることを示せ．

$$\boldsymbol{x} \cdot \nabla f(\boldsymbol{x}) = af(\boldsymbol{x}).$$

また，$f$ の勾配 $\nabla f(\boldsymbol{x})$ の各成分の関数 $\dfrac{\partial f(\boldsymbol{x})}{\partial x_i}$ $(i = 1, 2, \cdots, n)$ は，正斉次関数となるか．

(5) (4) の仮定において，$f \in C^2(\mathbb{R}^n\backslash\{\boldsymbol{0}\})$ としたとき，$f$ のヘッセ行列 $\operatorname{Hess} f(\boldsymbol{x}) \in \mathbb{R}^{n \times n}$ の各成分の関数 $\dfrac{\partial^2 f(\boldsymbol{x})}{\partial x_i \partial x_j}$ $(i, j = 1, 2, \cdots, n)$ は，正斉次関数となるか．

### 4.1.2 重み付き曲率流方程式

さて，§2.10 において，$\Gamma$ の周長 $L$ の勾配流 $V = -k$ を $\dot{L}(t)$ の式 (2.10)$_{\text{p.49}}$ から導いたように，全界面エネルギー

$$L_\sigma(\Gamma) = \int_\Gamma \sigma(\boldsymbol{n})\, ds = \int_0^1 \sigma(\boldsymbol{n}) g\, du$$

の勾配流は，以下で与えられる．$(\boldsymbol{n}^\perp = \boldsymbol{t}$ である．$)$

$$V = -k_\sigma, \quad k_\sigma = (\operatorname{Hess} \sigma(\boldsymbol{n}) \boldsymbol{n}^\perp) \cdot \boldsymbol{n}^\perp k. \tag{4.2}$$

$k_\sigma$ を**重み付き曲率 (weighted curvature)** や**異方的曲率**，**非等方的曲率 (anisotropic curvature)** などという．曲率 $k$ の係数 $(\operatorname{Hess} \sigma(\boldsymbol{n}) \boldsymbol{n}^\perp) \cdot \boldsymbol{n}^\perp$ が重みで

ある.また,方程式 (4.2) は,**重み付き曲率流方程式**や**非等方的曲率流方程式**などと呼ばれる.

**問 4.2** $\dot{L}_\sigma(t) = \int_{\Gamma(t)} k_\sigma V \, ds$ を示せ.

重み付き曲率 $k_\sigma$ の意味は次のように変形するとわかりやすいだろう.接線角度を $\nu$ とすると,$\boldsymbol{n}(\nu) = (\sin\nu, -\cos\nu)^{\mathrm{T}}$ であるが,このとき,$\sigma(\nu) = \sigma(\boldsymbol{n}(\nu))$ とおくと,(4.2) から,

$$k_\sigma = (\sigma(\nu) + \sigma''(\nu))k \tag{4.3}$$

を得る.

**問 4.3** これを示せ.(わかりにくかったら,$\hat{\sigma}(\nu) = \sigma(\boldsymbol{n}(\nu))$ などとして違う記号を用いて,$\hat{\sigma}(\nu) + \hat{\sigma}''(\nu)$ を計算するとよい.)

**問 4.4** 次を示せ.(左辺は,$\xi$-ベクトルや Cahn-Hoffman ベクトルなどと呼ばれる [84].)

$$\nabla\sigma(\boldsymbol{n}) = \sigma(\nu)\boldsymbol{n} + \sigma'(\nu)\boldsymbol{t}.$$

以上より,異方的関数 $\sigma$ による全界面エネルギー

$$L_\sigma(\Gamma) = \int_\Gamma \sigma(\nu) \, ds$$

の勾配流として,重み付き曲率流方程式は,

$$V = -k_\sigma, \quad k_\sigma = (\sigma + \sigma'')k \tag{4.4}$$

と表されることがわかった.

■ **例 4.3** 図 4.2 は,(a), (b) と (c), (d) がそれぞれ以下のような関数 $\sigma$ のときの,重み付き曲率流 $V = -k_\sigma$ の時間発展の図である.

(a), (b) $\sigma(\nu) = 1 + \dfrac{7}{72}\cos(3\nu)$

$\Rightarrow \sigma(\nu) + \sigma''(\nu) = 1 - \dfrac{7}{9}\cos(3\nu).$

(c), (d) $\sigma(\nu) = 1 + \dfrac{4}{75}\cos\left(4\left(\nu - \dfrac{\pi}{4}\right)\right)$

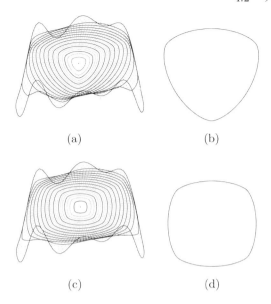

図 4.2 (a), (c) は時間発展の図（外側から内側の点へ），(b), (d) は (a), (c) のそれぞれの中心付近の「点に見える図形」の拡大図

$$\Rightarrow \sigma(\nu) + \sigma''(\nu) = 1 - 0.8\cos\left(4\left(\nu - \frac{\pi}{4}\right)\right).$$

両者とも初期曲線は，図 2.5 (a)（53 ページ）と同じである．(b) や (d) はそれぞれ (a) や (c) の時間発展の図において，最終時刻に近い中心付近の「点に見える図形」の拡大図である．古典的曲率流方程式 $V = -k$ のときは，図 2.5 (c)（53 ページ）でみたように最終時刻に近い解曲線は円であったが，(b) や (d) は円とはほど遠く，それぞれ丸みを帯びた三角形と四角形状の図形である．これらは何を意味しているのだろうか．

## 4.2 ウルフ図形

例 4.3 で投げかけた問に答えるために，もう一度，§3.5 の話を思いだそう．最終的な漸近形状を考察するために，$\Gamma(0)$ を $C^2$-狭義閉凸曲線とする．各時刻 $t$ において，$\Gamma(t)$ を $1/\sqrt{A(t)}$ 倍して相似拡大した曲線を $\widetilde{\Gamma}(t)$ とすると，$\widetilde{\Gamma}(t)$ で囲まれた部分の面積は 1 で，その周長 $\widetilde{L}$ は，$V = -k$ が周長 $L$ の勾配流であることを考えると，$t \to T = \dfrac{A(0)}{2\pi}$ のとき，最小の $\widetilde{L}$ となる形に近づくことが予想され

る．この予想は，等周不等式において等号が成立する状況に近づき $I \to 1$ となること，すなわち，円に近づくことであると翻訳される．そして，その予想が正しかったことは，ゲージとハミルトンにより証明された（定理 3.5（70 ページ））．

重み付き曲率流方程式 (4.4)$_{\text{p.82}}$ の解曲線 $\Gamma(t)$ を上と同様に $1/\sqrt{A(t)}$ 倍で相似拡大した曲線を $\widetilde{\Gamma}(t)$ とすると，$\widetilde{\Gamma}(t)$ で囲まれた部分の面積は 1 で，その周長 $\widetilde{L}_\sigma$ は，$V = -k_\sigma$ が全界面エネルギー $L_\sigma$ の勾配流であることを考えると，ある有限時刻で最小の $\widetilde{L}_\sigma$ となる形に近づくことが予想される．この形は何だろうか．古典的曲率流 $V = -k$ と等周問題の関係から，重み付き曲率流 $V = -k_\sigma$ と次の問題の関係が類推される．

**ウルフの問題** 囲まれた部分の面積が一定で，全界面エネルギー $L_\sigma(\Gamma)$ の値が最小となるような閉曲線 $\Gamma$ の形は何か．

この問題は結晶の平衡形を決める問題として，古くから考察されてきた．1878 年のギブス (Gibbs)，1885 年のキューリー (P. Curie)，そして 1901 年，ウルフ (Wulff) に至って，この問題の解曲線 $\Gamma$ が次のような集合の境界であることが示された．詳しくは，砂川 [160, p.61]，大川 [141, p.165] や [31, 174] などを参照されたい．

$$W_\sigma = \bigcap_{\nu \in [0, 2\pi]} \left\{ \boldsymbol{x} = (x, y)^\mathrm{T} \,\middle|\, \boldsymbol{x} \cdot \boldsymbol{n} = x \sin \nu - y \cos \nu \leq \sigma(\nu) \right\}.$$

このことから，上の問題は**ウルフの問題**と呼ばれ，半平面の共通部分である集合 $W_\sigma$ は**ウルフ図形 (Wulff shape)** と言われる．等周問題の解は等周不等式における等号成立条件であったように，ウルフ図形の境界 $\partial W_\sigma$ が滑らかであった場合に，ウルフの問題の解は等周不等式を一般的に拡張した不等式における等号成立条件であることを後に証明する．

**問 4.5** 等方的な場合 $\sigma \equiv 1$ のとき，集合 $W_1$ は単位円（とその内部）であることを確認せよ．

**問 4.6** ウルフ図形は凸集合 (§1.5) であることを示せ．

図 4.3 に，例 4.3（82 ページ）で扱った二つの $\sigma(\nu)$ に対応する，代表する直線群

$$x \sin \nu - y \cos \nu = \sigma(\nu), \quad \nu = \frac{2\pi i}{N} \quad (i = 1, 2, \cdots, N = 128)$$

を描いた．白抜きになっている部分が各ウルフ図形 $W_\sigma$ である．図 4.2 (c), (d)

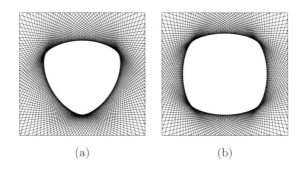

(a)　　　　　　　　(b)

**図 4.3** (a) $\sigma = 1 + \dfrac{7}{72}\cos(3\nu)$, (b) $\sigma = 1 + \dfrac{4}{75}\cos\left(4\left(\nu - \dfrac{\pi}{4}\right)\right)$ のときの各ウルフ図形 $W_\sigma$

(83 ページ)はそれぞれ図 4.3 (a), (b) の各ウルフ図形の境界に近い図形に見られる.

もし，ウルフ図形の境界 $\partial W_\sigma$ が滑らかで,

$$\partial W_\sigma = \left\{\boldsymbol{x}\,\middle|\,\boldsymbol{x} = \sigma(\nu)\boldsymbol{n} + a(\nu)\boldsymbol{t},\ \nu \in [0, 2\pi]\right\}$$

のように媒介変数表示されていたとしたら,

$$\boldsymbol{t} = \partial_s \boldsymbol{x} = (\sigma'(\nu) - a(\nu))k\boldsymbol{n} + (\sigma(\nu) + a'(\nu))k\boldsymbol{t}$$

を得る. よって, $a(\nu) = \sigma'(\nu)$, $(\sigma(\nu) + \sigma''(\nu))k = 1$ が得られ, 境界 $\partial W_\sigma$ は次のように媒介変数表示される.

$$\partial W_\sigma = \left\{\boldsymbol{x}\,\middle|\,\boldsymbol{x} = \sigma(\nu)\boldsymbol{n} + \sigma'(\nu)\boldsymbol{t},\ \nu \in [0, 2\pi]\right\}.$$

したがって, 問 4.4 (82 ページ) より, ウルフ図形の境界が滑らかな場合, $\partial W_\sigma$ は Cahn-Hoffman ベクトルの集合

$$\Xi_\sigma = \left\{\nabla\sigma\,\middle|\,\nu \in [0, 2\pi]\right\} \tag{4.5}$$

に等しく, その曲率は $k = (\sigma + \sigma'')^{-1}$ と与えられる. 故に, ウルフ図形 $W_\sigma$ の境界 $\partial W_\sigma$ 上における重み付き曲率は,

$$k_\sigma = 1$$

となる.

**問 4.7** $\partial W_\sigma$ 上の重み付き曲率は $k_\sigma = 1$ となることを納得せよ．

さらに，ウルフ図形の面積 $|W_\sigma| = A(\partial W_\sigma)$ は，

$$|W_\sigma| = \frac{1}{2} \int_{\partial W_\sigma} \bm{x} \cdot \bm{n} \, ds = \frac{1}{2} \int_{\partial W_\sigma} \sigma(\nu) \, ds = \frac{1}{2} L_\sigma(\partial W_\sigma) \tag{4.6}$$

と与えられる．明らかに，等方的な場合 $\sigma \equiv 1$ は，$|W_1| = \pi$ である．

**問 4.8** 等周比 (3.2)${}_{\text{p.63}}$ の異方性版である異方的等周比を

$$I_\sigma(\Gamma) = \frac{L_\sigma(\Gamma)^2}{4|W_\sigma|A(\Gamma)} \tag{4.7}$$

と定義すると，等周不等式 (3.3)${}_{\text{p.63}}$ の異方性版である異方的等周不等式

$$I_\sigma(\Gamma) \geq 1 \tag{4.8}$$

が成り立つことが知られている．§4.6 にて，(4.8) を含む一般的な不等式の成立の証明をするが，ここでは，$\Gamma = \partial W_\sigma$ のとき，(4.8) の等号が成立することを示せ．

■ **例 4.4** 例えば，

$$\sigma(\nu) = 1 + \varepsilon \cos(m\nu) \quad (m = 2, 3, \cdots) \tag{4.9}$$

のとき，$\varepsilon(m^2 - 1) < 1$ ならば，$\sigma + \sigma'' > 0$ であるから，$k > 0$ となって $\partial W_\sigma$ は滑らかな狭義凸曲線となる．

**問 4.9** 異方的関数 $\sigma$ が (4.9) で与えられたとき，$W_\sigma$ の面積 $|W_\sigma|$ を求めよ．

図 4.4 に，$\varepsilon = \dfrac{0.99}{m^2 - 1}$, $m = 4, 5, 6$ のときのウルフ図形 $W_\sigma$ を描いた（白抜きの部分）．

**問 4.10** 例 4.4 において，$\varepsilon(m^2 - 1) < 1$ ならば，$\sigma + \sigma'' > 0$ となって，$k > 0$ であることを示せ．

■ **例 4.5** 例 4.4 において，$\varepsilon$ の値が大きいと，$\sigma + \sigma'' \leq 0$ となる部分が出てくる．このとき，(4.5) で定義した集合 $\Xi_\sigma$ は，「耳」をもち，ウルフ図形の境界 $\partial W_\sigma$ は，集合 $\Xi_\sigma$ から「耳」を除いた部分となる．図 4.5 に $m = 6$, $\varepsilon = 3/(m^2 - 1)$ のときの例を描いた．詳しくは，[84] を参照されたい．同論文ではさらに面白い $\sigma$ の例を呈示している．

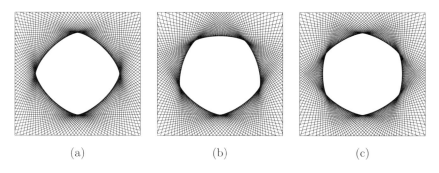

図 4.4　$\sigma = 1 + \varepsilon \cos(m\nu)$ の場合のウルフ図形 $W_\sigma$. (a) $m = 4$, (b) $m = 5$, (c) $m = 6$, $\varepsilon = 0.99/(m^2 - 1)$

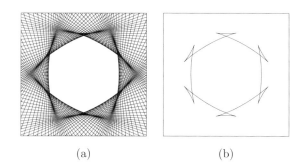

図 4.5　$m = 6$, $\varepsilon = 3/(m^2 - 1)$ のときの，(a) ウルフ図形 $W_\sigma$ と (b) 集合 $\Xi_\sigma$

## 4.3　重み付き曲率流方程式の一般化

古典的曲率流 $V = -k$ に従って $\Gamma(t)$ が運動するとき，表 2.5 (1) (55 ページ) により $\Gamma(0)$ が円であった場合，$\Gamma(t)$ は相似縮小して有限時間で 1 点に縮退する円である．このように，形を変えない解を自己相似解と呼ぶ．定理 3.5 (70 ページ) により，$V = -k$ に従って運動する解曲線 $\Gamma(t)$ の漸近形は円という自己相似解であることがわかった．

重み付き曲率流 $V = -k_\sigma$ に対しても，図 4.2 (c), (d) (83 ページ) と図 4.3 (a), (b) (85 ページ) の比較から，類似のことが成り立つと期待できるが，それを主張するには，次のような重みを付けた曲率流の方が都合がよい．

$$V = -\sigma k_\sigma. \tag{4.10}$$

実際，$\Gamma(t) = \lambda(t) \partial W_\sigma$ は $V = -\sigma k_\sigma$ の自己相似解となって，$\lambda(t) = \sqrt{\lambda(0)^2 - 2t}$

を得る．これは，$V_\sigma = V/\sigma$ とすると，

$$V_\sigma = -k_\sigma$$

となって，$\partial W_\sigma$ を単位円とするような距離（フィンスラー距離．例えば，松本 [106] を参照）についての古典的曲率流になることに対応している．

**問 4.11** $\lambda(t) = \sqrt{\lambda(0)^2 - 2t}$ を示せ．

重み付き曲率流方程式 (4.10) をさらに一般化した

$$V = -w(\nu)k \quad (w(\nu) \text{ は正値 } 2\pi \text{ 周期関数}) \tag{4.11}$$

について考える．この方程式について，古典的曲率流方程式 $V = -k$ と同様の次の決定的な結果は得られるのであろうか．

> 解曲線は有限時間内に凸化し（定理 3.6（70 ページ）），凸解曲線の凸性は保存し（補題 3.8（73 ページ）），そして，漸近的に円（自己相似解）に近づきながら 1 点に縮退する（定理 3.5（70 ページ））．

まず，一般的な重み付き曲率流方程式 (4.11) について，狭義凸性が保存することは補題 3.19（73 ページ）の証明と同様の方法で示すことができる（問 4.12）．

**問 4.12** 方程式 (4.11) に従う解曲線について，$\min_{\nu \in [0, 2\pi]} k(\nu, 0) > 0$ であれば，$\min_{\nu \in [0, 2\pi]} k(\nu, t) > 0$ であることを，補題 3.19（73 ページ）の証明（最大値原理の考え方）を参考にして示せ．（$V$ についての（$(3.20)_{p.74}$ に対応した）偏微分方程式を立てて，$\max_{\nu \in [0, 2\pi]} V(\nu, 0) < 0$ であれば，$\max_{\nu \in [0, 2\pi]} V(\nu, t) < 0$ であることを示せばよい．）

次に，凸化現象について，古典的曲率流方程式 $V = -k$ に対するグレイソンの結果（定理 3.6（70 ページ））の拡張は，$w$ が対称的な場合，すなわち，$\pi$ 周期 $w(\nu + \pi) = w(\nu)$ の仮定のもとで，Chou & Zhu [19] によって示された（§5.3 も参照）．一般の場合は未解決問題である．

以下，狭義凸曲線についてのみ言及する．$w$ が $C^2$-級関数のとき，自己相似解が存在し，解曲線は有限時間で 1 点に収束し，そして，時間部分列をとれば，解曲線は自己相似解に漸近することは，Gage & Li [40] により示された．自己相似解の存在性の結果は，Dohmen, Giga and Mizoguchi [24] により，次のように拡張された：連続な $2\pi$ 周期関数 $w$ に対して，$\sigma(\sigma + \sigma'') = w$ を満たす $\sigma \in C^2$ が存在する．

また,自己相似解の一意性については,$w$ が対称的,すなわち $w(\nu+\pi) = w(\nu)$ で滑らかな場合は Gage [38] によって示され,この結果は Dohmen & Giga [23] により,$w$ が対称的な連続関数の場合に拡張された.一意性を示すのに,$w$ が対称的であるという仮定を課していたが,この仮定が本質的に必要かどうかは不明であった [43].しかし,Yagisita [175] により,次のように解決された:$w$ が対称的でない限り,$\sigma(\sigma+\sigma'') = \mu(\mu+\mu'') = w$ を満たす二つの異なる $C^\infty$-級関数 $\sigma$ と $\mu$ が存在する.

一般的な重み付き曲率流方程式 (4.11) をさらに拡張した重み付き正べき曲率流方程式 $V = -w(\nu)k^p$ $(p > 0)$ や負べき曲率流方程式 $V = w(\nu)k^{-q}$ $(q > 0)$ についての自己相似解や漸近挙動についても,回転数が 2 以上の場合も含めて詳しく研究されている(等方的な $w \equiv 1$ の場合は,問 2.5(55 ページ)参照).概要については,Chou と Zhu による本 [20] や儀我美一による論説 [43, 44],あるいは各種論文 [4, 3, 124] を参照されたい.特に,べきが 1/3 の場合の方程式 $V = -k^{1/3}$ はアフィン (Affine) 曲率流方程式と呼ばれ,画像処理への応用も知られている [151].アフィン変換に対して不変であるため,任意の楕円が $V = -k^{1/3}$ の自己相似解

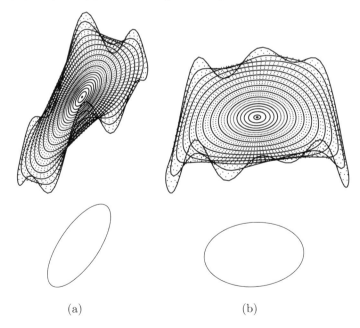

図 4.6 上段図は,アフィン曲率流方程式 $V = -k^{1/3}$ による解曲線の運動,下段図は,上段図に対応した最終形状

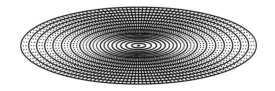

**図 4.7** アフィン曲率流方程式 $V = -k^{1/3}$ による楕円の相似縮退

となることがわかるが（問 4.13），さらに，古典的曲率流方程式 $V = -k$ において決定的であった，凸化（定理 3.6（70 ページ））と 1 点収縮，自己相似解への漸近収束（定理 3.5（70 ページ））の結果と同様の結果が知られている [152, 7]（図 4.6 参照）．

**問 4.13** 任意の楕円が $V = -k^{1/3}$ の自己相似解となることを示せ（図 4.7 参照）．

## 4.4 フランク図形

前節までの話はすべて $\sigma + \sigma'' > 0$ の場合であった．例えば，図 4.4（87 ページ）には，$\sigma(\nu) = 1 + \varepsilon\cos(m\nu)$ のときのウルフ図形の例を描いたが，これは，$\varepsilon = \dfrac{0.99}{m^2 - 1}$ だったので，$\sigma + \sigma'' > 0$ の場合である．しかし，$\varepsilon = \dfrac{3}{m^2 - 1}$ にすると，もはや $\sigma + \sigma'' > 0$ ではなくなり，$m = 6$ のときのウルフ図形は，図 4.5 (a)（87 ページ）となった．しかし，図 4.4 (c)（87 ページ）と図 4.5 (a)（87 ページ）を見比べても，顕著な違いは見てとれない．これは，ウルフ図形が半平面の共通部分であることから察せられるように，ウルフ図形 $W_\sigma$ は異方的関数 $\sigma$ の情報をすべて使っているわけではない．例えば，図 4.5 (b)（87 ページ）の集合 $\Xi_\sigma$ の「耳」の部分はウルフ図形には反映されていない．つまり，ウルフ図形では異方的関数の分類はできないことになる．

そこで，1963 年のフランク (Frank) やメイジャリング (Meijering) により，次のような**フランク図形 (Frank diagram)** $F_\sigma$ を描くことが提案された（大川 [141, p.171] 参照）．

$$F_\sigma = \left\{ \boldsymbol{x} \,\middle|\, \boldsymbol{x} = \frac{1}{\sigma(\nu)}\boldsymbol{n},\ \nu \in [0, 2\pi] \right\}.$$

図 4.8 の下段に，図 4.4 (c)（87 ページ）と図 4.5 (a)（87 ページ）のウルフ図形を，

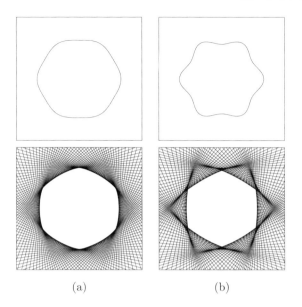

**図 4.8** 上段図は，$\sigma(\nu) = 1 + \varepsilon \cos(m\nu)$，$m = 6$ の場合のフランク図形．下段図は，対応するウルフ図形．(a) $\varepsilon = \dfrac{0.99}{m^2 - 1}$，(b) $\varepsilon = \dfrac{3}{m^2 - 1}$

上段にそれぞれのパラメータに対応したフランク図形を描いた．

図 4.8 を見るとわかるように，似たようなウルフ図形であっても，フランク図形ははっきりと異なる．ウルフ図形はその作り方からつねに凸集合である（問 4.6（84 ページ））のに対して，フランク図形は異方的関数によって，凸集合でなくなることがある．このことは，定量的に計算できる（問 4.14）．

**問 4.14** フランク図形 $F_\sigma$ の曲率の符号は $\sigma + \sigma''$ の符号に一致することを示せ．

問 4.14 からわかるように，$\sigma + \sigma'' > 0$ であることと，フランク図形が狭義凸集合であることは同値である．また，このときウルフ図形も狭義凸集合になる．

フランク図形の凸性について，以下の問でもう少し考えてみよう．以下，$\sigma(\boldsymbol{x})$ を $\boldsymbol{x} \neq \boldsymbol{0}$ のとき正である正斉次 1 次関数 (4.1)$_{\text{p.79}}$ とする．

**問 4.15** フランク図形は以下のようにも表されることを示せ．

$$F_\sigma = \left\{ \boldsymbol{x} \in \mathbb{R}^2 \,\middle|\, \sigma(\boldsymbol{x}) = 1 \right\}.$$

また，フランク図形 $F_\sigma$ で囲まれる部分の閉包は次で表されることを示せ．

$$\widetilde{F}_\sigma = \left\{ \bm{x} \in \mathbb{R}^2 \,\middle|\, \sigma(\bm{x}) \leq 1 \right\}.$$

**問 4.16** 以下の 3 条件は同値であることを示せ．（答えは [84, Appendix 2] にある．）

(1) $\widetilde{F}_\sigma$ は凸集合である．
(2) $\bm{x}, \bm{y} \in \mathbb{R}^2$ と $\lambda \in [0,1]$ に対して，

$$\sigma((1-\lambda)\bm{x} + \lambda\bm{y}) \leq (1-\lambda)\sigma(\bm{x}) + \lambda\sigma(\bm{y}) \quad (\sigma \text{ の凸性}).$$

(3) $\bm{x}, \bm{y} \in \mathbb{R}^2$ に対して，

$$\sigma(\bm{x}+\bm{y}) \leq \sigma(\bm{x}) + \sigma(\bm{y}) \quad (\sigma \text{ の劣加法性}).$$

フランク図形 $F_\sigma$ が滑らかで狭義凸であるときは $\sigma + \sigma'' > 0$ であって，問 4.12（88 ページ）のように，問題は準線形狭義放物型偏微分方程式の枠組みで考えられる．フランク図形 $F_\sigma$ が滑らかで凸あっても，狭義凸でないときは $\sigma + \sigma'' = 0$ となることもあり，その場合は，問題は退化放物型偏微分方程式となって扱いが変わってくる．さらに，図 4.9 に，

$$\sigma(\nu) = 1 + \varepsilon \left( \left| \cos\left(\frac{m\nu}{2}\right) \right| - \frac{1}{2} \right)$$

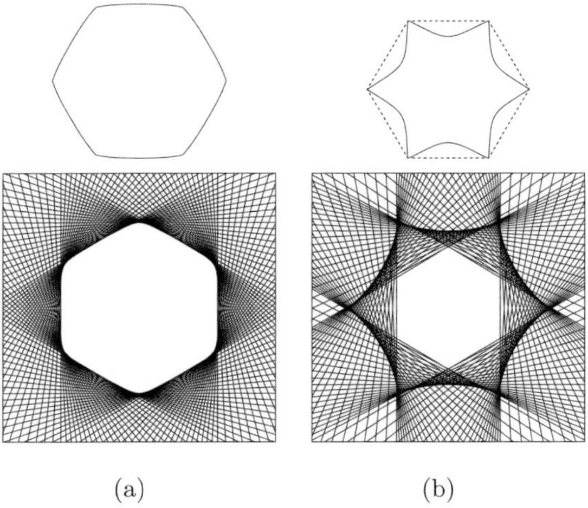

(a) (b)

**図 4.9** 上段図は，$\sigma(\nu) = 1 + \varepsilon \left( \left| \cos\left(\frac{m\nu}{2}\right) \right| - \frac{1}{2} \right)$, $m = 6$ の場合のフランク図形，下段図は，対応するウルフ図形．(a) $\varepsilon = 0.1$, (b) $\varepsilon = 0.4$

の場合のフランク図形とウルフ図形をそれぞれ描いたが，このように，フランク図形に微分不可能な場所が出てくると，もはや通常の偏微分方程式の議論の範疇からは外れる．この場合，フランク図形 $F_\sigma$ の凸包が多角形になること（図 4.9 (b)，上段図の点線）が特徴的である．

最後に，図 4.9 (b) の例を推し進めて，フランク図形 $F_\sigma$ 自身が多角形になる $\sigma$ を構成しよう．自然数 $m$ に対し，線分 $y = x$ $(x \in [0, 2\pi/m])$ を周期 $2\pi/m$ の周期関数として全域に拡張した関数を $p(x)$，区間 $[0, 2\pi/m]$ で上に凸で中心線 $x = \pi/m$ について線対称な関数を $\eta(x) = \dfrac{\sin x + \sin(2\pi/m - x)}{\sin(2\pi/m)}$ とし，

$$\sigma(\nu) = \eta(p(\nu)), \quad \nu \in \mathbb{R}$$

とすると，$\sigma$ は $[0, 2\pi]$ で極大値が $m$ 個の周期 $2\pi/m$ の周期関数となる．ここで，例えば，

$$p(x) = \frac{2}{m}\left(\arctan\left(\tan\left(\frac{m}{2}x - \frac{\pi}{2}\right)\right) + \frac{\pi}{2}\right)$$

とすれば目的を満たす関数となる．

**問 4.17** gnuplot で $y = p(x)$ のグラフを描け．

例えば，$y = \arctan(\tan x))$ のグラフは，少し見栄えもよくした，次のようなコードを書いて，それを仮に atantan.gnu と名付けたファイルに保存して，コマンドモードにおいて，gnuplot atantan.gnu と命令すればよい．C 言語や gnuplot では，$\arctan x$ は，atan(x) となることに注意．

```
reset
set size ratio -1
set samples 1000
unset key
set xzeroaxis
set yzeroaxis
set xrange [-5:5]
set yrange [-3:3]
set title "y = arctan( tan( x ) )"
plot atan(tan(x))
```

$\sigma$ は $2\pi k/m$ $(k \in \mathbb{Z})$ で微分可能でないので，$\rho(x) = \sqrt{x^2 + \lambda^{-2}}$ を用いて，

$$\mu(\nu) = \rho(\sigma(\nu) - 1) + 1, \quad \nu \in \mathbb{R}$$

とし，滑らかな関数 $\mu(\nu)$ を構成しておく．$\lambda \to \infty$ のとき，$\rho(x) \to |x|$ であり，形式的に $\mu$ は $\sigma$ に収束する．$\mu$ は $\mu + \mu'' > 0$ を満足するが，$\sigma$ の $F_\sigma$ は正 $m$ 角

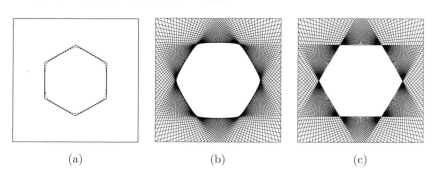

**図 4.10** $m = 6$ の場合. (a) フランク図形 $F_\sigma$（実線）と $F_\mu$（点線, $\lambda = 15$), (b) ウルフ図形 $W_\mu$ ($\lambda = 15$), (c) ウルフ図形 $W_\sigma$

形となり，各辺上において $\sigma + \sigma'' = 0$ で，各頂点では微分できない．これらの $\mu(\nu)$ や $\sigma(\nu)$ に対応するフランク図形とウルフ図形の例を図 4.10 に描いた．

フランク図形 $F_\sigma$ が凸多角形になる場合の $\sigma$ を**クリスタラインエネルギー**，そのときの重み付き曲率流方程式を**クリスタライン曲率流方程式**と呼ぶ．もちろん，$\sigma$ は微分できない点があるので，普通の意味での重み付き曲率は計算できない．その対応も含めて，クリスタライン曲率流方程式については，後述する (§7.3.1)．

Kobayashi & Giga [84] には，$\sigma$ のフランク図形やウルフ図形の豊富な具体例と，異方性と曲率の効果に関して論じられている．また，論説 [43] には，フランク図形の形状による研究結果が整理分類されている．

ところで，Gurtin [54] では，図 4.9 (b) の上段図 (92 ページ) のように，フランク図形 $F_\sigma$ の凸包が多角形になる場合の $\sigma$ をクリスタラインエネルギーと定義している．この定義は，$F_\sigma$ が凸多角形となるという上で述べた定義よりも条件が緩やかであるが，ウルフ図形の観点からは同値である．実際，$\overline{\sigma}$ をフランク図形 $F_{\overline{\sigma}}$ が凸多角形で，$F_\sigma$ の凸包が $F_{\overline{\sigma}}$ となるとする．このとき，$\sigma$ と $\overline{\sigma}$ のそれぞれのウルフ図形は一致すること ($W_\sigma = W_{\overline{\sigma}}$) がわかっている（Kobayashi & Giga [84, Appendix 3] 参照）．したがって，ウルフ図形の観点からすれば，クリスタラインエネルギー $\sigma$ の定義を $F_\sigma$ が凸多角形になる場合とやや強めの条件を課しても変わらないことになる．

**問 4.18** $\boldsymbol{x} = (x, y)^{\mathrm{T}}$ に対して，

$$\sigma(\boldsymbol{x}) = x^{2/3} + y^{2/3}$$

とする．このとき，フランク図形 $F_\sigma$ はどのような図形か．また，$F_\sigma$ の凸包を $F_{\overline{\sigma}}$ としたとき，$\overline{\sigma}(\boldsymbol{x})$ を求めよ．さらに，$\sigma$ と $\overline{\sigma}$ のそれぞれのウルフ図形は一致すること $(W_\sigma = W_{\overline{\sigma}})$ を確認せよ．

## 4.5　等周不等式の一般化のための準備

等周不等式の異方性版，その混合型への拡張，そして，さらにその一般化を試みる．一般化は，次元を上げる方法もあるが，ここでは，次元は2次元のままで，一般的な等周不等式の混合型異方性版を紹介する．本節ではその準備をしよう．以下の議論は，Ševčovič & Yazaki [158, §III] に基づく．

まず，時間発展するジョルダン曲線 $\Gamma(t)$ 上で，重み付き曲率の積分の値は不変であることを示そう．

**補題 4.6**　時間発展する滑らかなジョルダン曲線の族を $\{\Gamma(t)\}_{0 \leq t < T_{\max}}$ とし，異方的関数 $\sigma$ は $\sigma + \sigma'' > 0$ を満たすとする．このとき，次の恒等式が成り立つ．

$$\int_{\Gamma(t)} k_\sigma \, ds = \int_{\Gamma(0)} k_\sigma \, ds \quad (0 \leq t < T_{\max}). \tag{4.12}$$

証明は，§2.7 のいくつかの方程式を使えば単純に計算できるので，問にしておこう．

**問 4.19**　次の手順で，(4.12) を示せ．

(1) 関係式 $\partial_s \nu = k$ から，$\int_{\Gamma(t)} \sigma''(\nu) k \, ds = 0$ を示せ．

(2) (1) から $\int_{\Gamma(t)} k_\sigma \, ds = \int_{\Gamma(t)} \sigma k \, ds$ が成り立つ．これより，次を示せ．

$$\frac{d}{dt} \int_{\Gamma(t)} k_\sigma \, ds = 0.$$

与えられた滑らかなジョルダン曲線を $\Gamma$ とする．このとき，$2\pi = L(\partial W_1)$ で，$k = k_1$ であるから，$\Gamma$ の回転数は，

$$\frac{1}{2\pi} \int_\Gamma k \, ds = \frac{1}{L(\partial W_1)} \int_\Gamma k_1 \, ds = 1$$

と表現できる．この回転数は次の意味で一般化される．

**補題 4.7** 滑らかなジョルダン曲線を $\Gamma$ とし,異方的関数 $\sigma$ は $\sigma + \sigma'' > 0$ を満たすとする.このとき,次の恒等式が成り立つ.

$$\frac{1}{L(\partial W_\sigma)} \int_\Gamma k_\sigma \, ds = 1. \tag{4.13}$$

**証明** **Step 1**($\Gamma$ が狭義凸の場合) 狭義凸ならば,$\partial_s \nu = k > 0$ なので,弧長パラメータ $s$ は接線角度 $\nu \in [0, 2\pi]$ によって $ds = k^{-1} d\nu$ のように媒介変数表示される.よって,

$$\int_\Gamma k_\sigma \, ds = \int_\Gamma \sigma k \, ds = \int_0^{2\pi} \sigma(\nu) \, d\nu$$

を得る.$\sigma + \sigma'' > 0$ であるから,ウルフ図形は境界が滑らかな狭義凸集合であり,境界の周長 $L(\partial W_\sigma)$ に対して,

$$L(\partial W_\sigma) = \int_{\partial W_\sigma} ds = \int_0^{2\pi} \frac{1}{k} d\nu = \int_0^{2\pi} (\sigma(\nu) + \sigma''(\nu)) \, d\nu = \int_0^{2\pi} \sigma(\nu) \, d\nu$$

がわかる.よって,$\int_\Gamma k_\sigma \, ds = L(\partial W_\sigma)$ を得る.ここで,$\int_0^{2\pi} \sigma''(\nu) \, d\nu = 0$ および $\partial W_\sigma$ 上で $k = (\sigma(\nu) + \sigma''(\nu))^{-1}$ であることを使った.

**Step 2**($\Gamma$ が狭義凸でない場合) 与えられた $\Gamma$ が狭義凸でなく,一般の滑らかなジョルダン曲線であった場合は,それを初期曲線 $\Gamma(0) = \Gamma$ として,$\Gamma(t)$ を等方的法線速度 $V = -k$ に従って変形運動するとして,$\Gamma(T)$ が狭義凸曲線になる時刻 $t = T$ まで時間発展させる.如何なるジョルダン曲線 $\Gamma$ に対しても,このような凸化変形がなされることは,グレイソンの定理 3.6(70 ページ)によって保証されている.したがって,狭義凸曲線 $\Gamma(T)$ に Step 1 の推論を用いて,(4.12) の結果を合わせれば,$\Gamma = \Gamma(0)$ に対して,

$$\int_\Gamma k_\sigma \, ds = \int_{\Gamma(T)} k_\sigma \, ds = L(\partial W_\sigma)$$

を得る. ∎

上の証明ではグレイソンの定理を援用して具体的に変形運動を記述したが,補題 4.6 だけを本質的に使った直観的証明方針を述べると以下の通りである.$\Gamma$ を与えられた滑らかなジョルダン曲線とする.$\Gamma(0) = \Gamma$ とウルフ図形 $W_\sigma$ の境界 $\Gamma(T) = \partial W_\sigma$ をホモトピー連結させたような時間発展する滑らかなジョルダン

曲線の族 $\{\Gamma(t)\}_{t\in[0,T]}$ を考える．このホモトピー連結は，適当な法線速度 $V$（最終的には，位置ベクトル $\boldsymbol{x}$ に依存するだろう）をとることによって実現できる．この法線速度を用いて，(4.12)$_{\text{p.95}}$ から，次の恒等式を導くことができる．

$$\int_\Gamma k_\sigma \, ds = \int_{\partial W_\sigma} k_\sigma \, ds = \int_{\partial W_\sigma} ds = L(\partial W_\sigma).$$

さて，以上により，次がわかった．

$\int_\Gamma k_\sigma \, ds$ は，ウルフ図形の境界 $\partial W_\sigma$ の周長に等しい．

同じ結果は，Barrett, Garcke and Nürnberg [11, Lemma 2.1] によっても得られている．

異方的関数 $\sigma$ が等方的で $\sigma \equiv 1$ の場合は，$\Gamma$ 上の全界面エネルギー $L_1(\Gamma)$ が周長 $L(\Gamma)$ に等しいから，$L(\partial W_\sigma) = L_1(\partial W_\sigma)$ である．恒等式 (4.13) において，$\Gamma$ を単位円 $\partial W_1$ として適用すれば，

$$L_1(\partial W_\sigma) = L_\sigma(\partial W_1) \tag{4.14}$$

を得る．この恒等式は次のように言い換えられる．

ウルフ図形の境界 $\partial W_\sigma$ の周長は，単位円上の全界面エネルギーに等しい．

恒等式 (4.14) は，次の定理のように任意の二つの異方的関数 $\sigma(\nu)$ と $\mu(\nu)$ を用いた場合に簡単に一般化できる．

**定理 4.8** 任意の二つの異方的関数 $\sigma(\nu)$ と $\mu(\nu)$ がそれぞれ $\sigma(\nu)+\sigma''(\nu)>0$, $\mu(\nu)+\mu''(\nu)>0$ を満たしているとする．このとき，二つのウルフ図形の境界 $\partial W_\sigma$ と $\partial W_\mu$ における全界面エネルギーの間で，恒等式

$$L_\mu(\partial W_\sigma) = L_\sigma(\partial W_\mu) \tag{4.15}$$

が成り立つ．

**証明** ウルフ図形 $W_\sigma$ と $W_\mu$ は，$\sigma(\nu)+\sigma''(\nu)>0$, $\mu(\nu)+\mu''(\nu)>0$ であるから，狭義凸である．境界 $\partial W_\sigma$ における曲率 $k$ は，$k=(\sigma(\nu)+\sigma''(\nu))^{-1}$ であり，これより，

$$L_\mu(\partial W_\sigma) = \int_{\partial W_\sigma} \mu(\nu) \, ds = \int_0^{2\pi} \mu(\nu) \frac{1}{k} \, d\nu$$

$$= \int_0^{2\pi} \mu(\nu)(\sigma(\nu) + \sigma''(\nu))\, d\nu$$

$$= \int_0^{2\pi} (\mu(\nu)\sigma(\nu) - \sigma'(\nu)\mu'(\nu))\, d\nu = L_\sigma(\partial W_\mu) \tag{4.16}$$

を得る．逆も成り立つので，恒等式 (4.15) を得る． ∎

**問 4.20** $I_\sigma(\Gamma)$ を等周比の異方性版 (4.7)$_{\text{p.86}}$ とする．このとき，次が成り立つことを示せ．

$$I_\mu(\partial W_\sigma) = I_\sigma(\partial W_\mu).$$

## 4.6 一般等周不等式

本節では，前節までの準備のもと，一般等周不等式の紹介とその証明をする [158]．一般等周不等式は一般的に確立された名称ではないが，本書では便宜上，等周不等式の混合型異方性版をさらに一般化した次の不等式を指すことにする．

$$\frac{L_\sigma(\Gamma)L_\mu(\Gamma)}{A(\Gamma)} \geq K_{\sigma,\mu}. \tag{4.17}$$

ここで，$K_{\sigma,\mu} > 0$ は，

$$K_{\sigma,\mu} = 2\sqrt{|W_\sigma||W_\mu|} + L_\sigma(\partial W_\mu)$$

と定義される．任意の $\nu$ に対して，$\sigma(\nu) + \sigma''(\nu) > 0$ および $\mu(\nu) + \mu''(\nu) > 0$ が成り立つ異方的関数 $\sigma$ および $\mu$ のみに依存する正定数である．

**注 4.9** 一般化等周不等式は，以下の三つの不等式を含んでいる．

(1) もし $\sigma = \mu \equiv 1$ ならば，等周不等式 (3.3)$_{\text{p.63}}$ を得る．

$$\frac{L(\Gamma)^2}{A(\Gamma)} \geq K_{1,1} \equiv 2\sqrt{\pi^2} + L(\partial W_1) = 4\pi.$$

(2) もし $\sigma = \mu$ ならば，異方的等周不等式 (4.8)$_{\text{p.86}}$ を得る．

$$\frac{L_\sigma(\Gamma)^2}{A(\Gamma)} \geq K_{\sigma,\sigma} = 2\sqrt{|W_\sigma|^2} + L_\sigma(\partial W_\sigma) = 4|W_\sigma|.$$

(3) もし $\mu \equiv 1$ ならば，次の混合型異方的等周不等式を得る．

$$\frac{L_\sigma(\Gamma)L(\Gamma)}{A(\Gamma)} \geq K_{\sigma,1} \equiv 2\sqrt{\pi|W_\sigma|} + L(\partial W_\sigma).$$

本節では，任意の $C^2$-ジョルダン曲線 $\Gamma$ に対して，一般等周不等式が成立することをみる．次の制約条件 $L_\mu(\Gamma) = cA(\Gamma)$ のもとでの最小化問題を解くことで，この不等式を証明しよう．

$$\underset{\Gamma}{\text{minimize}}\, L_\sigma(\Gamma) \quad (\text{制約条件}: L_\mu(\Gamma) = cA(\Gamma)). \tag{4.18}$$

ここで，$c > 0$ は与えられた定数である．

制約条件付き最小化問題 (4.18) を解くために，ラグランジュ (Lagrange) の乗数 $\lambda$ を使って，

$$\mathcal{L}_\lambda(\Gamma) = L_\sigma(\Gamma) + \lambda(L_\mu(\Gamma) - cA(\Gamma)) \quad (\lambda > 0)$$

を導入する．このとき，$\Gamma = \overline{\Gamma}$ が (4.18) の最小化解であることの必要条件は，$\mathcal{L}_\lambda(\Gamma)$ の第 1 変分（§2.10 を見よ）が，$\Gamma = \overline{\Gamma}$ において，

$$0 = \delta\mathcal{L}_\lambda(\Gamma) = \delta L_\sigma(\Gamma) + \lambda(\delta L_\mu(\Gamma) - c\delta A(\Gamma))$$

を満たすことである．これは，§2.10 における第 1 変分の考え方の出発点に立ち戻れば，

$$\left.\frac{d}{d\varepsilon}\mathcal{L}_\lambda(\overline{\Gamma}_{\varepsilon\boldsymbol{z}})\right|_{\varepsilon=0} = \int_{\overline{\Gamma}}(k_\sigma + \lambda(k_\mu - c))(\boldsymbol{n}\cdot\boldsymbol{z})\,ds = 0$$

が，任意の滑らかな関数 $\boldsymbol{z}:[0,1] \to \mathbb{R}^2$ ($\boldsymbol{z}(0) = \boldsymbol{z}(1)$) に対して成り立つということに他ならない．

**問 4.21** $\Gamma$ の全界面エネルギー $L_\sigma(\Gamma)$ と $\Gamma$ で囲まれた部分の面積 $A(\Gamma)$ の第 1 変分が，それぞれ，

$$\delta L_\sigma(\Gamma) = k_\sigma, \quad \delta A(\Gamma) = 1$$

となることを再確認せよ．

これより，

$$k_\sigma + \lambda k_\mu = \lambda c \quad \text{on } \overline{\Gamma}$$

を得る．この意味は，

$$k_{\overline{\sigma}} = \lambda c \quad \text{on } \overline{\Gamma} \quad (\overline{\sigma} = \sigma + \lambda\mu)$$

である．言い換えると，

$$\overline{\Gamma} = \frac{1}{\lambda c}\partial W_{\overline{\sigma}}$$

である．（ただし，平行移動と回転で重なるものは同一視する．）

ラグランジュの未定乗数 $\lambda > 0$ は，制約条件 $L_\mu(\overline{\Gamma}) = cA(\overline{\Gamma})$ から以下のように計算される．双対性 (4.15)$_{\text{p.97}}$ と (4.6)$_{\text{p.86}}$ から，

$$L_\mu(\partial W_{\overline{\sigma}}) = L_{\overline{\sigma}}(\partial W_\mu) = L_\sigma(\partial W_\mu) + \lambda L_\mu(\partial W_\mu) = L_\sigma(\partial W_\mu) + 2\lambda A(\partial W_\mu)$$

が導かれる．面積

$$A(\overline{\Gamma}) = \frac{1}{\lambda^2 c^2}A(\partial W_{\overline{\sigma}})$$

を計算するために，恒等式 (4.6)$_{\text{p.86}}$ を $\sigma = \overline{\sigma}$ として利用すると，

$$2A(\partial W_{\overline{\sigma}}) = L_{\overline{\sigma}}(\partial W_{\overline{\sigma}}) = L_\sigma(\partial W_{\overline{\sigma}}) + \lambda L_\mu(\partial W_{\overline{\sigma}})$$

$$= L_{\overline{\sigma}}(\partial W_\sigma) + \lambda L_{\overline{\sigma}}(\partial W_\mu)$$

$$= L_\sigma(\partial W_\sigma) + \lambda L_\mu(\partial W_\sigma) + \lambda L_\sigma(\partial W_\mu) + \lambda^2 L_\mu(\partial W_\mu)$$

$$= 2A(\partial W_\sigma) + 2\lambda L_\sigma(\partial W_\mu) + 2\lambda^2 A(\partial W_\mu)$$

がわかる．ここで，

$$\frac{1}{\lambda c}L_\mu(\partial W_{\overline{\sigma}}) = L_\mu(\overline{\Gamma}) = cA(\overline{\Gamma}) = \frac{c}{\lambda^2 c^2}A(\partial W_{\overline{\sigma}})$$

であるから，恒等式

$$\frac{1}{\lambda c}\left(L_\sigma(\partial W_\mu) + 2\lambda A(\partial W_\mu)\right) = \frac{c}{\lambda^2 c^2}\left(A(\partial W_\sigma) + \lambda L_\sigma(\partial W_\mu) + \lambda^2 A(\partial W_\mu)\right)$$

を得る．未定乗数は $\lambda > 0$ であったから，

$$\lambda = \sqrt{\frac{A(\partial W_\sigma)}{A(\partial W_\mu)}}$$

がわかる．

さらに，

$$L_\sigma(\partial W_{\overline{\sigma}}) = L_{\overline{\sigma}}(\partial W_\sigma) = L_\sigma(\partial W_\sigma) + \lambda L_\mu(\partial W_\sigma) = 2A(\partial W_\sigma) + \lambda L_\sigma(\partial W_\mu)$$

である．さて，$\Gamma$ を任意の $C^2$-ジョルダン曲線とし，$c = \dfrac{L_\mu(\Gamma)}{A(\Gamma)}$ とおく．このとき，

$$\begin{aligned}\frac{L_\sigma(\Gamma)L_\mu(\Gamma)}{A(\Gamma)} &= cL_\sigma(\Gamma) \geq cL_\sigma(\overline{\Gamma}) \\ &= \frac{c}{\lambda c}L_\sigma(\partial W_{\overline{\sigma}}) = 2\sqrt{A(\partial W_\sigma)A(\partial W_\mu)} + L_\sigma(\partial W_\mu)\end{aligned}$$

がわかる．

まとめると，以下の定理を得る．

**定理 4.10** $\Gamma$ を $C^2$-ジョルダン曲線とする．このとき，

$$\frac{L_\sigma(\Gamma)L_\mu(\Gamma)}{A(\Gamma)} \geq K_{\sigma,\mu} := 2\sqrt{|W_\sigma||W_\mu|} + L_\sigma(\partial W_\mu) \tag{4.19}$$

が成り立つ．(4.19) の等号は，曲線 $\Gamma$ が混合異方的関数

$$\widetilde{\sigma} = \sqrt{|W_\mu|}\,\sigma + \sqrt{|W_\sigma|}\,\mu$$

に対応するウルフ図形の境界 $\partial W_{\widetilde{\sigma}}$ に相似なとき，また，そのときに限る．

# 第 5 章

# さまざまな勾配流方程式と曲率流方程式

§2.10 において，閉曲線 $\Gamma$ の周長 $L(\Gamma)$ の勾配流方程式として，古典的曲率流方程式 $V = -k$ が得られた．また，§4.1 において，閉曲線 $\Gamma$ 上で定義された全界面エネルギー $L_\sigma(\Gamma)$ の勾配流方程式として，重み付き曲率流方程式 $V = -k_\sigma$ が得られた．本章では，さまざまな汎関数の勾配流方程式や一般的な曲率流方程式の性質や応用について紹介しよう．

## 5.1 アイコナール方程式

(2.11)$_{\mathrm{p.\,49}}$ と §2.10 の議論や問 4.21（99 ページ）でみたように，閉曲線 $\Gamma$ で囲まれた部分の面積 $A(\Gamma)$ の第 1 変分は，

$$\delta A(\Gamma) = 1$$

である．したがって，$A(\Gamma)$ の勾配流方程式は，

$$V = -\delta A(\Gamma) = -1$$

である．これは**アイコナール方程式**として知られている[1]．

**問 5.1** $V_0$ を定数として，曲線 $\Gamma(t)$ の時間発展方程式

$$V = V_0 \tag{5.1}$$

---

[1] 金子 [74] によれば，アイコナール (eikonal) は，H. Bruns[2] が 1895 年に命名したギリシャ語のイコン（像）に基づいた造語で，固有値 eigenvalue と同様にドイツ語綴りが定着したようである．

[2] Ernst Heinrich Bruns, 1848.9.4–1919.9.23. ドイツの数学者・天文学者．1895 年に "Das Eikonal" を著していて，現在，復刻版が University of Michigan Library (2010) より出版されている．また，インターネットで，D. H. Delphenich による英訳 "The Eikonal" が入手可能である．

を考える．解曲線 $\Gamma(t)$ が半径 $R(t)$ の円であった場合，$R(t)$ を求めよ．特に，$V_0 = -1$ であった場合の解曲線の縮退時刻 $T$ を求めよ．

## 5.2 面積保存流 ―― 古典的面積保存曲率流

面積保存流方程式は，形式的には，$V_0$ を例えば $V_0(\boldsymbol{x}, \partial_s \boldsymbol{x}, \partial_s^2 \boldsymbol{x})$ などの連続関数として，

$$V = \langle V_0 \rangle - V_0$$

のように書ける．ここで，

$$\langle \mathsf{F} \rangle = \int_{\Gamma(t)} \mathsf{F}\, ds \bigg/ \int_{\Gamma(t)} ds = \frac{1}{L(\Gamma(t))} \int_{\Gamma(t)} \mathsf{F}\, ds \tag{5.2}$$

は $\mathsf{F}$ の平均である．実際，面積の時間発展方程式 (2.11)$_{\text{p.49}}$ に形式的に代入すると，$V = \langle V_0 \rangle - V_0$ という形であれば，$\dfrac{d}{dt} A(\Gamma(t)) = 0$ を満たす．しかし，これは何かの勾配流とは限らない．

そこで，ラグランジュの乗数 $\lambda$ を使って，$\Gamma$ の一般的な汎関数を $J$ として，$J(\Gamma) + \lambda A(\Gamma)$ の勾配流方程式を導くと，$V = -(\delta J(\Gamma) + \lambda)$ となる．そして，$\dfrac{d}{dt} A(\Gamma(t)) = 0$ から，$\lambda = -\langle \delta J(\Gamma) \rangle$ を得る．こうして，$J$ の面積保存勾配流方程式

$$V = \langle \delta J(\Gamma) \rangle - \delta J(\Gamma)$$

が導かれる．

**問 5.2** これを確認せよ．

特に，$J(\Gamma) = L(\Gamma)$ の場合を考えると，（古典的）**面積保存曲率流**方程式

$$V = \langle k \rangle - k, \quad \langle k \rangle = \frac{2\pi}{L} \tag{5.3}$$

を得る [36]．

**問 5.3** $L$ の面積保存勾配流方程式が (5.3) となること，およびジョルダン曲線 $\Gamma(t)$ が (5.3) に従って時間発展するとき，$\dot{A}(t) = 0$ が満たされることを再確認し，CBS

不等式を用いて周長減少性 $\dot{L}(t) \leq 0$ を示せ．また，$\dot{L}(t) = 0$ を満たす曲線 $\Gamma(t)$ は円に限ることを示せ．

ゲージは，古典的面積保存曲率流方程式 (5.3) に関して，次の定理を示した．

**定理 5.1**（Gage [36]）　$\Gamma(0)$ をいたるところ曲率が正である $C^2$-閉曲線とする．$\Gamma(t)$ が古典的面積保存曲率流方程式 (5.3) に従って運動するとき，$\Gamma(t)$ はいたるところ曲率が正のまま $t \to \infty$ で（$\Gamma(0)$ で囲まれた部分と同じ面積の）円に収束する．

図 5.1 はこの結果に違わないシミュレーションである．

**図 5.1**　(5.3) に従って変形運動する凸曲線（時間経過は左から右）

もし $\Gamma(t)$ が時間大域的 $(0 < t < \infty)$ にいたるところ曲率が正である $C^2$-閉曲線として存在するならば，定理 5.1 における解曲線 $\Gamma(t)$ の円への収束性については，次の問の不等式から示唆される．

**問 5.4**　ゲージの不等式 (3.8)$_{\mathrm{p.68}}$ を用いて，以下の不等式を示せ．[36, Corollary 2.4]

$$0 < I(t) - 1 \leq (I(0) - 1) \exp\left(-\frac{2\pi}{A}t\right).$$

ここで，$I(t) = \dfrac{L(t)^2}{4\pi A(t)}$ は時間に依存した等周比 (3.12)$_{\mathrm{p.69}}$ である．

この結果に，ボンネーゼンの不等式 (3.7)$_{\mathrm{p.67}}$ を適用すれば，解曲線 $\Gamma(t)$ は $t \to \infty$ で同じ面積の円にハウスドルフの距離で収束することがわかる [36, Corollary 2.5]．

定理 5.1 における，凸性の保存については，§3.6 と§3.7 の議論，特に補題 3.8（73 ページ）の証明において推論した最大値原理の考え方を用いて示すことができるので，これも問としておこう．

## 5.2 面積保存流 — 古典的面積保存曲率流

**問 5.5（Gage [36, Lemma 3.1] の証明）** (5.3)_{p.103} に従う解曲線の曲率 $k$ は，初期値が正ならば時間が経過しても正であり続けることを次の手順で示せ．

(1) (3.20)_{p.74} の偏微分方程式の $V$ に (5.3)_{p.103} を代入した方程式を導け．

(2) $\mu$ を定数とし，$W(\nu, t) = k(\nu, t)e^{\mu t}$ とおく．このとき，(1) で得られた方程式から，
$$\partial_t W = k^2 \partial_\nu^2 W + C(k)W, \quad C(k) = k^2 - \frac{2\pi}{L(t)}k + \mu$$
を得ることを確認せよ．

(3) 等周不等式 (3.3)_{p.63} と (5.3)_{p.103} が面積を保存する曲率流であることを用いて，$\mu$ を十分に大きくとっておけば，ある $\delta > 0$ が存在して，$C(k) \geq \delta > 0$ とできることを示せ．

(4) 補題 3.8（73 ページ）の証明における最大値原理の考え方と同様の推論で，$k_{\min}(t) > 0$ となることを示せ．

定理 5.1 は，古典的曲率流方程式 $V = -k$ に対するゲージ-ハミルトンの定理 3.5（70 ページ）に極めて類似していて，あたかも $V = -k$ の解曲線 $\Gamma(t)$ を各時刻 $t$ で $\sqrt{A(0)/A(t)}$ 倍に相似拡大したかの如くである．そうならば，$\Gamma(0)$ が必ずしも凸でないジョルダン曲線であった場合，$V = -k$ に対して有限時間内に凸化するというグレイソンの定理 3.6（70 ページ）が成立したように，古典的面積保存曲率流 (5.3)_{p.103} に対しても凸化定理が成り立つのではないか，と考えるのは自然なことである．

ところが，ゲージは [36, Summary 4] において，図 5.2 のような反例をあげて，グレイソンの定理 3.6（70 ページ）に対応する凸化定理は成り立たないだろうと予想した．そして，実際，この予想が正しいことがメイヤー (Mayer) とシモネット (Simonett) により厳密に証明された [108]（メイヤー [107] では数値計算も紹介されている）．

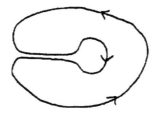

**図 5.2** 自己交差をしそうな曲線（論文 [36, Summary 4] の図を引用）

本節の最後に閉曲線 $\Gamma$ が回転数 $m \geq 2$ の場合を考えよう．このとき，発展方程式は (5.3)$_{\text{p.103}}$ の代わりに，

$$V = \langle k \rangle - k, \quad \langle k \rangle = \frac{2m\pi}{L} \tag{5.4}$$

となる．

**問 5.6** これを示せ．また，形式的に問 5.3（103 ページ）と同じ質問に答えよ．

問 5.6 の等号条件 $\dot{L}(t) = 0$ から，回転数 $m \geq 2$ の閉曲線 $\Gamma$ の定常解は，$m$ 重円しかないことがわかる．これは，回転数 $m$ の閉曲線に対する古典的曲率流方程式 $V = -k$ の自己相似解が無数にあることとは対照的である．この自己相似解は，デザイン定規（くるくる定規，スピログラフ）で描かれるような花びらのような形状をしており Abresch-Langer 曲線と呼ばれる．図 1.1 (b)（13 ページ）は回転数 2，花びらの数が 3 の場合の Abresch-Langer 曲線の例である．一般の回転数と花びらの数に応じた分類は完全になされている [1, 124, 3]．

図 1.1 (b)（13 ページ）の Abresch-Langer 曲線は自己相似解であるから，$V = -k$ に従って相似縮小して有限時間内に 1 点に縮退するが，対称的でない閉曲線の場合はどうなるのであろうか．その場合，例えば図 3.3（77 ページ）でみたように，小さなループが先に縮退することが起こりうる．同じことは，面積保存曲率流 (5.3)$_{\text{p.103}}$ でも起こるのだろうか．図 5.3 はそのことを示唆する数値計算である．図 3.3（77 ページ）の計算と同じく有限時間内に小さなループが先に縮退している．

上述したように，面積保存曲率流 (5.3)$_{\text{p.103}}$ の場合，定常解は多重円しかない．したがって，Abresch-Langer 曲線のようにいくら対称性が高くても，それは定常解ではないから，図 5.3 のように有限時間内に小さなループが縮退して曲率が爆発するか，時間無限大で多重円に収束するか，などのさまざまな漸近挙動が考えられる．これについては，最近，[173] によって詳細に研究されている．

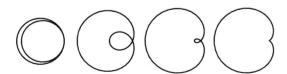

**図 5.3** (5.3)$_{\text{p.103}}$ による対称的でない回転数 2 の閉曲線の時間発展（左から右）

**注 5.2** 表面拡散流方程式

$$V = \partial_s^2 k$$

もまた面積を保存するが，これは，周長 $L$ の別の内積（$H^{-1}$ 計量）による勾配流である [17]．さらに，$c$ を定数として，

$$V = c\partial_s^m k, \quad \partial_s^m = \left(\frac{1}{g(u,t)}\frac{\partial}{\partial u}\right)^m \quad (m = 1, 2, \cdots)$$

というタイプの方程式ならば，面積はいつも保存する．この方程式については例を後述する (§5.11)．

## 5.3 重み付き曲率流方程式の一般化

重み付き曲率流方程式 (4.4)$_{\text{p.82}}$ のさまざまな一般化は，§4.3 で議論されたが，ここでは，次の形の一般化を考えよう．

$$V = -w(\nu)k + F(\nu), \quad w(\nu) = \sigma(\nu) + \sigma''(\nu). \tag{5.5}$$

ここで，$F(\nu)$ はいわば外力項であるから，この式は重み $w$ および外力 $F$ 付き曲率流方程式と呼ぶことができよう．Chou & Zhu [18, 19] は，$w$ についての対称性 ($\sigma(\nu + \pi) = \sigma(\nu)$)，および $F$ についての条件 $F(\nu + \pi) = -F(\nu)$ のもとで，古典的曲率流方程式 $V = -k$ に対する決定的な結果であった定理 3.5（70 ページ）と定理 3.6（70 ページ）を拡張した．すなわち，任意のジョルダン曲線は有限時間で凸曲線になり，任意の凸曲線は（凸のまま）有限時間でその形状が縮小するウルフ図形 $W_\sigma$ に漸近しながら 1 点に縮退することを示した．図 5.4 は，これらの結果のシミュレーションである [156]．

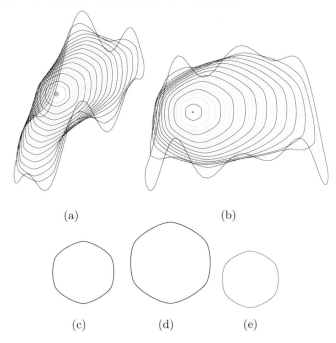

図 5.4　方程式 $V = -w(\nu)k_\sigma + F(\nu)$, $w(\nu) = 1 - 0.7\cos(6\nu)$, $F(\nu) = -\sin(\nu)$ のシミュレーション．(a) と (b) はそれぞれ解曲線の時間発展図，(c) と (d) は (a) と (b) のそれぞれの「点にみえる部分（最終時刻付近の解曲線）」の拡大図．異方的関数 $\sigma(\nu) = 1 + (0.7/35)\cos(6\nu)$ は $w = \sigma + \sigma''$ の一意解，(e) はウルフ図形 $W_\sigma$ の境界

## 5.4 非斉次エネルギーの勾配流と画像輪郭抽出の考え方

§4.1 でみたように，重み付き曲率流 $V = -w(\nu)k$, $w(\nu) = \sigma(\nu) + \sigma''(\nu)$ は，異方的関数 $\sigma$ による全界面エネルギー

$$L_\sigma(\Gamma) = \int_\Gamma \sigma(\nu)\,ds$$

の勾配流として得られたが，その際，閉曲線 $\Gamma$ 上でのみ定義された異方的関数 $\sigma(\nu) = \sigma(\bm{n}(\nu))$ を $\bm{x} \in \mathbb{R}^2$ の関数 $\sigma(\bm{x})$ として正斉次 1 次拡張 (4.1)$_{\mathrm{p.79}}$ することにより算出された．

より一般に，もともと $\bm{x} \in \mathbb{R}^2$ の関数として，非斉次界面エネルギー密度関数 $\gamma(\bm{x}) > 0$ が与えられていた場合の全界面エネルギー

$$E_\gamma(\Gamma) = \int_\Gamma \gamma(\boldsymbol{x})\,ds$$

の勾配流方程式は,

$$V = -\delta E_\gamma(\Gamma), \quad \delta E_\gamma(\Gamma) = \gamma(\boldsymbol{x})k + \nabla\gamma(\boldsymbol{x})\cdot\boldsymbol{n} \tag{5.6}$$

となる.

**問 5.7** $\gamma$ が微分可能であるとして,$\dfrac{d}{dt}E_\gamma(\Gamma(t))$ を計算することにより,(5.6) を導出せよ.

### 画像輪郭抽出の考え方

勾配流方程式 (5.6) は,以下のように画像輪郭抽出に利用することができる [156].例えば,図 5.5 (a) のような画像の輪郭を抽出してみよう.そのために,画像強度関数 (image intensity function) を $\mathcal{I}: \mathbb{R}^2 \supset \Omega \to [0,1]$ と定義する.ここで,$\mathcal{I} = 0$(あるいは,$\mathcal{I} = 1$)は,黒色(あるいは,白色)に対応しており,$\mathcal{I} \in (0,1)$ は,中間色であるグレー(灰色)に対応している(図 5.5 (b)).簡単のため,対象とする画像は,白色で,背景は黒色とする.このとき,画像の輪郭,あるいはエッジは,$|\nabla\mathcal{I}(\boldsymbol{x})|$ がきわめて大きい値をとる領域に対応している.ここで,補助関数 $\gamma(\boldsymbol{x}) = f(|\nabla\mathcal{I}(\boldsymbol{x})|)$ を導入しよう.関数 $f$ はなめらかなエッジ検出関数で,たとえば $f(s) = 1/(1+s^2)$ や $f(s) = e^{-s}$ のようなものとする.これより,

$\gamma(\boldsymbol{x})$ の値が小さい部分 $\Leftrightarrow$ $|\nabla\mathcal{I}(\boldsymbol{x})|$ の値が大きい部分

という対応関係を得る.図 5.5 (c) は $f(s) = 1/(1+s^2)$ としたときの参考図で,完全に白色,あるいは完全に黒色の部分は,$|\nabla\mathcal{I}(\boldsymbol{x})| = 0$ であるから $\gamma(\boldsymbol{x}) = 1$ で,中間色であるグレーの部分は,$|\nabla\mathcal{I}(\boldsymbol{x})|$ の値が大きいので $\gamma(\boldsymbol{x}) \approx 0$ となっていることがわかる.

よって,エネルギー $E_\gamma(\Gamma)$ の勾配流方程式 $V = -\gamma(\boldsymbol{x})k - \nabla\gamma(\boldsymbol{x})\cdot\boldsymbol{n}$ による解曲線 $\Gamma(t)$ は,エネルギー $E_\gamma(\Gamma(t))$ を最も小さくする方向に動く.言い換えれば,$|\nabla\mathcal{I}(\boldsymbol{x})|$ が大きい部分であるエッジに向かって動く.これが,画像輪郭抽出の基本的なアイディアである.より洗練されたスキームが [117, 118] において提案されている.また逆によりシンプルなスキームを以下紹介する.

110　第5章　さまざまな勾配流方程式と曲率流方程式

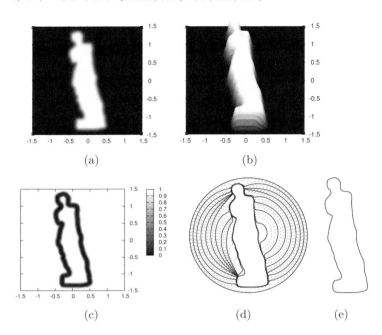

**図 5.5** 論文 [156] において計算された図．(a) $\Omega = [-1.5, 1.5]^2$ 内のオリジナルのビットマップ画像（ぼやけたビーナス，解像度 600px），(b) 画像強度関数 $\mathcal{I}(\boldsymbol{x})$，(c) 補助関数 $\gamma(\boldsymbol{x})$（中間色グレーの部分が抽出されている），(d) 解曲線の時間発展図（初期曲線は半径 1.5 の円），(e) 最終時刻における曲線の図

**画像輪郭抽出の別の考え方**

以下のような考えで，画像輪郭抽出することも可能である [13]．対象とする画像は，所定のピクセル上で，0 から 255 の整数値によって表現されたデジタルのグレースケールのビットマップ画像であるとする．与えられた画像に対して，画像強度関数 $\mathcal{I}: \mathbb{R}^2 \supset \Omega \to \{0, 1, \cdots, 255\} \subset \mathbb{Z}$ を構成することができる．ここで，$\mathcal{I}(\boldsymbol{x})$ は各ピクセル上で区分的に定数である．

時間発展方程式

$$V = -k + F(\boldsymbol{x}) \tag{5.7}$$

を考え，外力項 $F(\boldsymbol{x})$ を次のように定めるとする．

$$F(\boldsymbol{x}) = (F_{max} - F_{min})\frac{\mathcal{I}(\boldsymbol{x})}{255} - F_{max} \quad (\boldsymbol{x} \in \Omega).$$

ここで，$F_{max} > 0$ は，純粋な黒色（背景）に対応し，$F_{min} < 0$ は，純粋な白色（浮彫となっている対象画像）に対応している．一般に，$1/|F|$ は，曲線が達成できる最小の曲率半径に対応するので，最大値と最小値は，最終形状を決定する．したがって，$|F|$ の値が大きくないと，それだけ最終形状が丸っこくなり，また，曲線が狭いギャップを通り抜けられないことになる．時間発展方程式 (5.7) ならば，前節のように $\nabla \mathcal{I}(\boldsymbol{x})$（あるいは，その差分化）を考える必要はない．図 5.6，図 5.7 はこの方程式による画像輪郭抽出の例である [156]．曲率の絶対値が大きい箇所に分点が集まり，曲率の絶対値が零に近い箇所では分点が疎になるような曲率調整型配置法 (§8.6) を用いた．最終図 5.7 (f) をみると，その配置法がうまく機能していることがわかる．

## 5.5 凸性の崩壊

重みおよび外力付き曲率流方程式 (5.5) p.107 や外力付き曲率流方程式 (5.7) の外力項をさらに一般化した

$$V = -k + F(\boldsymbol{x}, \nu)$$

の形の外力付き曲率流方程式についても重み付き曲率流や画像輪郭抽出の観点とはまったく異なる文脈から研究されている [123]．重みおよび外力付き曲率流方程式 (5.5) p.107 においては，$F = F(\nu)$ に適当な仮定をおけば解曲線の凸性が保たれた．一方，外力付き曲率流方程式 (5.7) においては，適当な $F = F(\boldsymbol{x})$ を使えば画像輪郭抽出可能であったから解曲線の凸性はすぐに崩れた．このことから，適当な外力項 $F = F(\boldsymbol{x}, \nu)$ に対しては，初期曲線が凸であっても，その凸性の崩壊現象が発生することが容易に想像される．図 5.8（113 ページ）は，論文 [123] で紹介された例をその論文とは異なる手法で数値計算した例である．

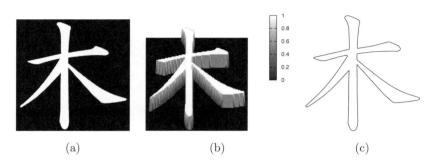

**図 5.6** (a) $\Omega = [-1.5, 1.5]^2$ 内のオリジナルのビットマップ画像（漢字の「木」，解像度 600 px），(b) 画像強度関数 $\mathcal{I}(\bm{x})$，(c) 最終時刻における曲線の図

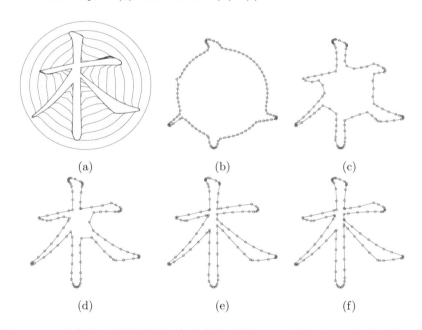

**図 5.7** (a) 解曲線の時間発展図（初期曲線は半径 1.7 の円），(b)～(f) 解曲線の各時刻 $t \approx 0.01m$ における図 $(m = 1, 2, \cdots, 5)$．分点数 $N = 100$，形状関数 (8.18)$_{\text{p.197}}$ において $\varepsilon = 0.1$ とした

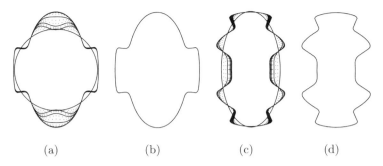

図 5.8 (a) と (b) は外力項 $F = 2pq\sin(q(4x_1^2 + x_2^2))(-4x_1\sin\nu + x_2\cos\nu)$ に対応している ($\boldsymbol{x} = (x_1, x_2)$, $p = 1.25$, $q = 3.0$). (c) と (d) は外力項 $F = -2pq\pi\cos(q\pi|\boldsymbol{x}|^2)\boldsymbol{x}\cdot\boldsymbol{n}$ に対応している ($p = 1.956$, $q = 1.15$). (a) は初期曲線が単位円の場合の解曲線の時間発展の図で, (c) は初期曲線が径の比が $1:2$ の楕円の場合の解曲線の時間発展の図. (b) と (d) はそれぞれ最終時刻 $T$ における解曲線の図

## 5.6 ウィルモア流

ウィルモア (Willmore) 汎関数, あるいは弾性棒の曲げのエネルギー汎関数

$$W(\Gamma) = \frac{1}{2}\int_\Gamma k^2\,ds$$

の勾配流方程式は,

$$V = -\delta W(\Gamma), \quad \delta W(\Gamma) = -\partial_s^2 k - \frac{1}{2}k^3 \tag{5.8}$$

となる ($\delta W$ は $W$ の第 1 変分 (§2.10)). これをウィルモア流 (Willmore flow) 方程式と呼ぶ.

**問 5.8** $\dfrac{d}{dt}W(\Gamma(t)) = (\delta W(\Gamma), V)$ を計算して, (5.8) を算出せよ.

歴史的背景は解の性質など, 詳細は例えば [15] とその参考文献を参照されたい (§5.11 も参照).

## 5.7 周長保存曲率流

法線速度が形式的に

$$V = \frac{\langle kV_0 \rangle}{\langle k \rangle} - V_0 \tag{5.9}$$

という形の場合，周長 $\Gamma(t)$ は保存する．ここで，$V_0$ は与えられた連続関数である．

**問 5.9** 法線速度が (5.9) のとき，$\dot{L}(t) = 0$ であることを確かめよ．

例えば，$\Gamma$ が曲率がいたるところ正の閉凸曲線で，$V_0 = k^{-1}$ のとき，

$$V = \frac{L}{2\pi} - \frac{1}{k}$$

という周長保存流方程式が得られ，解曲線の漸近挙動はよく調べられている [143].

ところで，周長保存流方程式 (5.9) は，一般には何らかの汎関数の勾配流になっているわけではない．一般的な汎関数 $J(\Gamma)$ の周長保存勾配流方程式を導こう．

汎関数 $J(\Gamma(t)) + \lambda L(\Gamma(t))$ を時間で微分することによって，汎関数 $J(\Gamma) + \lambda L(\Gamma)$ の勾配流方程式 $V = -\delta J(\Gamma) - \lambda k$ を得る（$\delta J$ は $J$ の第 1 変分 (§2.10)）．そして，$\dot{L}(t) = 0$ から，$\lambda = -\langle k\delta J(\Gamma)\rangle/\langle k^2 \rangle$ を得る．これより，汎関数 $J$ の周長保存勾配流方程式

$$V = \frac{\langle k\delta J(\Gamma)\rangle}{\langle k^2 \rangle}k - \delta J(\Gamma) \tag{5.10}$$

が導かれる．特に，$J = W$ のときの勾配流方程式，すなわち周長保存ウィルモア流方程式は，オイラーのエラスティカ (Euler's elastica) に関係している [26].

**問 5.10** 汎関数 $J$ の周長保存勾配流方程式が (5.10) となることを確認せよ．また，$J = W$ のときの周長保存ウィルモア流方程式と $J = -A$ のときの周長保存・面積増加曲率流方程式を書き下せ．

## 5.8 ヘルフリッヒ流 ── 面積・周長保存曲率流

面積と周長が保存する汎関数

$$\frac{1}{2}\int_\Gamma (k - c_0)^2 \, ds$$

の勾配流方程式を導く（$c_0$ は定数）．すなわち，

$$H(\Gamma(t)) = \frac{1}{2}\int_{\Gamma(t)}(k-c_0)^2\,ds + \lambda_1 L(\Gamma(t)) + \lambda_2 A(\Gamma(t))$$
$$= W(\Gamma(t)) + \left(\lambda_1 + \frac{c_0^2}{2}\right)L(\Gamma(t)) + \lambda_2 A(\Gamma(t)) - 2\pi c_0$$

を時間で微分して，

$$V = -\delta H(\Gamma), \quad \delta H(\Gamma) = \delta W(\Gamma) + \left(\lambda_1 + \frac{c_0^2}{2}\right)k + \lambda_2 \tag{5.11}$$

を得る（$\delta H$ は $H$ の第 1 変分 (§2.10)）．ここで，$\lambda_1$ と $\lambda_2$ は，曲率 $k$ が定数，すなわち $\Gamma(t)$ が円でない限り，$\dot{L}(t) = \dot{A}(t) = 0$ から，次のように決められる．

$$\begin{pmatrix} \lambda_1 + c_0^2/2 \\ \lambda_2 \end{pmatrix} = \frac{1}{\langle k\rangle^2 - \langle k^2\rangle}\begin{pmatrix} 1 & -\langle k\rangle \\ -\langle k\rangle & \langle k^2\rangle \end{pmatrix}\begin{pmatrix} \langle k\delta W(\Gamma)\rangle \\ \langle \delta W(\Gamma)\rangle \end{pmatrix}. \tag{5.12}$$

ここで，$\langle k\rangle = 2\pi/L$ は曲率 $k$ の平均である．

(5.11) をヘルフリッヒ (**Helfrich**) 流方程式と呼び，赤血球の形状に関連したモデルとして知られている．詳細は，例えば [91] とその参考文献を見よ．(5.12) から (5.11) の $\delta H(\Gamma)$ は $c_0$ に依存しないことがわかるので，ヘルフリッヒ流方程式 $V = -\delta H(\Gamma)$ は，**面積・周長保存ウィルモア流方程式に他ならない**（§5.11 を参照）．また，形状最適化問題に関係している [94]．

## 5.9 等周比の勾配流

$\Gamma$ 上の関数 $a, b$ に対して，(2.15)$_{\text{p.56}}$ のように $L^2$ 内積 $(a, b)$ を定めたが，重みを付けて，

$$(a, b)' = \frac{L}{2\pi A}\int_\Gamma a(u)b(u)\,ds$$

のように内積を定める．このとき，この内積 $(\cdot, \cdot)'$ について，等周比 $I(\Gamma) = \dfrac{L(\Gamma)^2}{4\pi A(\Gamma)}$ の勾配流方程式は，

$$V = \frac{L}{2A} - k \tag{5.13}$$

となる．このとき，面積の時間変化は，

$$\dot{A}(t) \geq 0 \tag{5.14}$$

を満たす．

**問 5.11** 等周比の勾配流方程式 (5.13) と面積増加 (5.14) を示せ．

等周比 $I(t) = \dfrac{L(t)^2}{4\pi A(t)}$ は減少し，分母の面積 $A(t)$ は増加することがわかった．このとき，周長 $L(t)$ は増加するのか減少するのか．もし，分子の周長 $L(t)$ が減少するならば，当然，等周比 $I(t)$ が減少することに矛盾しないが，一方，可能性として，周長 $L$ が増加しても面積 $A$ の増加に比べて緩慢であるならば，やはり等周比 $I$ が減少することに矛盾しない．このことは，$\dot{L}(t)$ の式からはすぐには判定できない．しかし，解曲線 $\Gamma(t)$ が凸ならば，ゲージの不等式 (3.8)$_{\text{p.68}}$ から，

$$\dot{L}(t) \leq 0 \tag{5.15}$$

が成り立つことはすぐにわかる．

**問 5.12** これを示せ．

したがって，解曲線が凸性を保存すれば，(5.15) から周長は減少することがわかる．凸性の保存の証明は，古典的面積保存曲率流方程式に対するそれと全く同様に証明できるので，問としておこう．

**問 5.13** 問 5.5（105 ページ）に習って，(5.13) に従う解曲線の曲率 $k$ は，初期値が正ならば時間が経過しても正であり続けることを示せ．

以上をまとめると下記の命題を得る．

**命題 5.3**（Ševčovič & Yazaki [157]） 法線速度 (5.13) は等周比の勾配流である．この解曲線は凸性を保存し，面積は非減少である．さらに，凸曲線に対しては，周長は非増加である．

この命題より，時間の経過とともに，等周比は 1 に収束するであろうことが予想されるが，実際，凸曲線の場合は，時間無限大で，凸曲線は等周比が 1 の曲線，すなわち円に収束することがわかっている [72]．

## 5.10 異方的等周比の勾配流

前節と同様に (4.7)${}_{\text{p.86}}$ で定義した異方的等周比 $I_\sigma(\Gamma) = \dfrac{L_\sigma(\Gamma)^2}{4|W_\sigma|A(\Gamma)}$ の勾配流を導出しよう．まず，前節で内積 $(\cdot,\cdot)'$ を定めたように，$\Gamma$ 上の関数 $a, b$ に対して，

$$(a,b)'' = \frac{L_\sigma}{2|W_\sigma|A} \int_\Gamma a(u)b(u)\, ds$$

のように内積を定める．このとき，この内積 $(\cdot,\cdot)''$ について，異方的等周比 $I_\sigma(\Gamma) = \dfrac{L_\sigma(\Gamma)^2}{4|W_\sigma|A(\Gamma)}$ の勾配流方程式

$$V = \frac{L_\sigma}{2A} - k_\sigma \tag{5.16}$$

となる．

**問 5.14** これを示せ．

問 4.8 (86 ページ) や注 4.9 (98 ページ) で述べたように，$I_\sigma(\Gamma) \geq 1$ が成り立ち，特に，$I_\sigma(\partial W_\sigma) = 1$ である．異方的等周比 $I_\sigma$ の勾配流方程式 (5.16) において，$V \not\equiv 0$ のとき，$\dfrac{d}{dt} I_\sigma(\Gamma(t)) < 0$ を満たす．

**問 5.15** 曲線 $\Gamma$ 上で，等式 $V \equiv 0$ が成り立つのは，$\Gamma \propto \partial W_\sigma$ のとき，すなわち $\Gamma$ が $\partial W_\sigma$ に相似なときであり，またそのときに限ることを示せ．

異方的等周比の勾配流は，等周比の勾配流と似て非なる勾配流で，実際，対照的な性質をもっている．例えば，命題 5.3 でみたように，等周比の勾配流のもとでは面積は非減少であったが，異方的等周比の勾配流のもとでは，面積が減少するような初期曲線を構成することができる．詳しくは [158] を参照せよ．

## 5.11 自明でない接線速度の効果 1 — 局所長保存流

§2.7 の (2.3)${}_{\text{p.47}}$ で示したように，局所長 $g = |\partial_u \boldsymbol{x}(u,t)|$ の時間微分は，

$$\partial_t g = (kV + \partial_s \alpha)g, \quad g\partial_s \alpha = \partial_u \alpha$$

であった．

局所長保存流方程式は，接線速度 $\alpha$ が，

$$\partial_s \alpha = -kV \tag{5.17}$$

を満たすときに現れる．このとき，$\partial_t g = 0$ であるから，$g(u,t) \equiv g(u,0)$ が成り立つ．よって，(2.8)$_{\text{p.48}}$ から，

$$L(t) = \int_{\Gamma(t)} ds = \int_0^1 g(u,t)\, du = \int_0^1 g(u,0)\, du = \int_{\Gamma(0)} ds = L(0)$$

となって，$\Gamma(t)$ が閉曲線であっても開曲線であっても，また，法線速度 $V$ が特定のものでなくても，その周長（開曲線の場合は全長）が保存されることがわかる．同じように周長を保存する曲率流として，周長保存曲率流 (§5.7) や面積・周長保存曲率流としてヘルフリッヒ流 (§5.8) を前述したが，これらにおいて，接線速度は規定されていなかったことに注意されたい．

### 面積・局所長保存ウィルモア流と面積・周長保存ウィルモア流

局所長を保存するならば周長も保存することは，上でみたとおりであるが，明らかに逆は真ではない．しかし，何らかの関係はあるのだろうか．ウィルモア流 (§5.6) に関して言えば，次のような研究がなされている．

面積・局所長保存ウィルモア流方程式は，

(1)　　$V = \langle \delta W(\Gamma) \rangle - \delta W(\Gamma), \quad \partial_s \alpha = -kV$

であり [138]．一方，面積・周長保存ウィルモア流方程式は，

(2)　　$V = -\delta W(\Gamma) - \lambda_1 k - \lambda_2$

である（$\lambda_1$ と $\lambda_2$ は (5.12)$_{\text{p.115}}$ において $c_0 = 0$ としたもの）．§5.8 でみたように，$\delta H(\Gamma)$ は $c_0$ に無関係だったから，方程式 (2) は (5.11)$_{\text{p.115}}$ のヘルフリッヒ流方程式 $V = -\delta H(\Gamma)$ に他ならない．方程式 (1) と (2) は異なるが，類似の系統である．実際，各方程式の局所長を線形補間して統合することもできる [119]．

### modified KdV 方程式

その他の面積・全長保存流は次のように人工的に作ることができる．まず，$g(u,0) \equiv L_0$ を仮定しよう．全長保存流のもとでは，$g(u,t) \equiv L_0$ であるから，

$\partial_s \mathsf{F}(u,t) = g(u,t)^{-1}\partial_u \mathsf{F}(u,t)$ より，$\partial_s = L_0^{-1}\partial_u$ が成り立つ．局所長一定のもと，方程式 $V = 2\mu\partial_s k$, $\alpha = \mu k^2$ という形のものを考えてみよう．このとき，面積は保存し，(2.4)$_{\mathrm{p.47}}$, (2.6)$_{\mathrm{p.48}}$ から，曲率の時間発展方程式

$$\partial_t k - \frac{3\mu}{L_0}k^2\partial_u k - \frac{2\mu}{L_0^3}\partial_u^3 k = 0$$

を得る．特に，$\mu = -\dfrac{L_0^3}{2}$, $L_0 = 2$ のとき，

$$\partial_t k + 6k^2\partial_u k + \partial_u^3 k = 0$$

となって，**modified Korteweg-de Vries (KdV)** 方程式が形式的に得られる．

## 5.12　自明でない接線速度の効果2 ── 相対的局所長保存流と一様配置法

相対的局所長を

$$\mathsf{r}(u,t) = \frac{g(u,t)}{L(t)} \tag{5.18}$$

のように定義したとき，これを保存する**相対的局所長保存流**も，特に数値計算の観点から面白く，有用である．相対的局所長保存流方程式は，接線速度が

$$\partial_s \alpha = \langle kV \rangle - kV \tag{5.19}$$

を満たすものとして定式化される．局所長保存流 (5.17) との違いは，$kV$ の平均 $\langle kV \rangle = \dfrac{1}{L}\displaystyle\int_\Gamma kV\,ds$ の効果が挿入されていることである．

**問 5.16**　(5.19) を，すべての $u$ に対して，$\partial_t \mathsf{r} = 0$ を満たすこと，および (2.3)$_{\mathrm{p.47}}$ と (2.10)$_{\mathrm{p.49}}$ を使って導け．(2.10)$_{\mathrm{p.49}}$ の代わりに，(2.9)$_{\mathrm{p.48}}$ と仮定 $[\alpha]_0^1 = 0$ を用いてもよい．

数値計算，特に直接表現によるアプローチにおいては，滑らかな曲線は折れ線で近似され，各頂点は時々刻々と運動する．よって，頂点の配置が，数値的な安定性において重要な役割を果たす．相対的局所長保存流方程式 (5.19) のもとで

は，もし，初期状態で $r(u,0) \equiv 1$ ならば，

$$r(u,t) = \frac{g(u,t)}{L(t)} \equiv 1 \tag{5.20}$$

が各時刻 $t$ と任意の $u$ について成り立つ．これは，曲線に沿った分点の一様配置に対応しているのだが，なぜだろうか．

その理由をみるために，パラメータ $u$ のサンプル点を $u_i = i/N$ ($i = 0, 1, \cdots, N-1$) のようにとろう．このとき，分点 $\boldsymbol{x}(u_i, t)$ と $\boldsymbol{x}(u_{i+1}, t)$ の間の弧長が，ちょうど周長 $L$ の $1/N$ 倍であれば，曲線に沿った分点が一様に配置されていることになる．すなわち，

$$s(u_{i+1}, t) - s(u_i, t) = \int_{u_i}^{u_{i+1}} g(u,t)\, du = \frac{L(t)}{N}$$

となっていればよいが，これは，(5.20) が成立していればつねに成り立つ．したがって，初期分点が一様に配置されている，すなわち $r(u,0) \equiv 1$ を満たしていれば，相対的局所長保存流 (5.19) のもとで，分点は曲線上に一様配置され続ける．このことは，分点の集中を避けるため，安定な数値計算を提供する．このように，曲線上の有限個の分点を曲線に沿って等間隔に配置する方法を**一様配置法**と呼ぶ．

§8.6 では，一様配置法を一般化した「曲率調整型配置法」の考え方を紹介する．

**問 5.17** 曲線短縮方程式 $V = -k$ に対して，局所長保存流 (5.17)$_{\text{p.118}}$ の接線速度を適用したとき，隣り合う分点間の相対的弧長

$$\frac{s(u_{i+1}, t) - s(u_i, t)}{L(t)}$$

は，時間とともに単調増加することを示せ．

# 第III部

# 発展編

# 第6章

# さまざまな界面現象にみられる移動境界問題1

　界面とは，相異なる物質や相異なる相（気相，液相，固相），あるいは水と油のように同じ液相でも非混和な相異なる二つの相の境目のことをいい，時々刻々と変形・移動する界面の運動を記述する問題を移動境界問題と呼んだ (§2.1)．また，野球場のスタンディングウェーブのように，物質も相も同じだが，状態が変化する境界線に注目して，その時間変化を追跡する問題も一種の移動境界問題といえる．本章では，気液や液液界面現象と液相上で観察されるらせん運動を紹介する．

## 6.1　気液／液液界面現象 —— ヘレ・ショウ問題

　図 6.1 のように，2 枚の平行板を近接して設置し，その隙間に粘性流体を流し込む．粘性流体がサラダ油の場合，図 0.5 (5ページ) のように変形運動した．このような実験装置を発明者 Henry Selby Hele-Shaw の名前にちなんで，ヘレ・ショウ (Hele-Shaw) セル (cell) と呼ぶ[1]．液体が空気で囲まれた状態であるので，その界面（表面）は気液界面である．液体に異なる液体を注入する実験もよく知られており，そのとき液液界面現象が観察されるが，それについては割愛する．さまざまなヴァリエーションも含めた，ヘレ・ショウ問題全般については，Gustafsson & Vasil'ev [55] を参考にするとよい．

　以降，ヘレ・ショウセル中の非圧縮粘性流体の運動を近似的に記述した方程式系を導いていく．

---

[1] Henry Selby Hele-Shaw, 1854–1941 [英]．論文 [57] が契機となって，ヘレ・ショウ問題がはじまった．ヘレ・ショウセルにより，流体の流線が綺麗に視覚化された [98, p.77, p.86][57]．

# 6.1 気液／液液界面現象 — ヘレ・ショウ問題

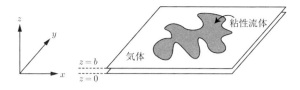

**図 6.1** ヘレ・ショウセル

今，重力などの外力の影響はないとすると，粘性流体の運動方程式は，

$$\partial_t \bm{v} + (\bm{v} \cdot \nabla)\bm{v} = -\frac{1}{\rho}\nabla p + \frac{\mu}{\rho}\triangle \bm{v} \tag{6.1}$$

と与えられる．ここで，

$$\bm{v} = \begin{pmatrix} u(x,y,z,t) \\ v(x,y,z,t) \\ w(x,y,z,t) \end{pmatrix}, \quad p = p(x,y,z,t)$$

は，それぞれ流体の 3 次元速度ベクトルと流体の圧力で，双方とも求めるべき未知関数である．また，$\mu$ は粘度，$\rho$ は密度で，それぞれ定数とする．微分演算子 $\nabla$ と $\triangle$ はそれぞれ 3 次元における勾配とラプラシアン (Laplacian) で，

$$\nabla = \begin{pmatrix} \partial_x \\ \partial_y \\ \partial_z \end{pmatrix}, \quad \triangle = \partial_x^2 + \partial_y^2 + \partial_z^2, \quad \partial_x = \frac{\partial}{\partial x}, \quad \partial_y = \frac{\partial}{\partial y}, \quad \partial_z = \frac{\partial}{\partial z}$$

である．方程式 (6.1) はナヴィエ-ストークス方程式 (Navier-Stokes equations) と呼ばれ，粘性流体の基礎方程式としてよく知られている．（名前の由来については，例えば，岡本 [140] を参照されたい．）

以下，いくつか仮定をおいて，ヘレ・ショウセル中の非圧縮粘性流体運動のモデルを構成する．

まず，流体の速度は極めて遅く，流体運動は定常的であると仮定する．すなわち，定常的な流れに対するいわゆるストークス (Stokes) 近似として，

(A1)　$\partial_t \bm{v} \equiv \bm{0}, \quad (\bm{v} \cdot \nabla)\bm{v} \equiv \bm{0}$

とすると，ナヴィエ-ストークス方程式の左辺を無視して，両辺に $\rho$ を掛けて，

$$\bm{0} = -\nabla p + \mu \triangle \bm{v}$$

を得る．

さらに流体は鉛直 $z$ 方向には動かない，すなわち

(A2) $\quad w \equiv 0$

と仮定すると，

$$\nabla p = \begin{pmatrix} \partial_x p \\ \partial_y p \\ \partial_z p \end{pmatrix} = \mu \triangle \boldsymbol{v}, \quad \boldsymbol{v} = \begin{pmatrix} u \\ v \\ 0 \end{pmatrix}$$

となる．これより，$p$ は $z$ の関数ではなく，$p = p(x, y, t)$ と書けることがわかる．

次に，平行板に接している流体はそこで粘着していて（粘着条件），図 6.2 のように，$u$ と $v$ の各点 $(x, y, t)$ における $z$ 方向のグラフの形状が放物線であると仮定する．

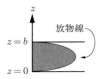

図 6.2　$u$ や $v$ の $z$ 方向のグラフの形状が放物線であるとの仮定

すなわち，$u$ と $v$ は $z$ 変数のみを分離した形で

(A3) $\quad \begin{cases} u(x, y, z, t) = \varphi(x, y, t) z(z - b) \\ v(x, y, z, t) = \psi(x, y, t) z(z - b) \end{cases}$

と表現できることを仮定する．

**注 6.1**　この仮定は少々唐突だが，後にみるように $\triangle u$ において，$\partial_x^2 u, \partial_y^2 u$ の項を無視して，$\partial_z^2 u$ が支配的であるとする仮定に等しくなる．あるいは，$u(x, y, z, t) = \varphi(x, y, t) f(z)$ のように変数分離形を考え，$z = b/2$ で対称な $f$ として，$f(z) = a_0 + a_1(z - b/2)^2 + O((z - b_2)^4)$ を仮定して，$f(0) = f(b) = a_0 + a_1(b/2)^2 + O(b^4)$ と $b$ が小さいことから，$a_0 + a_1(b/2)^2 = 0$ を仮定すると，$f(z) = a_1 z(z - b)$ を得る，と考えてもよいだろう．

これより，$\triangle$ を（3次元と同じ記号を用いて）2次元のラプラシアン

## 6.1 気液／液液界面現象 — ヘレ・ショウ問題

$$\triangle = \partial_x^2 + \partial_y^2$$

と定義すると，

$$\partial_x p = \mu \left( z(z-b) \triangle \varphi + 2\varphi \right)$$

$$\partial_y p = \mu \left( z(z-b) \triangle \psi + 2\psi \right)$$

となるが，$p = p(x, y, t)$ である（$p$ は $z$ の関数ではない）ので，

$$\triangle \varphi = 0, \quad \triangle \psi = 0$$

である．よって，

$$\triangle u = 0, \quad \triangle v = 0$$

となるから，

$$\partial_x p = \mu \partial_z^2 u = 2\mu \varphi = \frac{2\mu}{z(z-b)} u$$

$$\partial_y p = \mu \partial_z^2 v = 2\mu \psi = \frac{2\mu}{z(z-b)} v$$

を得る．この導出は，「$u, v$ の $x, y$ についての変化の割合を $z$ についての変化の割合に比べて無視 [99, p.126]」したことに等しい．したがって，

$$u = \frac{\partial_x p}{2\mu} z(z-b)$$

$$v = \frac{\partial_y p}{2\mu} z(z-b)$$

となる．ここで，$u, v$ の $z$ 方向についての平均をとると，

$$\overline{u} = \frac{1}{b} \int_0^b u \, dz = \frac{\partial_x p}{2\mu b} \left[ \frac{z^3}{3} - \frac{bz^2}{2} \right]_0^b = -\frac{b^2}{12\mu} \partial_x p$$

$$\overline{v} = -\frac{b^2}{12\mu} \partial_y p$$

を得る．

以上より，平均速度 $\overline{u}, \overline{v}$ と圧力 $p$ は，変数 $(x, y, t)$ の関数となる．そこで，2次元の速度ベクトルを

$$\boldsymbol{u} = \begin{pmatrix} \overline{u} \\ \overline{v} \end{pmatrix}$$

と定義すると，2次元における勾配 $\nabla$ を用いて，

$$\boldsymbol{u} = -\frac{b^2}{12\mu}\nabla p, \quad \nabla p = \begin{pmatrix} \partial_x p \\ \partial_y p \end{pmatrix}$$

となり，非圧縮性の条件 $(\mathrm{div}\,\boldsymbol{v} = 0)$ から，

$$0 = \frac{1}{b}\int_0^b \mathrm{div}\,\boldsymbol{v}\,dz = \frac{1}{b}\int_0^b (\partial_x u + \partial_y v + 0)\,dz$$
$$= \partial_x \overline{u} + \partial_y \overline{v} = -\frac{b^2}{12\mu}\triangle p$$

となる．流体領域を $z$ 方向に平均化して，図6.3のように2次元問題に帰着すると，2次元の粘性流体領域 $\Omega$ の内部で，圧力 $p = p(x, y, t)$ が，

$$\triangle p = 0, \quad (x, y)^\mathrm{T} \in \Omega(t), \quad t > 0$$

を満たすことになる．

また，質量保存則から，境界 $\Gamma$ は流体とともに動くので，境界 $\Gamma$ の法線 $\boldsymbol{n}$ 方向の変形速度 $V$ は，

$$V = \boldsymbol{u} \cdot \boldsymbol{n} = -\frac{b^2}{12\mu}\frac{\partial p}{\partial \boldsymbol{n}} \quad \left(\frac{\partial p}{\partial \boldsymbol{n}} = \nabla p \cdot \boldsymbol{n}\right)$$

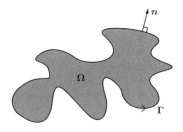

図 **6.3** ヘレ・ショウセル内の粘性流体領域

## 6.1 気液／液液界面現象 — ヘレ・ショウ問題

で与えられる．一方，一般的に境界 $\Gamma = \{\boldsymbol{x}\}$ の法線速度は，(2.1)$_{\mathrm{p.40}}$ より，

$$V = \partial_t \boldsymbol{x} \cdot \boldsymbol{n}$$

である．

境界 $\Gamma$ 上での条件として「ラプラスの関係式」を用いる．一般に，ラプラスの関係式とは，3次元空間内の領域内部と外部の圧力差 $p_\text{内部} - p_\text{外部}$ は，境界が曲面であった場合，境界上の点での平均曲率 $H$ に比例するというもので，内部と外部の圧力差は境界の形状に依存することを表した

$$p_\text{内部}(x,y,z) - p_\text{外部}(x,y,z) = 2\sigma H(x,y,z)$$

という式である（例えば，[140]を参照）．境界が平坦な場合は，圧力差はないということになる．ここで，$\sigma$ は表面張力係数で正の定数である．

今，ヘレ・ショウセル中において，外部の圧力は大気圧（定数）

$$p_\text{外部}(x,y,z) \equiv p_\text{大気圧}$$

で，平均曲率 $H$ は $H = (\tilde{k} + k)/2$ のように二つの主曲率 $\tilde{k}(z), k(x,y)$ の平均として変数分離されているとする．内部圧力と平均曲率の $z \in [0, b]$ 方向の平均をとると，

$$p(x,y) = \frac{1}{b}\int_0^b p_\text{内部}(x,y,z)\,dz$$

$$\frac{1}{b}\int_0^b H(x,y,z)\,dz = \frac{\tilde{k}_c + k(x,y)}{2}, \quad \tilde{k}_c = \frac{1}{b}\int_0^b \tilde{k}(z)\,dz$$

となるから，ラプラスの関係式の $z \in [0, b]$ 方向の平均をとると，

$$p(x,y) - p_\text{大気圧} = \sigma\tilde{k}_c + \sigma k(x,y)$$

を得る．ここで，$p_\text{大気圧}$ や $\sigma\tilde{k}_c$ は定数であるから，$p - p_\text{大気圧} - \sigma\tilde{k}_c$ を改めて $p$ とおいて，境界 $\Gamma$ 上におけるラプラスの関係式として $p = \sigma k$ としても，問題の本質は変わらない．

以上をまとめると，次のような方程式系を得る．

$$\begin{cases} \triangle p = 0, & \boldsymbol{x} \in \Omega(t), \quad t > 0 \\ p = \sigma k, & \boldsymbol{x} \in \Gamma(t), \quad t > 0 \\ V = -\dfrac{b^2}{12\mu}\dfrac{\partial p}{\partial \boldsymbol{n}}, & \boldsymbol{x} \in \Gamma(t), \quad t > 0 \end{cases} \tag{6.2}$$

この問題を**ヘレ・ショウ問題**，詳しくは1相内部ヘレ・ショウ問題と呼ぶ．

1相内部ヘレ・ショウ問題 (6.2) の解は，次の三つの顕著な性質をもつ．

(1) 曲線短縮性：$\dot{L}(t) \leq 0$

(2) 面積保存性：$\dot{A}(t) = 0$

(3) 重心不動性：$\dot{\bm{c}}(t) = \bm{0}$

**問 6.1** 上の三つの性質を示せ．

図 6.4 は，基本解近似解法（代用電荷法）と離散版一様配置法（§8.3）を用いた (6.2) の数値計算である [148, 149]．簡易実験（図 0.5（5ページ））もそうであったように，時間の経過とともに円に収束していき，内部圧力が定数になっていく様子（等圧線が消えていく）が観察される．面積は一定 $(A(t) = A(0))$ であるから，

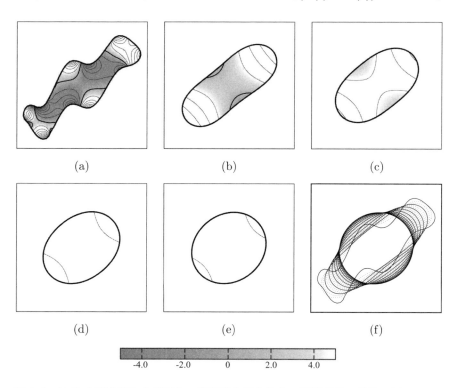

**図 6.4** (6.2) の解曲線と内部圧力の等圧線と圧力分布の時間変化の様子．(a) $t=0$, (b) $t=0.18$, (c) $t=0.36$, (d) $t=0.54$, (e) $t=0.72$, (f) $t=0 \sim 0.90$

曲率は面積が $A(0)$ の円の半径の逆数に, すなわち, 内部圧力は定数 $\sigma\sqrt{\dfrac{\pi}{A(0)}}$ に収束していく.

### 6.1.1 隙間が時間に依存する場合

ヘレ・ショウ問題の変形バージョンで, 平行板の下の板を固定し, 上の板を動かすことも考えられる [159]. 平行板間の距離を $b(t)$ とすると, 上の板を動かす速度は $\dot{b}(t)$ となる (図 6.5).

ヘレ・ショウ問題導出の議論では流体は鉛直方向には動かないと仮定したが, 今度は, 3次元の速度ベクトル

$$\boldsymbol{v} = \begin{pmatrix} u \\ v \\ w \end{pmatrix}$$

の第3成分 $w$ が $z$ についての1次関数 $w = \lambda(t)z + \eta(t)$ であると仮定する. こうしておいても,

$$\partial_z p = \mu \triangle w = 0$$

となるので, $p$ は $z$ の関数ではないという仮定を課すことができる. また, $z = 0$ のとき, 流体は板に粘着しており, 板は動かないので $w = 0$, すなわち $\eta(t) = 0$ である. そして, $z = b(t)$ のとき, 板に粘着している流体は板とともに動くので, $w = \dot{b}(t)$, すなわち $\lambda(t) = \dot{b}(t)/b(t)$ である. よって,

$$w = \frac{\dot{b}(t)}{b(t)} z$$

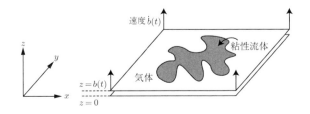

図 **6.5** ヘレ・ショウセルの隙間を広げる

を流体速度の第3成分と仮定する．すると，$u, v$ については上と同じ議論であるが，非圧縮性条件からの寄与のところが，

$$0 = \frac{1}{b(t)} \int_0^{b(t)} \mathrm{div}\, \boldsymbol{v}\, dz = \frac{1}{b(t)} \int_0^{b(t)} (\partial_x u + \partial_y v + \partial_z w)\, dz$$
$$= \partial_x \overline{u} + \partial_y \overline{v} + \frac{\dot{b}(t)}{b(t)} = -\frac{b(t)^2}{12\mu}(\partial_x^2 p + \partial_y^2 p) + \frac{\dot{b}(t)}{b(t)}$$

となる[2]．

$$\triangle p = 12\mu \frac{\dot{b}(t)}{b(t)^3}$$

を得る．

以上をまとめて，

$$\begin{cases} \triangle p = 12\mu \dfrac{\dot{b}(t)}{b(t)^3}, & \boldsymbol{x} \in \Omega(t),\quad t > 0 \\ p = \sigma\kappa, & \boldsymbol{x} \in \Gamma(t),\quad t > 0 \\ V = -\dfrac{b(t)^2}{12\mu}\dfrac{\partial p}{\partial \boldsymbol{n}}, & \boldsymbol{x} \in \Gamma(t),\quad t > 0 \end{cases} \quad (6.3)$$

という移動境界問題を得る [159]．もちろん，平行板の隙間が固定されている場合，$\dot{b}(t) = 0$ であるので，この問題は古典的ヘレ・ショウ問題 (6.2)$_{\mathrm{p.127}}$ に他ならない．

時間に依存した隙間をもつヘレ・ショウ問題 (6.3) の解は，次の二つの顕著な性質をもつ．

(1) 体積保存性：$\dfrac{d}{dt}(A(t)b(t)) = 0$

(2) 重心不動性：$\dot{\boldsymbol{c}}(t) = \boldsymbol{0}$

**問 6.2** 上の二つの性質を示せ．また，周長変化 $\dot{L}(t)$ についても調べよ．

---

[2] 論文 [159] では $w$ についての1次関数の仮定をせずに，ヘレ・ショウ問題を導出しておいてから，速度の第3成分「$w$ をちょっと復活させて」上の積分を計算しているためである．しかし，上述したように $w$ についての1次関数の仮定をしていると言った方が，見通しがよいと思われるので，ここではそのような仮定をあえて明示した．

図 6.7 (a)〜(e) は，初期曲線を図 6.6 (a) とし，境界要素法（一定要素．[167] 参照）と曲率調整型配置法（§8.6）を組み合わせた近似解法 [187] を用いて，(6.3) を数値計算したときの時間発展図である．図 6.7 (f) は，それらを含むいくつかの解曲線をまとめて描いた図である．図 6.6 (b), (c) において，接線速度を利用した場合と全く利用しなかった場合の数値計算図を比較したが，利用しなかった場合（$\alpha = 0$ のとき）は，分点の集中が過度に起こり，すぐに数値計算が破綻する様子がわかる．接線速度を利用しないと，多くの場合，このようにすぐに破綻する．

**注 6.2** 図 0.5 (5 ページ) は，実験 0.1 (4 ページ) において，反発が収まり，ほぼ平行板になったと思われる時点からの写真である．したがって，古典的ヘレ・ショウ問題 (6.2)$_{\text{p.127}}$ の設定に近い実験となっているだろう．絵の具の場合は，最終形状が図 0.6 (6 ページ) になった．

### 6.1.2 縦置きヘレ・ショウセル中を浮上する気泡

1 相内部ヘレ・ショウ問題 (6.2)$_{\text{p.127}}$ は，気相中の有界領域を満たす液体の運動であり，気液界面がその移動境界であった．気相と液相の役割を逆にすると，液体中の気泡の運動ということになる．ヘレ・ショウセル（図 6.1 (123 ページ)）を縦置きして，下から気泡を浮上させる（図 6.8 (133 ページ)）．

このとき，泡の挙動はどうなるのだろうか．レオナルド・ダ・ヴィンチは，3 次元水中を上昇する単一の気泡が，らせん状，あるいはジグザグ状に動きながら上昇することを指摘し，それをスケッチした人物として知られている（図 6.9 (133 ページ)）．これは数ミリ程度の気泡で，直線状ではなく，らせん状に浮上していくことを指摘した最初の科学的報告と言われている [136, Appendix B].

泡の動く範囲を縦置きヘレ・ショウセル（図 6.8 (133 ページ)）中の液体に制限したとしても，図 6.10 (133 ページ) のように，泡のサイズによって，さまざまな挙動が観察される．

図 6.10 (133 ページ) を実現した実験概要を明記しておこう（三重大学・川口正美研究室における実験．詳しくは，論文 [50, 132, 75] を参照）：縦置きヘレ・ショウセル（図 6.8 (133 ページ)）の平行板として平面精度の非常に高いアクリルを使用．隙間距離を $h = 0.1$cm，アクリル板の幅と高さをそれぞれ 5.0cm, 25.0cm とし，左右側面と底面は接着，天井は蓋をせず開けておく．底の中央に小さな穴を開け，空気の注入口とする．この装置を等温装置の中に設置する．図 6.10 (133 ページ)

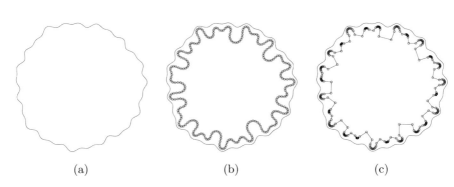

**図 6.6** (a) 初期曲線, (b) 曲率調整型配置法 (§8.6) を使用した場合, (c) 接線速度を利用しなかった場合 ($\alpha = 0$)

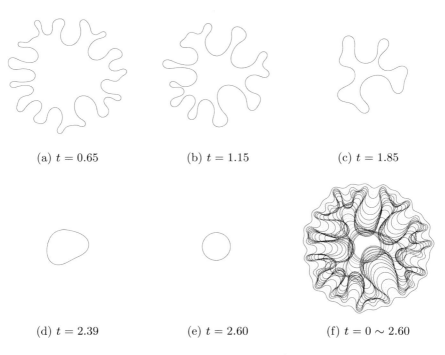

(a) $t = 0.65$      (b) $t = 1.15$      (c) $t = 1.85$

(d) $t = 2.39$      (e) $t = 2.60$      (f) $t = 0 \sim 2.60$

**図 6.7** 表面張力係数 $\sigma = 2 \times 10^{-4}$ の場合

6.1 気液／液液界面現象 — ヘレ・ショウ問題　　133

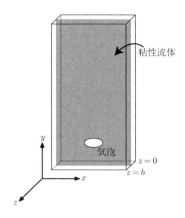

図 6.8　縦置きヘレ・ショウセル中を浮上する気泡

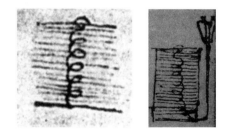

図 6.9　ダ・ヴィンチによるらせん状，あるいはジグザグ状に上昇する泡のスケッチ．[136] から引用

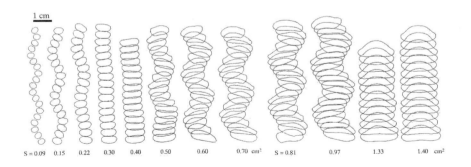

図 6.10　泡のサイズ（泡の面積 $S$）に応じて，ほぼ一定の形状で，振動上昇と直線上昇の両方が観察される．[50] から引用．[132, 75] も参照

は，底面の穴より注入された気泡の上昇の様子を CCD カメラにより撮影し，それを画像処理ソフトを用いて描画したものである．

2次元的な泡の挙動ですら，図 6.10 のようにさまざまである．ダ・ヴィンチの観察した3次元的な泡の挙動ならばなおさら多様な挙動を示す．もし，さまざまな状況下における泡の挙動を制御できたならば，その先には広範な医学工学的応用が待ち受けている [102]．

## 6.2 らせん運動

前節で，典型的な気液と液液界面現象について紹介した．本節では，相は同じであるが，状態が異なる二つの領域の境界が時間とともに移動する例をとりあげる．相が同じであるから，境界が移動する理由は，相の転移ではなく，たとえるならば，野球場観客席のスタンディングウェーブのような情報の伝播といえよう．

ベローソフ-ジャボチンスキー反応 (Belousov-Zhabotinsky reaction, BZ 反応) は，興奮領域と非興奮領域との間の境界が，空間的に同心円状，あるいはらせん状の化学反応を形成する．図 0.11（9 ページ）は同心円状の波が，図 6.11 はらせん状の波が形成されたときの写真である．

BZ 反応は複雑な素過程をもつ化学反応であり，そのモデル微分方程式も複雑となるが，それらを簡略化した仮想的な化学反応系のモデルとして，ブラッセレータ (Brusselator) とオレゴネーター (Oregonator) が知られている．本シリーズ『生物リズムと力学系』[90] で前者が，『侵入・伝播と拡散方程式』[134] で後者がそれぞれ紹介されているので参照されたい．ここでは，それらとは異なる曲率流方程式を用いた簡略化モデル方程式を考察する．

平面内の正則単純で有限の長さの開曲線 $\Gamma_0 = \{\boldsymbol{x}_0(u) | u \in [0,1]\}$ を与えたとき，次を満たす曲線 $\Gamma(t) = \{\boldsymbol{x}(u,t) | u \in [0,1]\}$ の族 $\{\Gamma(t)\}_{0 \leq t < T}$ ($T > 0$) を見つける開曲線の時間発展問題を考えよう．

$$\boldsymbol{x} : [0,1] \times [0,T) \ni (u,t) \mapsto \boldsymbol{x}(u,t) \in \mathbb{R}^2,$$

$$|\partial_u \boldsymbol{x}(u,t)| > 0, \quad (u,t) \in [0,1] \times [0,T),$$

$$\Gamma(0) = \Gamma_0.$$

ここで，$\boldsymbol{x}$ の時間発展方程式は，

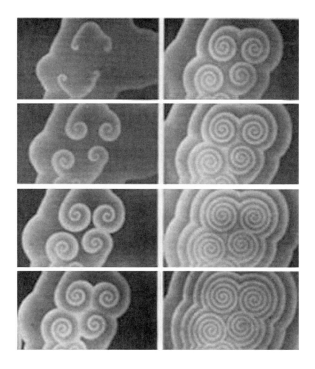

図 6.11 BZ 反応の典型的なパターン．[190] から引用

$$\partial_t \bm{x}(u,t) = V(u,t)\bm{n}(u,t) + \alpha(u,t)\bm{t}(u,t), \quad u \in [0,1], \quad t \in [0,T) \quad (6.4)$$

で，端点 $u = 0, 1$ での条件と，法線速度 $V$ と接線速度 $\alpha$ は後に与える．また，曲線の向きと法線ベクトルと接線ベクトルについては，図 1.5（右）(20 ページ)のように，閉曲線の場合と同じで，パラメータ $u$ の増加する方向を正の方向とし，$\bm{t}$ はその方向，$\bm{n}$ は時計回りに 90 度回転させた方向とする．

### 6.2.1 モデル 1：らせん波の実現

Mikhailov, Davydov and Zykov [113] では，らせん波を平面内の曲線として近似的に捉えて，その運動の法線速度を

$$V = V_c - Dk \quad (6.5)$$

としている．ここで，$V_c$ は直線波の正定数速度，$D$ は拡散に関係した正定数である．さらに，次の仮定をおいている．

**仮定 1** 小さい曲率 $|k|$ をもつ曲線のみ考え，$D|k| \ll V_c$ を仮定する．

**仮定 2** 曲線は内部で伸縮しないとし，$\partial_t s(u,t) = 0$ を仮定する．

この仮定のもとで，曲率の時間発展方程式を導出しよう．まず，曲率 $k$ の時間発展方程式 (2.6)$_{\text{p.48}}$ に，$V = V_c - Dk$ を代入し，さらに仮定 1 から $k^2 V$ を $k^2 V_c$ で近似すると，

$$\partial_t k = D\partial_s^2 k - k^2 V_c + \alpha \partial_s k \tag{6.6}$$

を得る．次に，弧長 $s$ の時間発展方程式 (2.7)$_{\text{p.48}}$ において，仮定 2 を適用し，さらに仮定 1 から $kV$ を $kV_c$ で近似すると，

$$0 = \int_0^s kV_c \, ds + [\alpha]_0^u \tag{6.7}$$

となって，これより，

$$\alpha(u,t) = \alpha(0,t) - \int_0^s kV_c \, ds \tag{6.8}$$

を得る．$\alpha(u,t)$ を (6.6) に代入すれば，

$$\partial_t k + \left( \int_0^s kV_c \, ds - \alpha(0,t) \right) \partial_s k = -k^2 V_c + D\partial_s^2 k \tag{6.9}$$

となる．これが [113] によって提唱された支配方程式であり，しばしば，**キネマティック方程式 (kinematic equation)** と呼ばれる．

加えて同論文では，現象論的考察から，端点での曲率の時間発展を

$$\partial_t k(u,t) = \alpha(u,t)\partial_s k(u,t) \quad (u = 0, 1)$$

とした境界条件を課している（曲線が半無限の場合は，$\lim_{u \to 1-0} k(u,t) = 0$ を課している）．これは (2.6)$_{\text{p.48}}$ において，形式的に $\partial_s^2 V + k^2 V = 0$ とおいたものに等しい．

また，端点における接線速度として，

$$\alpha(1,t) = \gamma(k_c - k(1,t)), \quad \alpha(0,t) = -\gamma(k_c - k(0,t)) \quad (t \geq 0) \tag{6.10}$$

を与えている．ここで，$\gamma$ は曲線の伸縮の強さに関する正定数パラメータ，$k_c$ は曲線の伸縮を制御する臨界曲率 (critical curvature)，また，$k(0,t) = \lim_{u \to +0} k(u,t)$，

$k(1,t) = \lim_{u \to 1-0} k(u,t)$ である. 例えば, $u = 0, 1$ で $k_c > k(u,t)$ ならば, (2.9)${}_{\mathrm{p.48}}$ において $[\alpha]_0^1 > 0$ となるから, 端点での接線速度は曲線が伸びる方向に寄与する.

以上のように, 冒頭で述べたブラッセレータやオレゴネーターのような化学反応過程から意味付けられたモデル方程式と比べると, 曲率流方程式 (6.5)${}_{\mathrm{p.135}}$ はかなり簡略化したモデル方程式である. しかし, そのような簡単な式を用いてらせん波の実現を試み, そして, BZ 反応特有のらせん運動の理解を深めようとした点が論文 [113] の重要な主張の一つである.

### 6.2.2 モデル 2：弧状波のフィードバック安定化

今度は仮定 1 を課さないで近似をしてみよう. (2.7)${}_{\mathrm{p.48}}$ と局所長 $g$ の時間発展方程式 (2.3)${}_{\mathrm{p.47}}$ から仮定 2 と同値な条件は,

$$\partial_t s = 0 \iff \partial_t g = 0 \iff \partial_s \alpha = -kV \tag{6.11}$$

$$\iff \alpha(u,t) = \alpha(0,t) - \int_0^s kV\,ds \tag{6.12}$$

である. (6.12) は, (2.9)${}_{\mathrm{p.48}}$ において $\dot{L}(t) = 0$ としたものに他ならない. (6.12) を仮定して, (2.6)${}_{\mathrm{p.48}}$ に代入すると, 法線速度を (6.5)${}_{\mathrm{p.135}}$ として, キネマティック方程式

$$\partial_t k + \left(\int_0^s kV\,ds - \alpha(0,t)\right)\partial_s k = -k^2 V + D\partial_s^2 k \tag{6.13}$$

を得る.

光感受性 BZ を用いると光の照射強度によって興奮性を制御し, その結果, 伸縮する弧状の化学反応波（弧状波）を作り出すことが知られている [110, 111].

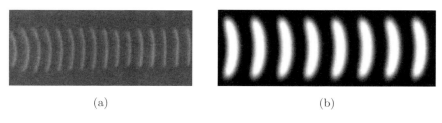

図 **6.12** 弧状波の例. (a) 物理実験, (b) 数値実験. [150] より引用

図 6.12 (a) は物理実験結果で, (b) は反応拡散方程式（オレゴネーターモデル）による数値実験結果である [150]. [150] では, 弧状波に, $u=0$ が自由端で, $u=1$ で折り返しているという対称性を仮定し, そのような弧状波を再現するモデル方程式として, 法線速度

$$V = V_c(\phi) - Dk$$

を用いた (6.13) を採用している. ここで, $\phi$ は光の照射強度で, 弧状波の全長 $2L(t)$ の 1 次関数 $\phi(t) = 2aL(t) + b$ とする. $V_c$ の $\phi$ 依存性は自由端がない場合の直線波から数値計算して求めている. つまり, 全長を一定に保つように, 光の照射強度 $\phi$ を調節するというフィードバックシステムを構成することにより, 弧状波をその形状を保存しながら安定に進行させることができるのである. さらに, 弧状波の対称性から,

$$\partial_s k(1,t) = 0$$

を仮定している.

(6.13) において形式的に $u \to +0$ の極限をとると,

$$\partial_t k = \alpha(0,t)\partial_s k - k^2 V + D\partial_s^2 k$$

となる. 端点は法線方向に動かないこと $(V(0,t) = 0)$ を仮定すれば, 端点における曲率の時間発展方程式として,

$$\partial_t k = \alpha(0,t)\partial_s k + D\partial_s^2 k \tag{6.14}$$

を得る. [150] では, 上のような極限導出や仮定を明記する代わりに, モデリング的考察を経て, (6.14) を導いている.

また, 端点における接線速度として,

$$\alpha(0,t) = -\gamma(k_c - k(0,t)), \quad \alpha(1,t) = 0$$

を仮定している.

**注 6.3** モデル 1 やモデル 2 においては, 接線速度は端点まで込めて連続ではない. すなわち, 一般的には, (6.8)$_{\text{p.136}}$ や (6.12) において, 片側極限 $u \to 1-0$ をとっても, 所定の $\alpha(1,t)$ に収束しない. この点については以下のような解釈は可

**図 6.13** 帯状領域の曲線による近似

能であろう．キネマティック方程式は，元来細い帯状領域であったものを，ある種の極限をとったと考えて，フロントとバックの部分を曲線で近似して得られたものである．そして，先端はフロントとバックのつなぎの部分である（図 6.13）．したがって，先端の動きは曲線の内部の動きと質的に異なる可能性がある．この解釈はモデリングとしては興味深いが数学的正当性を主張するのは簡単ではなさそうである．論文 [52, 133] において，フロント波とバック波の研究がなされているので参照されたい．

次節では，接線速度の端点まで込めた連続性の問題とモデリングの問題を同時に解決したモデル方程式の構築を試みたい．

### 6.2.3 モデル 3：端点まで接線速度が連続であるモデル

最後に紹介するモデルとして，仮定 1 と仮定 2 を両方課さないものを考えよう [142]．開曲線内部 ($0 < u < 1$) における法線速度 $V(u, t)$ は (6.5)$_{\text{p.135}}$ に従うとし，端点 $u = 0, 1$ において，法線速度は 0 であると仮定する．すなわち，

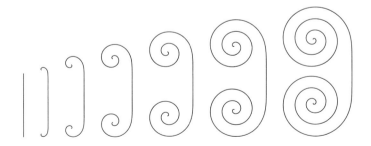

**図 6.14** 線分からのらせん形成．時刻 $t \approx 10m$, $m = 0, 1, 2, \cdots, 6$ における時間発展図（左から右）．初期曲線は長さ $L(0) = 100$ の線分．パラメータは $V_c = D = \gamma = k_c = 1$ で，曲線は $N = 500$ 個の頂点をもつ折れ線で近似した．また，曲率依存型接線速度におけるパラメータは $\omega = 1000$, $\varepsilon = 0.9$ とした．

$$V(0,t) = V(1,t) = 0 \quad (t \geq 0). \tag{6.15}$$

また，端点 $u = 0, 1$ における接線速度 $\alpha$ は，(6.10)$_{\text{p.136}}$ を採用し，開曲線内部 $0 < u < 1$ における接線速度 $\alpha(u,t)$ は端点まで込めて連続となるように後に与える．このとき，初期曲線が線分であっても，曲線はらせん状に渦巻いていく（図 6.14）．

以上の設定は，端点でのゼロ法線速度 (6.15) を要請せず，また，仮定 1 と仮定 2 を課さなければ，モデル 1 と同じである．ただし，次の 2 点が異なる．

(1) 接線速度 $\alpha(u,t)$ $(u \in (0,1))$ は，(6.10)$_{\text{p.136}}$ で与えられる $\alpha(0,t)$ と $\alpha(1,t)$ を滑らかに繋ぐ任意の関数を採用する．これは，$\alpha$ は適当な条件下で自由に与えても，曲線の形状には影響しないこと（命題 8.5（195 ページ））を利用している．

(2) もし (6.15) を要請せずに，端点 $u = 0, 1$ においても (6.5)$_{\text{p.135}}$ が成立するとしたら，厳密解として「伸びる線分解」の例を構成できる．実際，解曲線 $\Gamma$ が線分ならば，曲率 $k$ はいたるところで 0 であり，したがって，$\Gamma$ は線分に直交する法線 $\boldsymbol{n}$ 方向に速度 $V_c$ で移動し，全長 $L(t)$ は時間とともに速度 $2\gamma k_c > 0$ で伸びていくからである（例 6.5，図 6.16（右）(144 ページ））．これは，線分を初期曲線とし，時間発展するとらせん状に変形するような解曲線を得ることができないことを意味する．

**注 6.4** 端点の動きの条件として，法線速度 (6.15) と接線速度 (6.10)$_{\text{p.136}}$ を採用したが，実験を観察すると，端点はぼやけているため，モデルとして妥当であるかは俄には主張できない．端点付近に小さな円があって，その周に沿って端点が回っているという見解も少なくない（論文 [53]，およびその参考文献を参照）．

**◼ 例 6.5** 長さ $L_0 > 0$ の $y$ 軸に平行な線分

$$\boldsymbol{x}_0(u) = \begin{pmatrix} 0 \\ uL_0 \end{pmatrix}, \quad u \in [0,1]$$

を初期曲線とし，$x$ 軸方向 $\boldsymbol{n} = (1,0)^\mathrm{T}$ に一定速度 $V_c$ で移動しながら，$y$ 軸方向 $\boldsymbol{t} = (0,1)^\mathrm{T}$ に $2\gamma k_c$ で伸びていく線分

$$\boldsymbol{x}(u,t) = \boldsymbol{x}_0(u) + t \begin{pmatrix} V_c \\ (2u-1)\gamma k_c \end{pmatrix}, \quad u \in [0,1], \quad t \geq 0$$

は，法線速度が端点まで込めた $u \in [0,1]$ に対して (6.5)$_{\text{p.135}}$ で与えられ，接線速度が

$$\alpha(u,t) = (1-u)\alpha(0,t) + u\alpha(1,t)$$

で，端点 $u = 0, 1$ での接線速度が (6.10)$_{\text{p.136}}$ であるときの時間発展方程式 (6.4)$_{\text{p.135}}$ の解となっている．全長は $L(t) = L_0 + 2\gamma k_c t$ と与えられる．

端点での接線速度さえ変更しなければ，$0 < u < 1$ における接線速度は任意に与えられる．例えば，

$$\alpha(u,t) = (1-u^2)\alpha(0,t) + u^2\alpha(1,t)$$

としても，同じ伸びる線分解 $\boldsymbol{x}(u,t) = \boldsymbol{x}_0(u) + t(V_c, (2u^2-1)\gamma k_c)^{\mathrm{T}}$ が，異なるパラメータ表示によって得られるだけである．

## 開曲線に対する曲率調整型配置法

§8.6 において，閉曲線の場合を詳しく吟味するが，ここでは，端点での接線速度 $\alpha(u,t)$ ($u = 0, 1$) を滑らかに繋ぐ接線速度 $\alpha(u,t)$ ($0 < u < 1$) を提案しよう．$\alpha$ の満たすべき方程式は以下で与える．

$$\partial_s(\varphi\alpha) = -f + \left(\frac{\langle f \rangle}{\langle \varphi \rangle} + \frac{[\varphi\alpha]_0^1}{L\langle \varphi \rangle}\right)\varphi + \left(\frac{L\langle \varphi \rangle}{g} - \varphi\right)\omega. \tag{6.16}$$

ここで，$\langle \mathsf{F} \rangle$ は $\mathsf{F}$ の平均 (5.2)$_{\text{p.103}}$ で，$f = -(\partial_s^2 V)\varphi' + (\varphi - k\varphi')kV$ とおいた．また，$\varphi = \varphi(k)$ は後に定義する曲率 $k$ を変数とする形状関数，$\omega > 0$ は緩和定数である．

**問 6.3** (6.16) を，常微分方程式

$$\partial_t \mathsf{r}_\varphi = (1 - \mathsf{r}_\varphi)\omega$$

から導け．ここで，この常微分方程式は以下の式を時間微分することによって得られる．

$$\mathsf{r}_\varphi(u,t) = \frac{g(u,t)}{L(t)}\frac{\varphi(k(u,t))}{\langle \varphi(\cdot,t)\rangle},$$
$$\mathsf{r}_\varphi(u,t) - 1 = \eta(u)e^{-\omega t}, \quad \int_0^1 \eta(u)\,du = 0.$$

比 $r_\varphi(u,t)$ は，曲率調整型配置法において鍵となる量である．すなわち，曲率の絶対値 $|k|$ の大きさによって頂点の粗密を制御する役目を果たし，$t \to \infty$ のときに 1 に指数的に収束するとする．曲率の関数 $\varphi(k)$ は，曲率の絶対値 $|k|$ を測る形状関数で，例えば，$\varphi(k) \equiv 1$ （一様配置法），$\varphi(k) = |k|$ （クリスタライン配置法）などと与えられる．ここでは，この二つを繋ぐ次の曲率調整型配置法を採用する．

$$\varphi(k) = 1 - \varepsilon + \varepsilon\sqrt{1 - \varepsilon + \varepsilon k^2}, \quad \varepsilon \in (0, 1).$$

$r_\varphi$ の意味や形状関数 $\varphi$ の他の例については，後述の§8.6 と§8.7 を参照せよ．

(6.16) を，$[0, s]$ $(s = s(u,t))$ で積分すると，

$$\varphi(k(u,t))\alpha(u,t) - \varphi(k(0,t))\alpha(0,t)$$
$$= -\int_0^s f\,ds + \left(\frac{\langle f \rangle}{\langle \varphi \rangle} + \frac{[\varphi\alpha]_0^1}{L\langle \varphi \rangle}\right)\int_0^s \varphi\,ds + \left(L\langle \varphi \rangle \int_0^u du - \int_0^s \varphi\,ds\right)\omega$$

を得る．これより，与えられた端点での接線速度 $\alpha(u,t)$ $(u = 0, 1)$ に対して，$\alpha(u,t)$ $(u \in (0, 1))$ が一意に定まる．実際，極限 $\lim_{u \to 1-0}$ をとると，両辺とも $[\varphi\alpha]_0^1$ に収束する．こうして得られる $\alpha(u,t)$ を (2.6)$_{\mathrm{p.48}}$ に代入して，キネマティック方程式を得る．

**問 6.4** (6.16) において，$\varphi \equiv 1$ と $\omega = 0$ を仮定する．このとき，(2.9)$_{\mathrm{p.48}}$ を用いて，開曲線に対する相対的局所長保存流方程式 (§5.12)

$$\alpha(u,t) = \alpha(0,t) + s(u,t)\frac{d}{dt}\log L(t) - \int_0^{s(u,t)} k(\xi)V(\xi)\xi \tag{6.17}$$

を得ることを示せ．

**注 6.6** (6.8)$_{\mathrm{p.136}}$ や (6.12)$_{\mathrm{p.137}}$ とは対照的に，(6.17) は右辺第 2 項をもっている．また，弧長は $s(u,t) = uL(t)$ に他ならないことに注意せよ．

## ルンゲ-クッタ-メルソン法

直接法で (6.4)$_{\mathrm{p.135}}$ を数値計算する場合，図 6.15 のように，曲線は折れ線で近似される (§8.1)．

(6.4)$_{\mathrm{p.135}}$ において，法線速度 $V$ も接線速度 $\alpha$ も，とどのつまり $\boldsymbol{x}$ の関数として表現できるから，折れ線の第 $i$ 頂点 $\boldsymbol{x}_i$ の速度も，すべての頂点の集合 $\{\boldsymbol{x}_i\}_{i=0}^N$

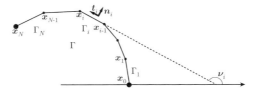

図 **6.15** $N$ 辺の開折れ線

の情報から算出される (§8.4). したがって,(6.4)$_{\text{p.135}}$ を空間離散化した,解くべき時間発展方程式は,

$$\dot{\boldsymbol{x}}(t) = \boldsymbol{F}(\boldsymbol{x}(t)), \quad \begin{cases} \boldsymbol{x}(t) = (\boldsymbol{x}_0(t), \cdots, \boldsymbol{x}_N(t)) \in \mathbb{R}^{2\times(N+1)} \\ \boldsymbol{F} = (\boldsymbol{F}_0, \cdots, \boldsymbol{F}_N) : \mathbb{R}^{2\times(N+1)} \to \mathbb{R}^{2\times(N+1)}; \boldsymbol{x} \mapsto \boldsymbol{F}(\boldsymbol{x}) \end{cases}$$

の形で書き表すことができる.与えられた $\boldsymbol{x}^0 = \boldsymbol{x}(0)$ に対して,この常微分方程式系を解くルンゲ-クッタ-メルソン法 (Runge-Kutta-Merson method) を紹介しよう.これは,古典的なルンゲ-クッタ法 (Runge-Kutta method) において,時間ステップを可変にしたものといってよい.

(1) **put** $j = 0$ and $\tau_j > 0$ at $t_j = 0$

(2) **put** $\tau = \tau_j$ and the tolerance $E_0$ at the $j$-th step

(3) **calculate** the error $E$ as follows:

$$\boldsymbol{k}_1 = \tau \boldsymbol{F}(\boldsymbol{x}^j), \qquad\qquad \boldsymbol{k}_1 = (\boldsymbol{k}_{10}, \boldsymbol{k}_{11}, \cdots, \boldsymbol{k}_{1N})$$

$$\boldsymbol{k}_2 = \tau \boldsymbol{F}(\boldsymbol{x}^j + \boldsymbol{k}_1/3), \qquad\qquad \boldsymbol{k}_2 = (\boldsymbol{k}_{20}, \boldsymbol{k}_{21}, \cdots, \boldsymbol{k}_{2N})$$

$$\boldsymbol{k}_3 = \tau \boldsymbol{F}(\boldsymbol{x}^j + (\boldsymbol{k}_1 + \boldsymbol{k}_2)/6), \qquad \boldsymbol{k}_3 = (\boldsymbol{k}_{30}, \boldsymbol{k}_{31}, \cdots, \boldsymbol{k}_{3N})$$

$$\boldsymbol{k}_4 = \tau \boldsymbol{F}(\boldsymbol{x}^j + (\boldsymbol{k}_1 + 3\boldsymbol{k}_3)/8), \qquad \boldsymbol{k}_4 = (\boldsymbol{k}_{40}, \boldsymbol{k}_{41}, \cdots, \boldsymbol{k}_{4N})$$

$$\boldsymbol{k}_5 = \tau \boldsymbol{F}(\boldsymbol{x}^j + (\boldsymbol{k}_1 - 3\boldsymbol{k}_3 + 4\boldsymbol{k}_4)/2), \quad \boldsymbol{k}_5 = (\boldsymbol{k}_{50}, \boldsymbol{k}_{51}, \cdots, \boldsymbol{k}_{5N})$$

$$E = \max_{0 \le i \le N;\ q=1,2} \frac{|2k_{1i,q} - 9k_{3i,q} + 8k_{4i,q} - k_{5i,q}|}{30},$$

where $\boldsymbol{k}_{pi} = (k_{pi,1}, k_{pi,2})^{\mathrm{T}}$ for $p = 1, 2, \cdots, 5$ and $i = 0, 2, \cdots, N$

(4) **if** $E < E_0$, **then**

$$t_{j+1} = t_j + \tau_j, \quad \boldsymbol{x}^{j+1} = \boldsymbol{x}^j + \frac{1}{6}(\boldsymbol{k}_1 + 4\boldsymbol{k}_4 + \boldsymbol{k}_5),$$

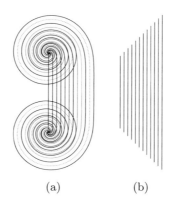

(a)　　　　(b)

**図 6.16** (a) 図 6.14（139 ページ）のらせん運動と同じで，端点での法線速度は 0 である．まとめて描画．(b) 例 6.5（140 ページ）の直線運動で，端点での法線速度は内部と同じ $V = V_c - Dk$ である．

and **goto** (5); **else** $\tau = \tau_j/2$ and **goto** (3)

(5) **if** $E < E_0/32$, **then** $\tau_{j+1} = 2\tau_j$; **else** $\tau_{j+1} = \tau_j$

(6) **put** $j := j+1$ and **goto** (2)

ここで，$E_0$ をどのようにするかは，問題による．本問の場合は，おおよそ各辺の長さの最小値の 2 乗程度にした．こうして，与えられた $T > 0$ に対して，上の手続きは，$t_j < T$ である限り続けられる．図 6.14（139 ページ）や図 6.16 は，ルンゲ-クッタ-メルソン法を用いて数値計算された [142]．

### 6.2.4　定常渦巻波

無限の長さの定常渦巻波を，接線速度 (6.12)$_{\mathrm{p.\,137}}$，あるいは (6.17)$_{\mathrm{p.\,142}}$ で $\dot{L}(t) = 0$ として，(2.6)$_{\mathrm{p.\,48}}$ に代入して得られるキネマティック方程式

$$\partial_t k + \left( \int_0^s kV\, ds - \alpha(0,t) \right) \partial_s k = -k^2 V - \partial_s^2 V, \quad u \in [0,1) \quad (6.18)$$

$$s(0,t) = 0, \quad \lim_{u \to 1-0} s(u,t) = \infty$$

の定常解から Mikhailov & Zykov [112] に従って求めてみよう．境界条件として，$u = 0$ で曲率は臨界曲率に等しいという条件 $\alpha(0,t) = -\gamma(k_c - k(0,t)) = 0$，および無限遠方 ($u \to 1-0$) で直線波に近づくという条件 $\lim_{u \to 1-0} k(u,t) = 0$ を課す．このとき，$\partial_t k = 0, \partial_t s = 0$ とした，(6.18) の定常状態

$$\left(\int_0^s k(\xi)V(\xi)\,d\xi\right)k'(s) = -k(s)^2 V(s) - V''(s), \quad s \in [0, \infty)$$

を得る．ここで，変数を $u$ から $s$ に変更した．これより，

$$k(s)\int_0^s k(\xi)V(\xi)\,d\xi + V'(s) = \omega_c \tag{6.19}$$

がわかる（$\omega_c$ は積分定数）．

**問 6.5** (6.19) を導け．

**注 6.7** 接線角度 $\nu$ の時間発展方程式 (2.5)$_{\text{p.48}}$

$$\partial_t \nu = -\partial_s V + k\alpha$$

において，$u \to +0$ とすると，$\alpha(0, t) = 0$ より，形式的に $\partial_t \nu = -\partial_s V$ を得る．したがって，(6.19) で $s \to \infty$ として，$\omega_c = -\partial_t \nu$ を得る．すなわち，$\omega_c$ は時計回りの接線角速度とみなせる．

さて，(6.19) に $V = V_c - Dk$ を代入し，$\kappa(z) = \dfrac{k(s)}{k_c}$, $z = k_c s$ とおいて，無次元化すると，

$$\kappa(z)\int_0^z (1 - a\kappa(\xi))\kappa(\xi)\,d\xi - a\kappa'(z) = b \tag{6.20}$$

となる．ここで，$a = D\dfrac{k_c}{V_c}, b = \dfrac{\omega_c}{V_c k_c}$ である．また，境界条件は $\lim_{z\to\infty}\kappa(z) = 0$, $\kappa(0) = 1$ である．(6.20) は，境界条件とともに $b$ を決定する非線形固有値問題となっている．

(6.20) は，$a = 0$ ($D = 0$) のとき，$\kappa(z)\int_0^z \kappa(\xi)\,d\xi = b$ となるので，簡単に解くことができて，チェザロ方程式

$$\kappa(z) = \sqrt{\dfrac{b}{2z + b}} \tag{6.21}$$

を得る．以下でみるように，(6.21) が表す曲線は，十分遠方 ($z \to \infty$) で，円の伸開線，そしてまたアルキメデスらせんに漸近する．

**問 6.6** (6.21) を導け．

**注 6.8** 弧長と曲率半径（あるいは曲率）を用いて曲線を表現している intrinsic 方程式のことをチェザロ (Cesàro) 方程式という．弧長と接線角度を用いて曲線を表現している intrinsic 方程式は，ヒューウェル (Whewell) 方程式と呼ばれる．もし，ヒューウェル方程式が $\nu = f(s)$ だったならば，$k(s) = \nu'(s)$ よりチェザロ方程式は $k = f'(s)$ である．intrinsic 方程式とは，弧長，曲率，接線角度，あるいは 3 次元曲線ならば捩率などの本質的な，固有な (intrinsic) 性質（曲線の位置や座標系に依存しない性質）を用いて曲線を特徴付けている方程式のことをいう．したがって，intrinsic 方程式は曲線の形状を定義する．intrinsic 方程式は natural 方程式とも呼ばれる．

### 円の伸開線とアルキメデスらせん

片側無限曲線を

$$\boldsymbol{x}(u) = r(\theta)\begin{pmatrix} \cos\theta \\ \sin\theta \end{pmatrix}, \quad \theta = \theta(u) \tag{6.22}$$

のように極座標 $(r, \theta)$ で表すとしよう．角度 $\theta(u)$ は $u \in [0, 1)$ に対し定義されているとし，$\theta(0) = 0, \theta'(u) > 0, \lim_{u \to 1-0} \theta(u) = \infty$ とする．

半径 $R$ の円の伸開線とは，

$$\boldsymbol{x} = \boldsymbol{c} - \theta \boldsymbol{c}^\perp, \quad \boldsymbol{c} = R\begin{pmatrix} \cos\theta \\ \sin\theta \end{pmatrix}$$

と表される曲線のことをいう．これより，局所長 $g = R\theta\theta'$，単位接線ベクトル $\boldsymbol{t} = \dfrac{\boldsymbol{c}}{R}$，弧長 $s = R\dfrac{\theta^2}{2}$，曲率 $k = \dfrac{1}{R\theta}$，および接線角度 $\nu = \theta$ を得る．したがって，チェザロ方程式は，

$$k = \frac{1}{\sqrt{2Rs}} \tag{6.23}$$

で与えられる（問 1.22 (33 ページ)）．

**問 6.7** (6.21) が表す曲線は，$z \to \infty$ のとき，半径 $\dfrac{1}{b}$ の円の伸開線に漸近することを示せ．

**問 6.8** 上の伸開線と例 1.4 (16 ページ) で定義された伸開線を比較せよ．

また，アルキメデスらせんとは，極座標の動径が $r = R\theta$ である曲線をいう（問 1.5（15 ページ），問 1.10（19 ページ））．一般に，極座標 $(r, \theta)$ で表された曲線 (6.22) の曲率は，

$$k(\theta) = \frac{r(\theta)^2 + 2r'(\theta)^2 - r(\theta)r''(\theta)}{(r(\theta)^2 + r'(\theta)^2)^{3/2}}$$

であった（§1.4）．これより，アルキメデスらせんについて，曲率

$$k(\theta) = \frac{\theta^2 + 2}{R(\theta^2 + 1)^{3/2}}$$

および，弧長

$$s = \int_0^u g\,du = R\int_0^\theta \sqrt{\theta^2 + 1}\,d\theta = \frac{R}{2}\left(\theta\sqrt{\theta^2 + 1} + \log\left(\theta + \sqrt{\theta^2 + 1}\right)\right)$$

を得る．$\theta \to \infty$ として，$k$ と $s$ を展開すると，

$$k = \frac{1}{R\theta}\left(1 + \frac{1}{2\theta^2} + O\left(\frac{1}{\theta^4}\right)\right)$$

$$s = \frac{R}{2}\theta^2\left(1 + \left(\frac{1}{2} + \log 2 + \log\theta\right)\frac{1}{\theta^2} + O\left(\frac{1}{\theta^4}\right)\right)$$

となるので，

$$k\sqrt{s} = \frac{1}{\sqrt{2R}}\left(1 + o(1)\right)$$

を得る．したがって，アルキメデスらせんは十分遠方 ($\theta \to \infty$) で円の伸開線に漸近する．よって，問 6.7 より，(6.21)$_{\text{p.145}}$ を満たす曲線は十分遠方 ($z \to \infty$) でアルキメデスらせんに漸近する．図 6.17 は，半径 1 の円の伸開線（実線）とアルキメデスらせん $r = \theta$（破線）である．

### 定常渦巻波（続き）

$a > 0$ のとき，[112] では，(6.20)$_{\text{p.145}}$ において，$b$ は $a$ の関数になっているとみなし，

$$b(a) \sim 0.685 a^{1/2} - 0.06a - 0.293a^2 + \cdots, \quad a \in (0, 1)$$

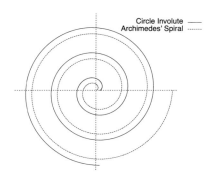

図 **6.17** 伸開線とアルキメデスらせん

のように数値計算して展開している．こうして，回転周期 $T_c = \dfrac{2\pi}{\omega_c}$ を，

$$T_c = \frac{2\pi D}{V_c^2 ab(a)}$$

のように求めている．

$a = 0$ のとき，(6.20)$_{\text{p.145}}$ を満たす曲線は十分遠方 $(z \to \infty)$ でアルキメデスらせんに漸近することがわかったが，$a > 0$ のときはどのような曲線なのだろうか．(6.20)$_{\text{p.145}}$ を $z$ で微分して整理すると，

$$-a\kappa''(z) + \kappa(z)^2(1 - a\kappa(z)) + \frac{\kappa'(z)}{\kappa(z)}(b + a\kappa'(z)) = 0$$

を得る．$\kappa(z) = e^{l(z)}$ とおき，$l$ に関する方程式を計算すると，

$$l''(z) = \frac{1}{a}e^{l(z)} - e^{2l(z)} + \frac{b}{a}e^{-l(z)}l'(z) \tag{6.24}$$

という非線形振動方程式を得る．

**問 6.9** (6.24) を示せ．

さらに，$p(z) = l'(z)$ とおくと，(6.20)$_{\text{p.145}}$ で $z \to +0$ として，$\kappa(0) = 1$ より，$p(0) = -\dfrac{b}{a}$ を得る．これより，常微分方程式系

$$l'(z) = p(z), \quad p'(z) = \frac{1}{a}e^{l(z)} - e^{2l(z)} + \frac{b}{a}e^{-l(z)}p(z)$$

$$l(0) = 0, \quad p(0) = -\frac{b}{a}, \quad \lim_{z \to \infty} l(z) = -\infty$$

を得る．

(6.24) の両辺に $l'(z)$ を掛けて積分すると，エネルギー

$$E(l, p) = \frac{1}{2}p^2 + U(l), \quad U(l) = \frac{1}{2}e^{2l} - \frac{1}{a}e^l$$

を得る．ここで，$U$ はポテンシャルである（図 6.18 は $U(l)$ のグラフの概形）．よって，

$$\frac{d}{dz}E(l(z), p(z)) = \frac{b}{a}e^{-l(z)}p(z)^2$$

がわかる．したがって，$b$ の符号によって解曲線の様子が変化する．特に，$b = 0$ のときエネルギーは保存する．このとき，$a$ の値によって，ポテンシャルの底付近で振動する（らせん形ではない）解や（アルキメデスらせんではない）回転数が有限のらせん形の解が存在することが知られている [61, Theorem 2]．$b \neq 0$ のときの結果は，[101] によって詳細に吟味されている．

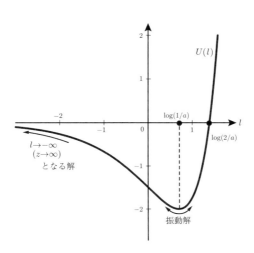

図 **6.18** ポテンシャル $U(l)$ の概形

# 第7章

# さまざまな界面現象にみられる移動境界問題2

前章では，気液や液液界面現象やらせん運動など，滑らかな移動境界の時間発展問題について考察した．本章では，結晶成長に見られるような，必ずしも境界が滑らかではない移動境界問題についていくつか紹介し，その一つの簡単な数学モデルとして，折れ線の移動境界問題について論考する．

## 7.1 固液界面現象 —— ステファン問題

池に張った氷は，太陽の照射によって融解する．熱伝導による水の凍結と氷の融解過程を記述する微分方程式系を紹介しよう．

時刻 $t$ に依存する空間内の有界領域を $\Omega^-(t)$（固相（氷）），その外側の領域を $\Omega^+(t)$（融液相（過冷却水）），その境界面（境界線，固液界面）がはっきりしているものとして，それを $\Gamma(t)$ とする．それぞれの領域における温度を $T^\pm(\boldsymbol{x}, t)$ とおく（$\boldsymbol{x} \in \Omega^\pm(t)$）．$\boldsymbol{n}$ を $\Gamma(t)$ 上の $\Omega^-$ から $\Omega^+$ へ向く単位法線ベクトルとする（図 7.1）．

また，$V\,[\mathrm{ms}^{-1}]$ を固液界面 $\Gamma(t)$ の移動速度の法線 $\boldsymbol{n}$ 方向成分，$\lambda\,[\mathrm{Jm}^{-3}]$ を単位体積あたりの潜熱とする．このとき，次の方程式を満たす温度 $T^\pm$ と固液界面

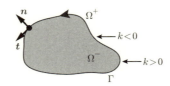

図 7.1 固相 $\Omega^-(t)$（氷），融液相 $\Omega^+(t)$（過冷却水），および固液界面 $\Gamma(t)$

$\Gamma(t)$ の位置と形状を求める問題を考える.

$$C^{\pm}\frac{\partial T^{\pm}}{\partial t} = D^{\pm}\triangle T^{\pm}, \qquad \boldsymbol{x}\in\Omega^{\pm}(t),\quad t>0, \qquad (7.1)$$

$$\lambda V = D^{-}\frac{\partial T^{-}}{\partial\boldsymbol{n}} - D^{+}\frac{\partial T^{+}}{\partial\boldsymbol{n}}, \qquad \boldsymbol{x}\in\Gamma(t),\quad t>0, \qquad (7.2)$$

$$T^{\pm} = T_m\left(1-\frac{\sigma}{\lambda}k\right), \qquad \boldsymbol{x}\in\Gamma(t),\quad t>0. \qquad (7.3)$$

ここで, (7.1) は熱方程式で, $C^{\pm}$ は単位体積あたりの熱容量 [Jm$^{-3}$K$^{-1}$], $D^{\pm}$ は熱伝導率 [Jm$^{-1}$s$^{-1}$K$^{-1}$] である. また, (7.2) は融液が固化する際に放出する潜熱 $\lambda$ が $\Gamma(t)$ 上に留まらないための熱収支の条件式で, 熱流を $\boldsymbol{q}^{\pm} = -D^{\pm}\nabla T^{\pm}$ としたときに, $\Gamma(t)$ で発生した潜熱の単位時間単位面積あたりの量 $\lambda V$ は, $\Gamma(t)$ から固相内部に向かう $-\boldsymbol{n}$ 方向の熱流 $\boldsymbol{q}^{-}\cdot(-\boldsymbol{n})$ と, $\Gamma(t)$ から融液相内部に向かう $\boldsymbol{n}$ 方向の熱流 $\boldsymbol{q}^{+}\cdot\boldsymbol{n}$ の和に等しいという条件である ($\partial\mathsf{F}/\partial\boldsymbol{n} = \nabla\mathsf{F}\cdot\boldsymbol{n}$). これを**ステファン条件**と呼ぶ.

問題の支配方程式は熱方程式である. そのため, 一般に, 異なる相が共存する系の拡散場を扱う問題を総じて**ステファン問題**と呼ぶことも多い.

### 7.1.1 ギブス-トムソン則

(7.3) は次のような意味である. 界面 $\Gamma(t)$ が凸 ($k>0$) のとき, 界面上の分子間距離は平面上のそれよりも大きくなり, 分子の固体への着脱が容易になる. 結果, 平衡温度が低下する. (7.3) はこの状況を示したもので, **ギブス-トムソン (Gibbs-Thomson) 則**と呼ばれる. ここで, $T_m$ は平らな面での融解温度, $\sigma$ は表面張力である. (7.3) の代わりに

$$T^{\pm} = T_m, \quad \boldsymbol{x}\in\Gamma(t),\quad t>0 \qquad (7.4)$$

としたときの, 問題 (7.1), (7.2), (7.4) は, **古典的ステファン問題**と呼ばれ, ステファン[1]) が 1889 年に著した 4 編の論文に始まる. 古典的ステファン問題については [176] を, その後の発展については [135] を, 過冷却水の中での氷結晶成長については [34] をそれぞれ参照されたい.

---

[1]) Joseph Stefan, 1835–1893. オーストリアの物理学者. 熱輻射により黒体から放出されるエネルギーは熱力学温度の 4 乗に比例するというステファン-ボルツマンの法則は, 弟子のボルツマンとともに名が冠されている.

(7.3) の右辺に $\beta V$ を加えた

$$T^{\pm} = T_m \left(1 - \frac{\sigma}{\lambda}k\right) + \beta V, \quad \bm{x} \in \Gamma(t), \quad t > 0 \tag{7.5}$$

は，界面の成長速度に対する抵抗を加味した条件 (**動的ギブス-トムソン則**) として知られる．ここで，$\beta > 0$ は分子の易動度（移動度）に関するパラメータである．図 7.2 に，(7.3) を動的ギブス-トムソン則とした場合の問題 (7.1)，(7.2)，(7.5) のシミュレーション例を挙げておこう．

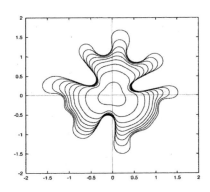

図 **7.2** 過冷却液体中の固相成長．[80] から引用

**注 7.1（異方性についての注意）** 表面張力が異方的で，界面の向き $\bm{n}(\nu)$ に依存するときは，(7.3) において $\sigma$ の代わりに $\sigma(\nu) + \sigma''(\nu)$ とおき，$\sigma k$ を (4.3)$_{\text{p. 82}}$ の重み付き曲率 $k_\sigma$ で置き換える．

**問 7.1** 融液相の温度 $T^+$ を一定として，未知関数を $T^-$ だけとし，固相の熱拡散が界面の移動速度よりも十分に速く，(7.1) の左辺を 0 に置き換えた準定常近似を考える．このとき，$T = T_m - T^-$ と置き換えて，適当にパラメータ変換すると，ステファン問題 (7.1)，(7.2)，(7.3) は，$T$ を未知関数とする 1 相内部ヘレ・ショウ問題 (6.2)$_{\text{p. 127}}$ に形式的に等しくなることを示せ．

### 7.1.2 チンダル像

固液界面現象の別の例を紹介しよう．

氷の塊が太陽光などで照射されると内部融解が起こる．すなわち，氷の外側があまり融けないうちに，内部のいくつかの点から融解が始まる．実験では冷蔵庫にある通常の氷よりは繊細に作った，結晶構造が一様に整った「単結晶氷」を扱

う．単結晶氷にハロゲンランプなどで光をしばらく照射すると，氷内部に複数の小さな粒が現れる（図7.3）．粒々は氷の内部融解の証拠である．

それらはそれぞれ次第に大きくなって，水の領域を広げていき，最終的には，ちょうど氷の中に雪の結晶をかたどったような平らな六花の像「チンダル(Tyndall)像」へと成長する（模式図は図7.3の最右図の＊印．写真は図7.4）．図7.4(b)よりチンダル像はほぼ2次元図形であることがわかる．

チンダル像の内部は水で満たされていて，そこには，氷から水への体積減少分だけの大きさの蒸気泡が浮遊している（図7.4(a)の●）．氷は水よりも体積が大きいので，その体積差が蒸気泡となって現れているのである．チンダルは，氷河の氷の塊が直射日光にさらされたときに内部融解がおこる現象を初めて観察した人と言われている(1858)．

チンダル像は，氷の中にできた六花状の水の領域であるが，その水の中には蒸

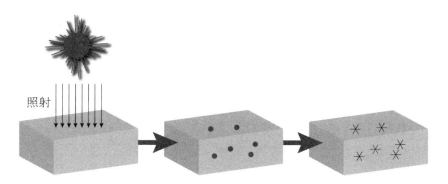

**図7.3** 単結晶氷の内部融解のイメージ図

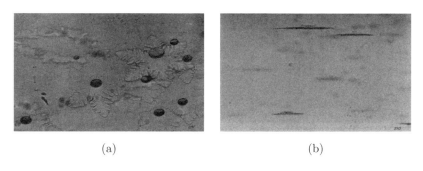

**図7.4** チンダル像．(a) 角度45度からみた写真．(b) 真横からみた写真．[127] より引用

気泡が浮遊している．したがって，固液界面のみならず，気液界面も現れている．

## 7.2 気固界面現象 —— 雪結晶成長

ステファン問題やチンダル像生成は，固液界面現象であった．本節では，雪結晶成長に代表される気固界面現象について考えよう．

図 0.7（6 ページ）や図 7.5 のような，われわれが目にする雪結晶は上空 3000 m ほどの高さから落ちてきた小さな「氷」である．上空では六角柱状の氷の粒が生成消滅を繰り返している．その氷の粒は氷晶と呼ばれ，いわば雪結晶の赤ん坊である．氷晶は周囲の水分子を取り込んで大きく成長しながら，およそ時速 1 km くらいの速度で落下する．よって，少なくとも 3 時間くらいはかけて，ゆらゆらと舞い降りてきた雪結晶をわれわれは観測していることになる．落下の間，雪結晶の周囲の環境はさまざまに変化する．それゆえ，地上で観測される雪結晶は，赤ん坊の氷晶が大人となったもので，さまざまな（気象）経験を氷に刻み込んだ最終形である．もっとも，雪結晶が地上に落ちてから春になって溶けるまでを一生とすれば，われわれが手にする雪結晶は，まだ人生半ばの脂ののりきった時期といえるかもしれないが，ともあれ，その形は肉眼でも十分にわかるほどに，非常に精巧にできていて，かつ六方対称性の高い作品となっている．その造形美への感嘆からしばしば，雪華，あるいは六花の美などと呼ばれる．また，この芸術作品はその製作工程が目の行き届かない天空で展開されているにもかかわらず，完成形は身近であり，しかしすぐに融解するはかなさも手伝って，自然の神秘を肌で感じさせる作品に仕上っている．これらのことは，雪結晶の生成原理はどのような仕組みになっているのかという，素朴な疑問を駆り立てるのに十分すぎる

図 7.5　雪の結晶（ルーペとデジカメで筆者撮影）

## 7.2 気固界面現象 — 雪結晶成長

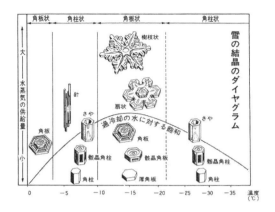

**図 7.6** Kobayashi [87] による雪結晶ダイヤグラムを図解した [89] より引用

要素といえるだろう．

一方，科学的見地から見渡すと，雪結晶は上空よりのさまざまな物理現象，すなわち水分子の氷晶への吸着様式の顛末(てんまつ)が時々刻印されたものとみなせる．よって，その生成原理の解明は，上空で繰り広げられている物理現象の理解に繋がるであろう．そのような意味で，中谷宇吉郎は雪結晶を「天から送られた手紙」と言った．成長した雪結晶を見て，そこから天からの手紙を解読することは，時間を遡るに等しく，生成過程に熱や水分子の拡散過程が関与していることに鑑みても，原理的に不可能である．そこで中谷は氷晶からの雪結晶の成長過程を実験室内で再現することを試み，すなわち人工雪作りに挑戦し，そして成功した．これにより，天からの手紙の解読書「中谷ダイヤグラム」を作成することができた [125, 126, 130]．その後，Hallett & Mason [56] や小林禎作(ていさく)による研究が進み，それらの結果を小林がまとめた [87]（図 7.6）．図 7.6 より，雪結晶の形態形成には水蒸気の過飽和度と零度以下の温度が不可欠な因子，すなわち必要条件であることがわかる．しかし，その逆は成り立たない．つまり，中谷自身も指摘しているように，過飽和度と温度を定めると，雪結晶の形が一意に定まるかというと，必ずしもそうはならない．このことは，雪結晶の生成には，第 3 の因子が関与していることを示唆していると同時に，成長機構の基本的な指導原理が未解決問題であることを意味している．横山と黒田は，このような雪研究を背景に，雪結晶の成長過程を記述したモデルを提案し，上述した第 3 の因子に相当する尺度を見出した．

本節では，横山 (Yokoyama) & 黒田 (Kuroda) [188] の解読を試みる．同論文

の目的を一言で述べると,「雪結晶成長の過程をいくつかの素過程に分解し,おのおのの過程において,熱力学,統計力学,およびBCF理論からの指導原理を基盤に,モデル微分方程式および境界条件を導出し,さらにその数値シミュレーション結果から雪結晶の形態を分類すること」といえる.より詳しくは,モデルとして,ラプラス方程式を支配方程式とした2次元の自由境界問題を提案し,数値計算の結果,ある一定の温度設定のもと,過飽和度と(無次元化された)雪結晶のサイズの二つを軸に,雪結晶の形態を分類している.よって,この分類図と,過飽和度と温度を基軸に分類した中谷-小林ダイヤグラム(図7.6)を合わせると,雪結晶の形態の分類図として3次元の立体ダイヤグラムができあがることになる(図7.10(159ページ)).本書では,彼らの提案したモデルを横山-黒田モデルと呼ぶことにする.

### 7.2.1 横山-黒田モデル

横山-黒田モデルを概観しよう.雪結晶の成長過程を二つの素過程に分解している.

(1) 結晶表面キネティック(kinetic)過程
(2) 結晶を取り巻く気相中の水分子の拡散過程

この過程を次のようにモデル化する.雪結晶は準2次元の物体であるので,近似的に2次元とみなし,底面を六角形とした六角柱を考えたとき,その底面に平行な2次元平面内,すなわち結晶軸に垂直な平面内の有界領域を雪結晶と考える.図7.7は,雪結晶の輪郭の例で,ジョルダン曲線となっており,これを見ると,雪結晶を平面内の有界領域とする第1次近似は妥当であることが示唆される.

十分大きな開円盤 $B$ と,その中に領域 $\Omega_{\mathrm{ice}}(t)$ をとり,その境界(ジョルダン

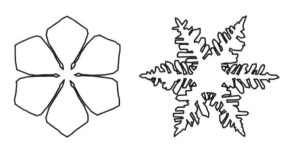

図 **7.7** 雪結晶の輪郭例.[155] から引用

## 7.2 気固界面現象 — 雪結晶成長

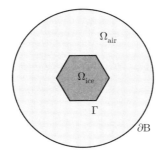

図 **7.8** 雪結晶成長の問題設定

曲線）を $\Gamma(t)$ とする．$B$ の境界（円周）を $\partial B$ とし，$\Omega_{\mathrm{air}}(t) = B \setminus \overline{\Omega_{\mathrm{ice}}}(t)$ とする（$\partial \Omega_{\mathrm{air}}(t) = \partial B \cup \Gamma(t)$ となる）．$\Omega_{\mathrm{ice}}$ が雪結晶，$\Gamma$ がその表面，$\Omega_{\mathrm{air}}$ が過飽和な水蒸気相である（図 7.8）．領域の形状は時々刻々と変形するのでそれぞれ時間 $t$ の関数となっている．

雪結晶の表面は，階段状の部分（ステップ）と平坦な部分（プリズム面）に分かれる．ステップの高さを分子の整数倍と考えると，分子が表面に吸着するたびにステップは前進する．この考えを基盤に結晶成長がなされるという Burton, Cabrera and Frank [16] による描像（**BCF 理論**．[95, 147, 172] を参照）により，次のように過程 (1) における界面の成長速度 $V$ を決定する．

$$V = \beta(\theta, \mathscr{S})\mathscr{S}, \quad \boldsymbol{x} \in \Gamma(t), \quad t > 0. \tag{7.6}$$

ここで，

$$\mathscr{S}(\boldsymbol{x}, t) = \frac{p(\boldsymbol{x}, t) - p_e}{p_e}$$

は（局所的な）表面過飽和度[2]，$p$ は表面水蒸気圧，$p_e$ は氷の平衡蒸気圧[3]である．$\theta$ については，図 7.11（160 ページ）参照．

表面キネティック係数 $\beta$ は，図 7.9 のような形状である．本来プリズム面（$\theta_0 = 0°, \pm 60°$）は，平衡状態においてはステップをもたず，分子レベルで平坦である．よって，$\mathscr{S} \sim 0$ のときは，プリズム面は成長せず ($V = 0$)，その他

---

[2] 通常，表面過飽和度は supersaturation（過飽和度）の頭文字 s に対応するギリシャ文字を使って，$\sigma$ や $\sigma_s$ で表すが（添え字の $s$ は surface（表面）の頭文字），異方的関数 (§4.1) の $\sigma$ との混同を避けるため，本書では，S の筆記体 $\mathscr{S}$ を用いる

[3] $e$ は equilibrium（平衡）の頭文字

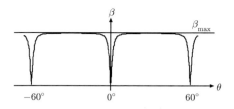

図 7.9  表面キネティック係数 $\beta$

の方向では $V \sim \beta_{\max}$ である．ところが，非平衡状態においては，$\mathscr{S} > 0$ のとき，2次元核生成やらせん転位などを契機にプリズム面でも成長が始まるので，$\beta_0 = \beta(\theta_0, \mathscr{S})$ は正値をとり，$\beta_0$ は $\mathscr{S}$ の増加に伴い急速に $\beta_{\max}$ に近づくことが知られている．この異方性が雪の結晶を六角形ならしめる所以であると考えられている．このように，$\beta$ は水分子が結晶に取り込まれる度合を示している．

過程 (2) について，気相 $\Omega_{\mathrm{air}}(t)$ 内では過飽和度は定常に拡散分布しているとする．

$$\triangle \mathscr{S} = 0, \quad \boldsymbol{x} \in \Omega_{\mathrm{air}}(t), \quad t > 0. \tag{7.7}$$

定常状態の体積拡散より定まる界面の成長速度 $V_d$ は[4]，濃度（過飽和度）の勾配に比例するので，$V_d = \gamma \partial \mathscr{S}/\partial \boldsymbol{n}$（$\gamma$ は定数）と書ける．表面上の水分子の質量保存則から $V = V_d$ であることより，次のような境界条件を得る．

$$\beta(\theta, \mathscr{S})\mathscr{S} = \gamma \frac{\partial \mathscr{S}}{\partial \boldsymbol{n}}, \quad \boldsymbol{x} \in \Gamma(t), \quad t > 0. \tag{7.8}$$

さらに，遠方（$\partial B$ 上）での $\mathscr{S}$ と $\partial \mathscr{S}/\partial \boldsymbol{n}$ の境界条件

$$\mathscr{S} = \mathscr{S}_\infty, \quad \frac{\partial \mathscr{S}}{\partial \boldsymbol{n}} = q_\infty, \quad \boldsymbol{x} \in \partial B, \quad t > 0 \tag{7.9}$$

を与え，(7.6) から (7.9) を境界要素法（気相 $\Omega_{\mathrm{air}}(t)$ の内部を $\Gamma(t)$ 上の境界積分方程式に帰着して解く数値計算法 [167]）を用いて解く．（$q_\infty$ の値は後に (7.10) p.162 で与える．）結果，温度一定 ($-15°$) のもと，過飽和度 $\mathscr{S}$ と結晶サイズにより（2次元モデル）雪結晶の分類がなされた（図 7.10）．これはダイヤグラム（図 7.6 (155 ページ)）における過飽和度と温度の基軸に加えて，第 3 の軸，雪結晶サイズがその形態分類に必要であることを示唆している．

---

[4] $d$ は diffusion（拡散）の頭文字

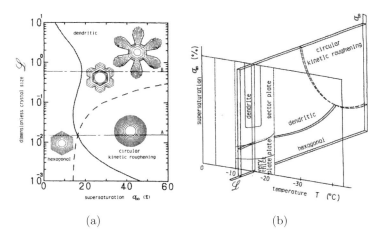

(a)  (b)

**図 7.10** (a) と図 7.6 (155 ページ) を合わせると，温度 $T$，過飽和度 $\sigma_\infty$（本書では $\mathscr{S}_\infty$），サイズ $\mathscr{L}$ の三つを軸にした 3 次元ダイヤグラム (b) ができあがる．Yokoyama & Kuroda [188] から引用

**モデルの導出と解法**

(7.6)$_{\text{p. 157}}$ から順にみていこう．[ ] 内は次元である．まず，キネティック係数 $\beta$ は，

$$\beta(\theta, \mathscr{S}) = \alpha_2 \beta_{\max} \quad [\text{ms}^{-1}]$$

と与えられる．ここで，

$$\beta_{\max} = \frac{\alpha_1 v_c p_e}{\sqrt{2\pi m k_B T}} \quad [\text{ms}^{-1}], \quad \alpha_2 = \frac{\eta}{\eta_1} \tanh \frac{\eta_1}{\eta}$$

$$\eta = \tan\theta = \frac{d}{\lambda}, \quad \eta_1 = \frac{d}{2x_s}$$

である．ここで $\theta$ は，図 7.11 のようにプリズム面とのなす角度である．($c$ 軸（結晶軸）は紙面に垂直で，その正の方向は紙面の裏から表に向かう方向とした．) また，各パラメータについて，$p_e$ [Nm$^{-2}$] は氷の平衡蒸気圧，$\alpha_1 \in [0,1]$ は凝縮定数，$v_c$ [m$^3$] は結晶相での水分子の体積，$m$ [kg] は水分子の質量，$k_B = 1.38 \times 10^{-23}$ [JK$^{-1}$] はボルツマン (Boltzmann) 定数，$T$ [K] は絶対温度，$d$ [m] はステップの高さ，$\lambda$ [m] は平均ステップ距離，$x_s$ [m] は吸着分子がステップ滞在中に表面拡散する平均距離，としている（図 7.11）．任意の $x \geq 0$ に対して，$0 \leq x \tanh x^{-1} < 1$

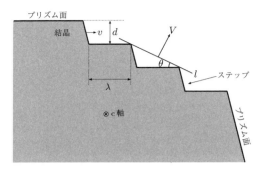

図 **7.11** 結晶成長モデル

であるので,$\alpha_2 \in [0,1]$ も凝縮定数とみなすことができる.このことは後に明らかになる.

さて,どのように (7.6)${}_{\text{p.157}}$ が導かれたのかをみてみよう.統計力学より,微視的な状態 $A$ が実現する確率 $\mathrm{P}(A)$ は,マクスウェル-ボルツマン (Maxwell-Boltzmann) 分布則に従うとすると,

$$\mathrm{P}(A) = C \exp\left(-\frac{E_A}{k_B T}\right)$$

と与えられる.ここで,$C$ は定数,$E_A$ はエネルギーである.今,3次元 $xyz$ 空間が理想気体で満たされているとし,その中に $xy$ 平面 ($z=0$) を上の面とする結晶が置かれているものとしよう.状態方程式から体積 $v_G$ の理想気体の中には,$n_G = pv_G/k_B T$ 個の分子がある.そのそれぞれの分子は速度 $\boldsymbol{v} = (v_x, v_y, v_z)^{\mathrm{T}}$ で飛び回っている ($v_*$ は $*$ 方向の速度成分 ($* = x, y, z$)).質量 $m$ の分子の運動エネルギーは $E_{\boldsymbol{v}} = \frac{1}{2}m|\boldsymbol{v}|^2$ [J] であるので,マクスウェル-ボルツマン分布より,速度が $\boldsymbol{v}$ となる確率は,

$$\mathrm{P}(\boldsymbol{v}) = C \exp\left(-\frac{E_{\boldsymbol{v}}}{k_B T}\right) \quad [\mathrm{m}^{-3}\mathrm{s}^3]$$

である.ここで,定数 $C$ は規格化条件 $\int \mathrm{P}(\boldsymbol{v})\,d\boldsymbol{v} = 1$ より

$$C = \left(\frac{m}{2\pi k_B T}\right)^{3/2} \quad [\mathrm{m}^{-3}\mathrm{s}^3]$$

とする.これより,結晶表面 ($xy$ 平面 ($z=0$)) の単位面積あたりに単位時間で飛び込んでくる分子の数は,

である．

$$j_{\text{in}} = \int_{-\infty}^{\infty} dv_x \int_{-\infty}^{\infty} dv_y \int_{-\infty}^{0} dv_z \frac{n_G}{v_G} |v_z| \mathrm{P}(\boldsymbol{v})$$

である．積分すると，

$$j_{\text{in}} = \frac{p}{\sqrt{2\pi m k_B T}} \quad [\mathrm{m}^{-2}\mathrm{s}^{-1}]$$

を得る．一方，結晶相から離脱する分子の数は，気相の状態には無関係であると考える．気相が熱平衡蒸気圧 $p_e$ にあるときには，結晶相に出入りする分子の数がつりあっているはずであるから，結晶表面の単位面積から，単位時間あたりに離脱する分子の数は，

$$j_{\text{out}} = \frac{p_e}{\sqrt{2\pi m k_B T}} \quad [\mathrm{m}^{-2}\mathrm{s}^{-1}]$$

である．よって，結晶表面の単位面積に単位時間あたり正味 $j_{\text{in}} - j_{\text{out}}$ 個の分子が流入していることになる．結晶相の分子の体積を $v_c$ とすれば，結晶の成長速度は，

$$V_{\max} = v_c (j_{\text{in}} - j_{\text{out}}) \quad [\mathrm{ms}^{-1}]$$

となる．この式では，流入してきた分子が一瞬で，しかも必ず結晶相に取り込まれると仮定しているので，結晶成長の最高速度を提示している．これをヘルツ-クヌーセン (Hertz-Knudsen) の式と呼ぶ．しかし，実際は入射分子が必ず結晶相に取り込まれるわけではなく，しかも取り込まれるまでには正の時間がかかるので，結晶成長の速度 $V$ は，パラメータ $\alpha \in [0,1]$ を用いて，

$$V = \alpha V_{\max}$$

という形になると考えるのは自然である．$\alpha \sim 1$ のときは，入射分子が無駄なく瞬時に結晶相に取り込まれ，$\alpha \sim 0$ のときは，結晶化が遅いとみなせる．この $\alpha$ を凝縮定数というのである．

実は，$\alpha = \alpha_1 \alpha_2$ としたときの式が (7.6)$_{\text{p.157}}$ である．このことをみていこう．図 7.11 において，各ステップが一様に前進速度 $v$ で $\lambda$ だけ前進したとする．すると，その時間 $\lambda/v$ で，直線 $l$ は図 7.11 の $V$ 方向に，距離 $d\cos\theta$ 進むので，速度 $V = dv\cos\theta/\lambda$ を得る．特に，プリズム面 ($\theta = 0$) の成長速度は，

$$V = \frac{dv}{\lambda}$$

と与えられる．この式に，BCF理論から導かれるステップの前進速度 $v$ :

$$v = v_\infty \tanh \frac{\lambda}{2x_s}, \quad v_\infty = \frac{2x_s}{d}\alpha_1 V_{\max}$$

を代入すると，プリズム面の成長速度（計算上は結晶の境界曲線の法線速度）$V = \alpha_1 \alpha_2 V_{\max}$, すなわち (7.6)$_{\text{p.157}}$ を得る．よって，理解すべきは，BCF理論であるが，これについては，文献 [16, 95, 96] を挙げるにとどめる．

次に，158ページの (7.7) から (7.9) を順にみていこう．まず，(7.7)$_{\text{p.158}}$ は $\mathscr{S} = \mathscr{S}(\boldsymbol{x})$ に対するラプラス方程式に他ならない．また，(7.8)$_{\text{p.158}}$ の定数 $\gamma$ は，

$$\gamma = \frac{v_c p_e}{k_B T} D \quad [\text{m}^2\text{s}^{-1}]$$

とする．ここで，$D[\text{m}^2\text{s}^{-1}]$ は拡散係数．最後に，(7.9)$_{\text{p.158}}$ の $\mathscr{S}_\infty$ は自然条件，もしくは実験条件である．$q_\infty$ は，円盤 $B$ の半径 $R$ と，結晶を円盤としたときの半径 $r_c$ を用いて，

$$q_\infty = \frac{\mathscr{S}_\infty}{R \log(R/r_c)} \quad [\text{m}^{-1}] \tag{7.10}$$

としている．具体的には，以下のように導出する．$r = |\boldsymbol{x}|$ とし，$\mathscr{S}(\boldsymbol{x}) = \mathscr{S}(r)$ は，

$$\begin{cases} \triangle \mathscr{S} = \dfrac{d^2 \mathscr{S}}{dr^2} + \dfrac{1}{r}\dfrac{d\mathscr{S}}{dr} = 0, \quad r_c < r < R, \\ \mathscr{S}(r_c) = 0, \quad \mathscr{S}(R) = \mathscr{S}_\infty \end{cases}$$

を満たすとする．このとき，この解 $\mathscr{S}(r)$ は，

$$\mathscr{S}(r) = \frac{\log(r/r_c)}{\log(R/r_c)} \mathscr{S}_\infty$$

と書き表すことができる．これより，

$$q_\infty = \frac{d\mathscr{S}(R)}{dr}$$

とし，$q_\infty$ を定めている．

## 7.2 気固界面現象 — 雪結晶成長

以上で問題の設定は終った.あとは,(7.6)$_{\text{p.157}}$ から (7.9)$_{\text{p.158}}$ を解けばよい.論文ではこの解 $\mathscr{S}$ を境界 $\Gamma$ 上での積分方程式に変換して,境界要素法 [167] によって数値解を求めている.境界積分方程式を導出するには,グリーンの公式

$$\int_{\mathcal{D}} (\mathsf{F}\triangle\mathsf{G} - \mathsf{G}\triangle\mathsf{F})\,d\mathcal{D} = \int_{\partial\mathcal{D}} \left(\mathsf{F}\frac{\partial\mathsf{G}}{\partial\boldsymbol{n}} - \mathsf{G}\frac{\partial\mathsf{F}}{\partial\boldsymbol{n}}\right) ds$$

を用いる($\mathcal{D}$ は有界領域).ここで,$\boldsymbol{n}$ は境界 $\partial\mathcal{D}$ の外向き単位法線ベクトル.今の問題に合わせるために,$\boldsymbol{x}\in\Gamma$ とし,$\mathcal{D} = \left\{\boldsymbol{y}\in\Omega_{\text{air}}\,\big|\,|\boldsymbol{y}-\boldsymbol{x}|>\varepsilon\right\}$ なる領域で,$\mathsf{F}(\boldsymbol{y}) = \mathscr{S}(\boldsymbol{y})$,$\mathsf{G}(\boldsymbol{y}) = E(\boldsymbol{y}-\boldsymbol{x})$ とし,$\varepsilon\to 0$ とすると,$\mathcal{D}\to\Omega_{\text{air}}$,$\partial\mathcal{D}\to\Gamma\cup\partial B$ となり,一般論から,

$$\frac{1}{2}\mathscr{S}(\boldsymbol{x}) + \int_{\Gamma}\left(\mathscr{S}\frac{\partial E}{\partial\boldsymbol{n}} - E\frac{\partial\mathscr{S}}{\partial\boldsymbol{n}}\right) ds = \int_{\partial B}\left(Eq_{\infty} - \mathscr{S}_{\infty}\frac{\partial E}{\partial\boldsymbol{n}}\right) ds$$

を得る.ここで,$E = E(\boldsymbol{x}) = -\dfrac{1}{2\pi}\log|\boldsymbol{x}|$ は,2 次元のラプラス方程式の基本解と呼ばれ,ディラック (Dirac) の $\delta$ 関数を用いて,$-\triangle E(\boldsymbol{y}-\boldsymbol{x}) = \delta(\boldsymbol{y}-\boldsymbol{x})$ を満たす.左辺第 1 項の $\mathscr{S}$ の係数が $\dfrac{1}{2}$ となっているのは,$\Gamma$ は(巨視的に見て)滑らかと仮定しているからである.実は,図 7.8(157 ページ)のように,$\Omega_{\text{ice}}$ が正 6 角形で,$\boldsymbol{x}$ がその頂点の一つであった場合,$\mathscr{S}$ の係数は $1-\dfrac{1}{2\pi}\dfrac{\pi}{3} = \dfrac{5}{6}$ となる.ここで,$\dfrac{\pi}{3}$ は正 6 角形の内角である.より一般に,内角が $\eta$ である点 $\boldsymbol{x}$ においては,$\mathscr{S}$ の係数は $1-\dfrac{\eta}{2\pi}$ となることが知られている.曲線が滑らかであった場合は,$\eta = \pi$ となるので,$\mathscr{S}$ の係数が $\dfrac{1}{2}$ になるのである.また,左辺第 2 項の被積分関数は,(7.8)$_{\text{p.158}}$ より,

$$\left(\frac{\partial E}{\partial\boldsymbol{n}} - E\frac{\beta(\theta,\mathscr{S})}{\gamma}\right)\mathscr{S}$$

とまとめられる.右辺は既知であるので,左辺をどうにかすればよい.境界要素法 [167] によれば,$\Gamma$ を折れ線で近似して,左辺の積分を和分に帰着させる.こうして,代数方程式を解いて,$\Gamma$ 上での $\mathscr{S}$ や $\dfrac{\partial\mathscr{S}}{\partial\boldsymbol{n}}$ の数値解を得て,(7.6)$_{\text{p.157}}$ から $\Gamma(t)$ を $V\Delta t$ だけ動かして,$\Delta t$ 後の境界 $\Gamma(t+\Delta t)$ を求める,という算段である.

## まとめと今後の課題

以上，横山-黒田モデルの導出とその解法をみてきた．雪結晶成長のモデルはこの限りではない．例えば，Barrett, Garcke and Nürnberg [12] においても見事な雪結晶成長の数値計算がなされている．しかし，雪結晶成長過程を素過程に分解し，そこから，モデル微分方程式を構築したモデルとして，教則的であるので横山-黒田モデルを紹介した．その他の主要モデルについては，例えば，[96]（その6）に紹介されている．さて，モデルの導出の部分は，[16, 95, 96, 147] を座右の銘とし，原論文 [188] の行間を補間したものである．補間は充分とは思えないが，より詳しくは各論文を参照されたい．

最後に，「霜」についてコメントして，本節を締めくくろう．霜の成長も雪の結晶成長と同じく気相中の水分子の凝結による成長である．図7.12は窓霜の写真である．窓霜と雪は，結晶構造自体に違いはないが，熱の逃げる経路が，雪は空気中のみであるのに対して，窓霜は，窓ガラスからも熱が伝導するという違いがある．このような違いも加味した窓霜の結晶成長に関するモデルはあるのだろうか．

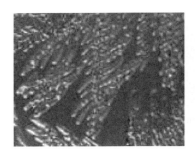 

図 **7.12** 窓霜の結晶（ルーペとデジカメで筆者撮影）

### 7.2.2 空像

§7.1.2において，単結晶氷の内部融解によるチンダル像の生成過程を紹介した．以下，その後の展開を紹介しよう．まず，チンダル像が生成された単結晶氷を再凍結するところから考えよう．

素朴に考えると，凍結は融解の逆過程であるから，氷の融解によって生成されたチンダル像と蒸気泡は，再凍結によって，ともに元の氷に戻りそうなものであるが，実際は，水の領域は蒸気泡をよそに凝固しようと氷内部に亀裂を起こしな

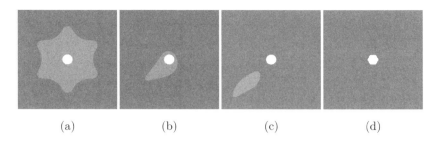

**図 7.13** チンダル像から空像への変形過程の模式図．(a) チンダル像，(b) 凍結，(c) 亀裂進行と空像，(d) 空像の六角形への変形

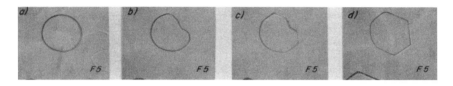

**図 7.14** 円形から六角形に変形する空像．[127] より引用

がら迷走する．そして蒸気泡は氷の領域に取り残される（図 0.10（8 ページ）は写真．図 7.13 (a), (b), (c) は模式図）．

蒸気泡ははじめ円形だが，凍結が進むと六角形へと変形していく（図 7.14，図 7.13 (c) から (d)）．

結局，蒸気泡は氷の中に六角形板として取り残される．この六角形板はその温度での飽和水蒸気で満たされており，氷に囲まれている．マッコネル (McConnel) がこのような六角形板を凍結したダヴォス湖 (Davos lake) にて発見した [109]．中谷宇吉郎はこの六角形板を「空像（英語では，vapor figure（蒸気像））」と呼び，その性質を詳細に研究した [127, 128, 129]．Adams & Lewis (1934) はそれらを負結晶 (negative crystal) と呼んだが，中谷は，六角形板の内部いわば真空といってもよいのだから，負結晶という言葉は似つかわしくないと言っている [127, p.2]．本書では，日本語の語感から，空像という用語が言い得て妙であるので，これを使うことにする．負結晶は空像を含むより一般の用語，つまり，普通の結晶は，結晶が他の媒質中にあるが，負結晶はその逆の状態を指す．だから，チンダル像も負結晶である．

空像は，氷や固体の構造や方向を決定するのに有用である．実際，単結晶氷内においては，すべての空像は同じ方向を向いている．すなわち，六花の花弁のう

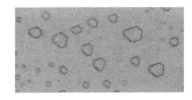
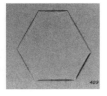

図 **7.15** 空像. [127] より引用

ち対称な 3 方向（a 軸と呼ぶ）が互いに平行である．（逆にいえば，複数の空像の a 軸が互いに平行である領域は，単結晶である．こうして，マッコネルは，ダヴォス湖に直径 1 フィート (30.48m) もの単結晶を発見したようである．）ところで，Furukawa & Kohata は，単結晶氷の中に六角プリズムを実験的に作り，温度と氷表面の蒸発のメカニズムについての負結晶の晶癖変化を研究した [33]．著者の知るところでは，Furukawa & Kohata の実験研究以来，負結晶についての研究発表はあまりなされていないようである．特に，負結晶生成についての数理モデルの研究は皆無といってよいだろう．

さて，空像の円形から六角形への変形過程において，厚みはほとんど変わらず，体積は一定だから，面積を変えずに円形から六角形へ変形することになる．そして，さらに時間をかけて正六角形へとその変形は進む（図 7.15）．

しかしこの変形は，表面エネルギー（周長）の勾配流の観点からは説明がつかない．実際，同じ面積の円と正六角形の周長を比較すると，正六角形は円より約 5％ほど長いからである（問 7.2）．

**問 7.2** 面積が単位円の面積と同じ $\pi$ である正六角形の周長 $L_6$ を求め，$\dfrac{L_6 - 2\pi}{2\pi} \times 100 \approx 5\%$ となることを確かめよ．

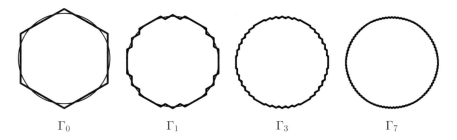

図 **7.16** 単位円（細線）と面積 $\pi$ の微細結晶面をもつ図形（太線）

## 7.2 気固界面現象 — 雪結晶成長

中谷 [127, 128, 129] の考察によれば,蒸気泡の初期形状(図 7.14 の最左図(165 ページ))は,円に見えるが,実は,図 7.16 の $\Gamma_7$ のような多くの微細な結晶面が出現した形状になっているという.こう考えれば,円に見える図形から正六角形への等積変形が納得いくことを考察する.

図 7.16 の $\Gamma_0$ は,問 7.2 で扱った,面積が単位円の面積と同じ $\pi$ である正六角形である.以下,$\Gamma_N$ $(N = 1, 2, \cdots)$ を求めるアルゴリズムの例を紹介する.

### アルゴリズム A

**Step 1** 原点を O,座標 $(1, 0)$ の点を A,単位円と傾き $\tan \dfrac{\pi}{6}$ の直線が第 1 象限で交わる点 $\left(\dfrac{\sqrt{3}}{2}, \dfrac{1}{2}\right)$ を B とする.弧 AB 上に(弧の端点とは異なる)点 $P(x, y)$ をとり,次のように点 $P_i^{(1)}(x_i, y_i)$ $(i = 0, 1, 2, 3)$ を定める.

$$P_1^{(1)} = P, \quad P_3^{(1)} = B,$$
$$P_0^{(1)} : (x_0, y_0) = (x_1, 0),$$
$$P_2^{(1)} : (x_2, y_2) = \left(x_3, y_1 + \frac{x_1 - x_3}{\sqrt{3}}\right).$$

すなわち,始点 $P_0^{(1)}$ は点 $P_1^{(1)}$ を $x$ 軸に射影した点,点 $P_2^{(1)}$ は点 $P_1^{(1)}$ を通り傾き $\tan \dfrac{5\pi}{6}$ の直線と点 $P_3^{(1)}$ を通り $y$ 軸に平行な直線の交点である.こうしてできる折れ線 $P_0^{(1)} P_1^{(1)} P_2^{(1)} P_3^{(1)}$ を $\Gamma_1'$ とする(図 7.17 の左図).

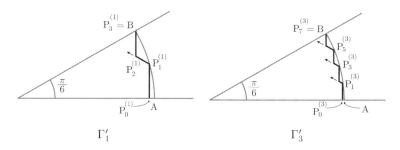

**図 7.17** 折れ線 $\Gamma_N'$ $(N = 1, 3)$.矢印は傾き $\tan \dfrac{5\pi}{6}$ の直線の方向ベクトル

**Step 2** $N = 1, 2, \cdots$ について,折れ線

$$\Gamma'_N : \mathrm{P}_0^{(N)} \mathrm{P}_1^{(N)} \cdots \mathrm{P}_{2N+1}^{(N)}$$

から折れ線 $\Gamma'_{N+1}$ を以下のように構成する．

弧 $\mathrm{AP}_1^{(N)}$ と弧 $\mathrm{P}_{2i-1}^{(N)} \mathrm{P}_{2i+1}^{(N)}$ $(i=1,2,\cdots,N)$ の中で一番長い弧の上に（弧の端点とは異なる）点 $\mathrm{P}(x,y)$ をとる．ただし，同じ弧の長さがあった場合は，（弧の終点の）番号の大きい方を採用する．また，$\mathrm{P}_{2N+1}^{(N)} = \mathrm{B}$ とする．

次のように点 $\mathrm{P}_i^{(N+1)}(x_i, y_i)$ $(i=0,1,\cdots,2N+3)$ を定める．

**Case 1** 点 P が弧 $\mathrm{AP}_1^{(N)}$ の上にあった場合．

$$\mathrm{P}_1^{(N+1)} = \mathrm{P}$$

$$\mathrm{P}_j^{(N+1)} = \mathrm{P}_{j-2}^{(N)} \quad (j=3,4,\cdots,2N+3)$$

$$\mathrm{P}_0^{(N+1)} : (x_0, y_0) = (x_1, 0)$$

$$\mathrm{P}_2^{(N+1)} : (x_2, y_2) = \left( x_3, y_1 + \frac{x_1 - x_3}{\sqrt{3}} \right)$$

**Case 2** 点 P が弧 $\mathrm{P}_{2i-1}^{(N)} \mathrm{P}_{2i+1}^{(N)}$ $(i=1,2,\cdots,N)$ の上にあった場合．

$$\mathrm{P}_j^{(N+1)} = \mathrm{P}_j^{(N)} \quad (j=0,1,2,\cdots,2i-1)$$

$$\mathrm{P}_{2i+1}^{(N+1)} = \mathrm{P}$$

$$\mathrm{P}_j^{(N+1)} = \mathrm{P}_{j-2}^{(N)} \quad (j=2i+3, 2i+4, \cdots, 2N+3)$$

$$\mathrm{P}_j^{(N+1)} : (x_j, y_j) = \left( x_{j+1}, y_{j-1} + \frac{x_{j-1} - x_{j+1}}{\sqrt{3}} \right) \quad (j=2i, 2i+2)$$

こうしてできる折れ線 $\mathrm{P}_0^{(N+1)} \mathrm{P}_1^{(N+1)} \cdots \mathrm{P}_{2N+3}^{(N+1)}$ を $\Gamma'_{N+1}$ とする（図 7.17 の右図は $N=2$ のときの例）．

**Step 3** $M = 2N+1$ とする．$M+1$ 個の頂点をもつ折れ線 $\Gamma'_N$ は，単位円の角が 0 から $\frac{\pi}{6}$ の扇形に含まれる．折れ線 $\Gamma'_N$ の端点 $\mathrm{P}_0^{(N)}$ と $\mathrm{P}_M^{(N)} = \mathrm{B}$ を除く $M-1$ 個の頂点 $\mathrm{P}_i^{(N)}$ $(i=1,2,\cdots,M-1)$ を，傾きが $\tan\frac{\pi}{6} = \frac{1}{\sqrt{3}}$ の直線について折り返してできる折れ線の頂点 $\mathrm{P}_{M+i}^{(N)}$ $(i=1,2,\cdots,2N)$ を，

$$\begin{pmatrix} x_{M+i} \\ y_{M+i} \end{pmatrix} = \frac{1}{2} \begin{pmatrix} 1 & \sqrt{3} \\ \sqrt{3} & -1 \end{pmatrix} \begin{pmatrix} x_{M-i} \\ y_{M-i} \end{pmatrix}, \quad i=1,2,\cdots,2N$$

のように定める．折れ線 $\Gamma'_N$ と合わせた折れ線 $\mathrm{P}_0^{(N)}\mathrm{P}_1^{(N)}\cdots\mathrm{P}_{4N+1}^{(N)}$ を $\Gamma''_N$ とすると，$\Gamma''_N$ は，単位円の角が $0$ から $\dfrac{\pi}{3}$ の扇形に含まれる．

**Step 4** $M=4N+2$ とする．$M$ 個の頂点をもつ折れ線 $\Gamma''_N$ を，$\dfrac{\pi}{3}$ ずつの回転を順次 $5$ 回繰り返して，合計 $6M$ 個の頂点 $\mathrm{P}_i^{(N)}$ $(i=0,1,2,\cdots,6M-1)$ を次のように定める．各 $j=1,2,\cdots,5$ について，

$$\begin{pmatrix} x_{jM+i} \\ y_{jM+i} \end{pmatrix} = \frac{1}{2}\begin{pmatrix} 1 & -\sqrt{3} \\ \sqrt{3} & 1 \end{pmatrix}\begin{pmatrix} x_{(j-1)M+i} \\ y_{(j-1)M+i} \end{pmatrix}, \quad i=0,1,\cdots,M-1.$$

終点を始点と一致させ，$\mathrm{P}_{6M}^{(N)}=\mathrm{P}_0^{(N)}$ として，閉折れ線

$$\widetilde{\Gamma}_N : \mathrm{P}_0^{(N)}\mathrm{P}_1^{(N)}\cdots\mathrm{P}_{6M}^{(N)}$$

が構成される．

**Step 5** 閉折れ線 $\widetilde{\Gamma}_N$ を面積が単位円の面積と同じ $\pi$ になるように，

$$\Gamma_N = \sqrt{\frac{\pi}{A(\widetilde{\Gamma}_N)}}\widetilde{\Gamma}_N$$

とリスケールする $(N=1,2,\cdots)$．$\Gamma_0$ は，面積 $\pi$ の正六角形である．

**中谷の考察**

Step 1 や Step 2 において，ある弧の上にとる点 P を，つねに弧の長さの 2 等分割点（いわば，弧の中点）にするならば，$N=2^m-1$ $(m=1,2,\cdots)$ のとき，$\Gamma'_N$ の弧 AB 上にある $N$ 個の点 $\mathrm{P}_{2i-1}$ $(i=1,2,\cdots,N)$ は，弧 AB の $2^m=N+1$ 等分割点となる．図 7.16（166 ページ）の太線は，このような規則で，点 P を採用し続けたときの $\Gamma_N$ の図である（正六角形 $\Gamma_0$ と $\Gamma_{2^m-1}$ $(m=1,2,3)$）．

**問 7.3** Step 1 や Step 2 において，弧 $\mathrm{AP}_1^{(N)}$ と弧 $\mathrm{P}_{2i-1}^{(N)}\mathrm{P}_{2i+1}^{(N)}$ $(i=1,2,\cdots,N)$ の中で一番長い弧の長さを $\Delta_N$ とおく．Step 2 における $\Gamma'_N$ から $\Gamma'_{N+1}$ の作り方から，単調減少性 $\Delta_N > \Delta_{N+1}$ がわかるが，点 P のとり方によっては，必ずしも $\displaystyle\lim_{N\to\infty}\Delta_N=0$ とはならない．$\displaystyle\lim_{N\to\infty}\Delta_N=\inf_{N\in\mathbb{N}}\Delta_N>0$ となる点 P のとり方を例示せよ．

$H_N$ を，折れ線 $\Gamma'_N$ と線分 $\mathrm{OP}_0^{(N)}$ と線分 $\mathrm{P}_{2N+1}^{(N)}\mathrm{O}$ を結んだ，単位円の角が $0$ から $\dfrac{\pi}{6}$ の扇形に含まれる閉折れ線とする．このとき，

$$A(\widetilde{\Gamma}_N) = 12A(H_N), \quad L(\widetilde{\Gamma}_N) = 12L(\Gamma'_N), \quad N = 1, 2, \cdots$$

である.

**問 7.4** $\lim_{N \to \infty} \Delta_N = 0$ が成り立つとき，次を示せ．

$$\lim_{N \to \infty} A(\widetilde{\Gamma}_N) = 12 \lim_{N \to \infty} A(H_N) = \pi, \quad \lim_{N \to \infty} L(\Gamma'_N) = \frac{1}{\sqrt{3}}.$$

問 7.4 より，

$$L_\infty = \lim_{N \to \infty} L(\Gamma_N) = 4\sqrt{3}$$

がわかる．よって，問 7.2（166 ページ）より，面積が $\pi$ である単位円の周長 $2\pi$ と $L_6$ と $L_\infty$ の関係

$$2\pi < L_6 < L_\infty$$

を得る．したがって，十分大きな $N$ に対して，ほぼ単位円に見える $\Gamma_N$ の周長は $L(\Gamma_N) > L_6$ と評価され，面積保存・周長減少という観点から，$2\pi \nearrow L_6$ ではなく $L(\Gamma_N) \searrow L_6$ という，円に見える図形から正六角形への変形過程（図 7.14（165 ページ））が説明される．

**中谷の考察の発展的展開と課題**

アルゴリズム A で生成した閉折れ線 $\Gamma_N$ は，対称性の他に次のような特徴をもっている．閉折れ線 $\Gamma_N$ の各辺の接線角度の集合を $\mathcal{V} = \{\nu_1, \nu_2, \cdots, \nu_{6M}\}$ ($M = 4N+2$) とし，正六角形の各辺の接線角度の集合を $\mathcal{H} = \{\eta_1, \eta_2, \cdots, \eta_6\}$ とする．このとき，$\mathcal{V} \subset \mathcal{H}$ で，$\Gamma_N$ の隣り合う辺の二つの接線角度に対応する正六角形の二つ接線角度は，正六角形上でも隣り合う辺の二つの接線角度となっている．すなわち，任意の隣り合う接線角度の組 $\{\nu_i, \nu_{i+1}\}$ に対して ($i = 1, 2, \cdots, 6M$; $\nu_{6M+1} = \nu_1$)，ある $j \in \{1, 2, \cdots, 6\}$ があって，$\{\nu_i, \nu_{i+1}\} = \{\eta_j, \eta_{j+1}\}$ が成り立つ ($\eta_7 = \eta_1$). 一般に，このような特徴をもつ折れ線を $\mathcal{H}$ に付随した**許容折れ線**（$\mathcal{H}$-**許容折れ線**）と呼ぶ．詳しくは，§7.3.1 を見よ．

閉折れ線 $\Gamma_N$ は，すべての $N$ について，$\mathcal{H}$-許容折れ線である．円に見える図形から正六角形への変形過程（図 7.14（165 ページ））の説明に，大きな $N$ に対する $\Gamma_N$ を用いたが，これは $\mathcal{H}$-許容折れ線のクラスの中で，対称性の高い特殊な

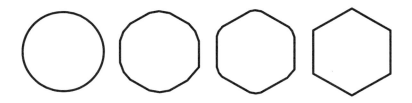

図 **7.18** 本質的な $\mathcal{H}$-許容折れ線から正六角形への収束の様子（左から右）

図形である．したがって，上の変形過程の説明は，一つの例を用いた示唆的なものにすぎないが，核心をついている．事実，$\mathcal{H}$-許容折れ線のクラスの中での面積保存する周長（全界面エネルギー $L_\sigma$）の勾配流を考えると，時間無限大で正六角形（ウルフ図形 $W_\sigma$）に収束することがわかっている [178, 183]．$\Gamma_N$ のような非凸な許容折れ線に関しても研究が進んでいる [68, 69, 71]．また，許容性を緩めた本質的な許容折れ線（[59, 180, 181]）に対しても類似の結果が得られている [182]．図 7.18 は，その数値計算例である [171, 183]．

円形状の図形から正多角形への変形過程は，$\mathcal{H}$-許容折れ線のクラスの中での面積保存する周長（全界面エネルギー $L_\sigma$）の勾配流を考えると，説明がつきそうであることがわかった．しかし，図 7.14 の最右図（165 ページ）においては，境界が丸い部分と六角形の部分に分かれている．これは，氷全体に温度勾配がかかっているからである（丸い部分から六角形部分に向かって温度が低下）．この図を説明するには，勾配流だけでは難しく，温度変化も組み合わせたモデルが必要となる．まだ，課題は残っている．

## 7.3 折れ線版移動境界問題

本節では，時間については連続で，空間については離散的な，いわば，滑らかな場合の折れ線版移動境界問題を二種類紹介する．

### 7.3.1 クリスタライン曲率流方程式

空像の節（§7.2.2）において，許容折れ線について触れたが，このクラスの折れ線について詳述する．

表題の**クリスタライン曲率流方程式**は，特異な異方性をもつ異方的曲率流方程式の一種で，以下のように定式化される．第4章で述べたように，全界面エネルギー $L_\sigma(\Gamma(t))$ の勾配流方程式は，

$$V = -k_\sigma, \quad k_\sigma = (\sigma(\nu) + \sigma''(\nu))k$$

であった $((4.2)_{\text{p.81}}, (4.3)_{\text{p.82}})$.　また，$\sigma$ の特徴付けとして，フランク図形 $F_\sigma$ を用いると便利であった．その一つの理由は，フランク図形 $F_\sigma$ の曲率の符号は，$\sigma + \sigma''$ のそれと同じだからである（問 4.14（91 ページ））．フランク図形とともに，ウルフ図形 $W_\sigma$ も重要であった．ウルフ図形の境界 $\partial W_\sigma$ の曲率は，$(\sigma + \sigma'')^{-1}$ で与えられるので，重み付き曲率 $k_\sigma = (\sigma + \sigma'')k$ は，

$$k_\sigma = \frac{\Gamma \text{の曲率}}{W_\sigma \text{の曲率}} \tag{7.11}$$

とみなすことができる．

　図 4.10（94 ページ）において，すでに例示したが，フランク図形が凸多角形のとき，$\sigma$ はクリスタラインエネルギー (**crystalline energy**) と呼ばれ，勾配流は通常の意味で導くことはできない．なぜなら，ウルフ図形も凸多角形になり，曲率が定義できない点が現れるからである．この難儀を克服するために，滑らかな曲線を折れ線のあるクラス（許容折れ線）に制限して，各辺上でクリスタライン曲率を定義するという方法がテイラー (Taylor) [162, 163, 164, 165] と，アンゲネント (Angenent) & ガーティン (Gurtin) [6] によって独立に提案された．また，ロバーツ (Roberts) [145] も，曲率流方程式の数値スキームとして，本質的に同様の方法を提案していた．詳しい小史は，アルムグレン (Almgren) & テイラー [2] や矢崎 [180] を参照されたい．

　さて，$\sigma$ をクリスタラインエネルギーとし，対応するフランク図形が凸 $N_\sigma$ 角形であるとする．このとき，ウルフ図形もまた凸 $N_\sigma$ 角形であり，次のように表現される．

$$W_\sigma = \bigcap_{j=1}^{N_\sigma} \left\{ \boldsymbol{x} \in \mathbb{R}^2 \,\middle|\, \boldsymbol{x} \cdot \boldsymbol{n}(\eta_j) \leq \sigma(\eta_j) \right\}.$$

ここで，$\eta_j$ は第 $j$ 辺の接線角度である．

　曲線 $\Gamma$ を $N$ 辺ジョルダン折れ線とし，その $N$ 個の頂点を $\{\boldsymbol{x}_i\}_{i=1}^N$ とする．

$$\Gamma = \bigcup_{i=1}^N \Gamma_i, \quad \Gamma_i = [\boldsymbol{x}_{i-1}, \boldsymbol{x}_i] \quad (\boldsymbol{x}_0 = \boldsymbol{x}_N).$$

第 $i$ 辺の接線角度を $\nu_i$ と表す．次の (1), (2) が成り立つとき，曲線 $\Gamma$ は $W_\sigma$-**許容 (admissible)**，あるいは単に許容であるという．

(1) $\{\eta_j\}_{j=1}^{N_\sigma} = \{\nu_i\}_{i=1}^{N}$ である.
(2) 集合 $\{\nu_i\}_{i=1}^{N}$ の中で任意の二つの隣り合った角度は,集合 $\{\eta_j\}_{j=1}^{N_\sigma}$ の中でも隣り合っている.すなわち,任意の $\{\nu_k, \nu_{k+1}\} \subset \{\nu_i\}_{i=1}^{N}$ に対して,ある $l$ が存在して,$\{\nu_k, \nu_{k+1}\} = \{\eta_l, \eta_{l+1}\} \subset \{\eta_j\}_{j=1}^{N_\sigma}$ ($\eta_{N_\sigma+1} = \eta_1$, $\nu_{N+1} = \nu_1$) が成り立つ.

図 7.19 は,ウルフ図形が正六角形の場合の,許容折れ線,非許容折れ線,本質的許容折れ線 [59, 180] の例である.

クリスタラインエネルギー $\sigma$ に関する許容曲線 $\Gamma(t)$ 上の全界面エネルギーは,

$$L_\sigma(\Gamma(t)) = \sum_{i=1}^{N} \sigma(\nu_i) r_i \quad (r_i = |\boldsymbol{x}_{i-1} - \boldsymbol{x}_i|)$$

と定義される.よって,

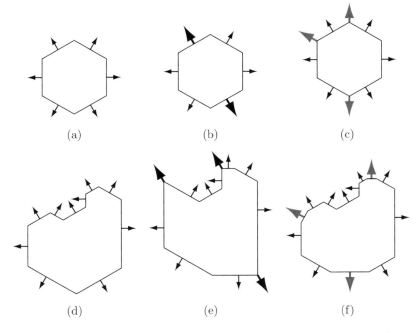

図 **7.19** ウルフ図形が正六角形 (a)(b)(c) の場合の,(d) 許容折れ線,(e) 非許容折れ線,(f) 本質的許容折れ線.(e) において,太い矢印は,ウルフ図形 (b) にあるが折れ線 (e) にない,あるいは隣り合っていない角度.(f) において,太い灰色矢印は,折れ線 (f) にあるが,ウルフ図形 (c) にない余分な角度

$$\frac{d}{dt}L_\sigma(\Gamma(t)) = \sum_{i=1}^{N}\Lambda_i v_i r_i, \quad \Lambda_i = \chi_i \frac{l_\sigma(\nu_i)}{r_i}$$

がわかる．ここで，$l_\sigma(\nu_i)$ はウルフ図形 $W_\sigma$ の接線角度が $\nu_i$ である辺の長さ，$\chi_i$ は**遷移数 (transition number)** で（図 7.20 参照）．もし，$\Gamma$ が $\Gamma_i$ の周辺で，内向き法線方向に凸（あるいは凹）ならば，$\chi_i = +1$（あるいは $-1$）とし，そうでないならば，$\chi_i = 0$ とする．これより，第 $i$ 外向き法線速度 $v_i = -\Lambda_i$ は離散 $L^2$ 内積の意味で，$L_\sigma$ の勾配流となる．そこで，$\Lambda_i$ を**クリスタライン曲率**，方程式 $v_i = -\Lambda_i$ を**クリスタライン曲率流方程式**と呼ぶ．

解曲線は，その許容性を保ったまま時間発展するため，各辺は，動くならば法線方向に平行移動する．そのため，遷移数が 0 である辺の消滅が起こる．消滅が起こった瞬間に新たな許容折れ線が生成され，その意味で解曲線は接続される．図 7.21 の数値計算は，接続を繰り返している．

**問 7.5** $\sigma$ が滑らかな異方的エネルギーのとき，重み付き曲率は $k_\sigma = wk, w = \sigma + \sigma''$ と表すことができた．$\sigma$ がクリスタラインエネルギーのとき，§8.2 で述べる離散曲率 $k_i$ を用いて，クリスタライン曲率を $\Lambda_i = w_i k_i$ と分解したとき，$w_i$ を求め，$\Lambda_i$ は (7.11)$_{\text{p.172}}$ の離散化に対応していることを考察せよ．

クリスタラインエネルギーが $\sigma(\nu_i) \equiv 1$ で，ウルフ図形が正多角形のとき，$\Lambda_i = k_i$ であるが，このときのクリスタライン曲率（離散曲率）の意味は，全エネルギーあるいは周長の第 1 変分としての特徴付けの他に，曲率半径の逆数という特徴付けがなされる（図 7.22）．

曲率流方程式にさまざまなヴァリエーション（第 5 章）があったように，クリス

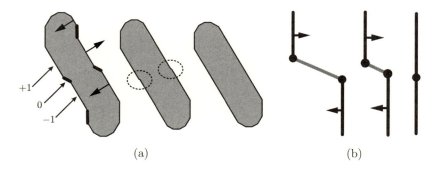

**図 7.20** (a) において，数字は遷移数．矢印の方向に辺が移動した場合，遷移数が 0 である辺は消滅する．(b) 遷移数 0 の辺（灰色）の消滅模式図

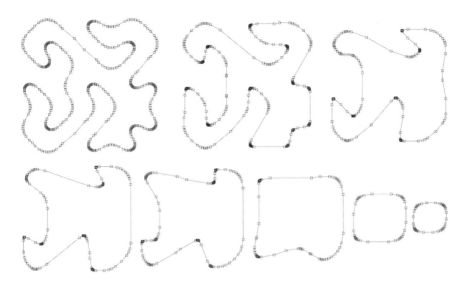

**図 7.21** 閉許容折れ線の $v_j = -|k_j|^{p-1}k_j\ (p=0.1)$ による時間発展の様子（時間の経過は左から右，上段から下段，□印は頂点）．初期曲線は 380 個の点を結んだ許容折れ線．解の接続を繰り返し，$\chi_j = 0$ の辺が次々と消滅し，最終的に凸図形になったときの辺の数は 36 個である．重みがない（$\sigma(\nu_i) \equiv 1$）にもかかわらず，$p$ が小さいことから，見かけ上の異方性が観察される

タライン曲率流方程式に対しても，同様のヴァリエーションが考えられる [180]．図 7.21 はその一つの例である．

クリスタライン曲率流とその関連研究については，収束性 [170, 171]，自己相似解 [67]，凸化現象 [65]，爆発現象 [5, 70]，面積保存版，退化型，3 次元版 [169]，ステファン問題との融合や応用 [47, 48, 146, 49]，らせん運動 [64] などをキー

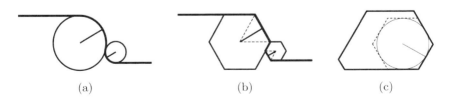

**図 7.22** (a) 通常の曲率は曲率半径の逆数，(b) クリスタライン曲率（離散曲率）は内接最大多角形の半径の逆数，すなわち，(c) 内接最大多角形に内接する最大の円の半径の逆数

ワードに多くの研究がなされている．これらの論文，および各論文の参考文献を参照せよ．また，§8.2や注8.1（185ページ）においても数値計算の観点から論じる．

### 7.3.2 折れ線曲率流方程式

**折れ線曲率流方程式**は，クリスタライン曲率流方程式と同様に常微分方程式のシステムとして定式化される [14]．解曲線（折れ線）は，所定の折れ線のクラスに属しており，クリスタライン曲率流の解曲線のクラスである許容曲線のクラスに似て非なるものである．実際，もし初期曲線が凸多角形だったならば，折れ線曲率流は，クリスタライン曲率流とみなすこともできるが，もし初期曲線が凸でなく，いかなる許容クラスにも属していなかったならば，折れ線曲率流はクリスタライン曲率流とはみなせない．所定の折れ線のクラスを次のように定義する．ある $N$ 辺の折れ線 $\Gamma$ に対して，第 $i$ 法線ベクトルを $\boldsymbol{n}_i(\Gamma)$ $(i=1,2,\cdots,N)$ と書く．このとき，別の $N$ 辺の折れ線 $\Sigma$ の法線ベクトルについて，$\boldsymbol{n}_i(\Sigma) = \boldsymbol{n}_i(\Gamma)$ $(i=1,2,\cdots,N)$ が成り立つとき，$\Sigma$ は $\Gamma$ に同値であるとする（図 7.23）．

このようにして，$\Gamma$-同値な折れ線クラスが決定される．例えば，$\Gamma = \Gamma(0)$，$\Sigma = \Gamma(t)$ $(t>0)$ のように $\Gamma$-同値な折れ線クラスの中で時間発展を考えることができる．折れ線曲率は，同値な折れ線クラスの中で周長の第 1 変分として定義されるが，これは，後に§8.2で導入する離散曲率 $k_i$ や等方的なクリスタライン曲率に等しい．

初期曲線 $\Gamma(0)$ は任意にとることができるので，このクラスは，許容クラスよりも広い．その意味で，クリスタライン曲率流方程式における許容性と異なり，

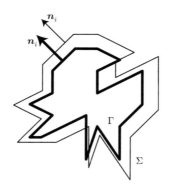

図 **7.23** 同値な曲線のクラス

非許容性，本質的許容性といった概念は不要となる．さらに，クリスタライン曲率流の枠組みでは，初期曲線は許容クラスから選ぶ必要があった．また，ある辺が消滅したとき，クリスタライン曲率流方程式は，消滅する辺が遷移数0の辺であれば，解折れ線の許容性は保存されるが，折れ線曲率流は，同値なクラスが変わるという対照的な特徴をもつ．

最後に，折れ線曲率流は，曲率流，面積保存流，全長保存流，ヘレ・ショウ流，移流などを含むさまざまな移動境界問題の折れ線版を提供することを注意しておこう [14, 81]．また，解曲線が同値な折れ線のクラスに属している限り，常微分方程式を，与えられた面積速度や全長速度を保ったまま時間について離散化できることもわかっており，数値計算の観点からは魅力である．§8.2や注8.1（185ページ）で後述する．

# 第 8 章

# 数値計算とその応用

本章では，移動境界問題を数値計算する場合の基本的な考え方を紹介する．特に，直接法の場合に，曲線は折れ線で近似されるが，曲率や接線ベクトルなどの基本的な量はどのように離散化されるのかを論じる．これらは，§2.2 や §2.7 の折れ線版である．また，一様配置法（§5.12）を一般化した曲率調整型の接線速度も導出する．

## 8.1 直接法と間接法

変形する曲線を近似する方法の基本的な考え方は，大別すると二通りある．一つは，曲線を有限個の頂点をもつ折れ線で近似する方法で，**直接法 (direct approach)** と呼ばれる．図 8.1 は直接法のイメージ図である．

もう一つの方法は，界面をシャープな境界線（境界面）として捉えない方法や曲線，特に閉曲線をある曲面の等高線として捉える方法で，**間接法 (indirect approach)** と呼ばれる．フェーズフィールド法 (phase field approach) は前者の代表格で，等高面の方法 (level set approach) は後者の代表格である．等高面の

図 8.1　直接法のイメージ図

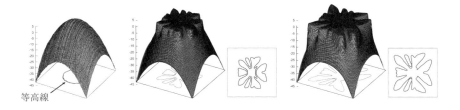

図 8.2 　間接法のイメージ図

方法では，時間発展する曲線を直接追跡せずに，等高線が対象とする曲線となる曲面の時間発展を追跡する．図 8.2 は等高面の方法のイメージ図である．

直接法は，頂点の個数（例えば $N$ とする）に比例した $O(N)$ の計算量であるが，等高面の方法の原初的な考えでは，平面格子（メッシュ）上で曲面を近似するため $x$ 方向と $y$ 方向をそれぞれ $N$ 分割すると，格子数はその 2 乗になるので，計算量は $O(N^2)$ となる．しかし，計算機の性能の向上と，必要な部分だけ格子生成する方法も多く開発されているので，もはやこれらの計算量の差によってどちらの方法を選ぶかという考えに拘泥する必要はない．むしろ，目的に応じた使い方をするべきであろう．

複数の曲線の統合や分離（いわゆる位相変化）について，直接法では，二つの曲線が十分に近づいてから，つなぎ替えをするのが一般的であるが，重なってから，つなぎ替えをするというア・ポステリオリ (a posteriori) な方法も提案されている（図 8.3）．この方法ならば，二つの曲線が非常に近づくが接触しない場合を回避できる利点がある [144]．

一方，等高面の方法では，曲面を動かすので，等高線の位相変化は（等高線の

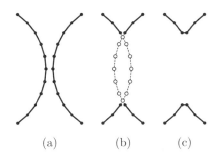

図 8.3 　(a) ある離散時刻 $t$ における図，(b) 次の離散時刻 $t' > t$ において重なった図，(c) 離散時刻 $t'$ において (b) の代わりに採用するつなぎ替えをした図

計算方法を確定しておけば）自動的につなぎ替えがなされる（図 8.2）．しかし，画像輪郭抽出などにおいては，一つの閉曲線だけがほしい場合もあり，その場合，自動的に位相変化してしまう等高面の方法で制御することは困難であろうが，直接法ならば，位相変化に対応する手動計算をしなければよいだけである．また，8 の字のような自己交差した曲線を等高面の方法で扱うことは難しいが，直接法では問題とならない．もう一つ差異を述べれば，直接法では曲線の扱いと曲面の扱いは全く異なるが，等高面の方法では等高線の扱いと等高面の扱いは構造的な考え方が同じであるため，次元の上げ下げに関して，等高面の方法では問題とならない．

## 8.2 時間変化する平面折れ線とその表現

前節で述べたように，直接法も間接法も一長一短あるので，両方とも知っているとよいが，ここでは直接法のみ紹介する．すなわち，発展方程式 (2.1) p.40

$$\partial_t \boldsymbol{x} = V\boldsymbol{n} + \alpha \boldsymbol{t}$$

に従って時間発展する平面曲線を平面折れ線で近似的に追跡するスキームを構成する．簡単のため，曲線はジョルダン曲線とするが，自己交差する曲線や開曲線の場合でも考え方は同じである．（ただし，開曲線の場合は端点での扱いに注意しなければならない．）

以下，閉折れ線をどのように構成して，どのように時間発展させるかを紹介する．いわば第 2 章の特に §2.2 と §2.7 の内容の折れ線版を構成する．平面内の時間発展する $\Gamma$ の頂点数 $N$ のジョルダン折れ線を $\Gamma = \Gamma(t)$ とし，$\Gamma(t)$ で囲まれる領域を $\Omega(t)$ とする（図 8.4）．

### 第 $i$ 頂点 $\boldsymbol{x}_i$

頂点の位置ベクトルを $\boldsymbol{x}_i$ とする $(i = 1, 2, \cdots, N)$．閉折れ線であるので $\boldsymbol{x}_0 = \boldsymbol{x}_N$ である．

### 第 $i$ 辺 $\Gamma_i$

$\boldsymbol{x}_i$ と $\boldsymbol{x}_{i-1}$ を結ぶ線分を第 $i$ 辺

$$\Gamma_i = [\boldsymbol{x}_{i-1}, \boldsymbol{x}_i] = \left\{ (1-\lambda)\boldsymbol{x}_{i-1} + \lambda \boldsymbol{x}_i \,\middle|\, \lambda \in [0,1] \right\}$$

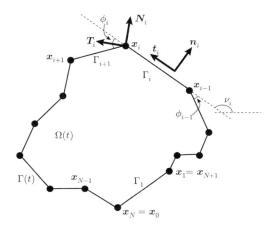

図 8.4　ジョルダン折れ線 $\Gamma(t)$

とする $(i = 1, 2, \cdots, N)$. したがって, $\Gamma = \bigcup_{i=1}^{N} \Gamma_i$ である.

**第 $i$ 辺 $\Gamma_i$ の長さ $r_i$ と周長 $L$**

第 $i$ 辺 $\Gamma_i$ の長さを

$$r_i = |\bm{x}_i - \bm{x}_{i-1}|$$

とする $(i = 1, 2, \cdots, N)$. これより, 閉折れ線 $\Gamma$ の周長 $L$ が,

$$L = \sum_{i=1}^{N} r_i$$

と算出される.

**第 $i$ 辺 $\Gamma_i$ の接線ベクトル $\bm{t}_i$ と法線ベクトル $\bm{n}_i$**

第 $i$ 単位接線ベクトルと第 $i$ 外向き単位法線ベクトルをそれぞれ,

$$\bm{t}_i = \frac{\bm{x}_i - \bm{x}_{i-1}}{r_i}, \quad \bm{n}_i = -\bm{t}_i^{\perp}$$

とする $(i = 1, 2, \cdots, N)$. ここで, $(a, b)^{\perp} = (-b, a)$ は反時計回りの 90 度回転である.

## $\Omega$ の面積 $A$

§2.7 と同様の考察により求めることができる．あるいは，原点を O とし，位置ベクトルが $\boldsymbol{x}_i$ の第 $i$ 頂点を $\mathrm{P}_i$ としたときの三角形 $\triangle \mathrm{OP}_{i-1}\mathrm{P}_i$ の符号付き面積を $A_i$ とすると，

$$A_i = \frac{1}{2}\det(\boldsymbol{x}_{i-1}\ \boldsymbol{x}_i) \quad (i=1,2,\cdots,N)$$

であるから，$\Omega$ の面積 $A$ はこれらの総和として，

$$A = \sum_{i=1}^N A_i = \frac{1}{2}\sum_{i=1}^N \det(\boldsymbol{x}_{i-1}\ \boldsymbol{x}_i)$$

と求まる．また，三角形 $\triangle \mathrm{OP}_{i-1}\mathrm{P}_i$ を底辺を第 $i$ 辺，符号付き高さを $\boldsymbol{x}_i \cdot \boldsymbol{n}_i$ とする三角形と考えれば，

$$A = \frac{1}{2}\sum_{i=1}^N \boldsymbol{x}_i \cdot \boldsymbol{n}_i r_i = \frac{1}{2}\sum_{i=1}^N \boldsymbol{x}_{i-1}^\perp \cdot \boldsymbol{x}_i$$

のように表現することもできる．ここで，

$$\det(\boldsymbol{x}_{i-1}\ \boldsymbol{x}_i) = \boldsymbol{x}_{i-1}^\perp \cdot \boldsymbol{x}_i \quad (i=1,2,\cdots,N)$$

であることに注意せよ．

**問 8.1** これを示せ．

## $\Omega$ の重心 $\boldsymbol{c}$

三角形 $\triangle \mathrm{OP}_{i-1}\mathrm{P}_i$ の重心は，

$$\boldsymbol{c}_i = \frac{\boldsymbol{0}+\boldsymbol{x}_{i-1}+\boldsymbol{x}_i}{3} \quad (i=1,2,\cdots,N)$$

である．よって，$\Omega$ の重心 $\boldsymbol{c}$ は，三角形 $\triangle \mathrm{OP}_{i-1}\mathrm{P}_i$ の符号付き面積 $A_i$ を重みとした $\{\boldsymbol{c}_i\}_{i=1}^N$ の平均値として，

$$\boldsymbol{c} = \frac{1}{A}\sum_{i=1}^N \boldsymbol{c}_i A_i = \frac{1}{3A}\sum_{i=1}^N \det(\boldsymbol{x}_{i-1}\ \boldsymbol{x}_i)\boldsymbol{x}_i^*$$

のように求まる．ここで，

$$\bm{x}_i^* = \frac{\bm{x}_i + \bm{x}_{i-1}}{2}$$

は第 $i$ 辺 $\Gamma_i$ の中点である $(i = 1, 2, \cdots, N)$．

あるいは，問 2.3（49 ページ）と同様の考察から，(2.12)${}_{\text{p.50}}$ に対応して，

$$\bm{c} = \frac{1}{A} \int_\Omega \bm{x}\, d\Omega = \frac{1}{3A} \sum_{i=1}^N (\bm{x}_i \cdot \bm{n}_i) \bm{x}_i^* r_i = \frac{1}{3A} \sum_{i=1}^N (\bm{x}_{i-1}^\perp \cdot \bm{x}_i) \bm{x}_i^*$$

のように算出してもよい．

**問 8.2** これを示せ．

### 第 $i$ 辺 $\Gamma_i$ の接線角度 $\nu_i$

第 $i$ 辺 $\Gamma_i$ の接線角度を $\nu_i$ とすると，各 $\nu_i$ は，

$$\bm{t}_i = \begin{pmatrix} \cos \nu_i \\ \sin \nu_i \end{pmatrix}$$

を満たす．$2\pi$ の整数倍の不定性を避けるために，$i = 1$ から順次以下のように求める．まず，$\bm{t}_1 = (t_{11}, t_{12})^{\mathrm{T}} = (\bm{x}_1 - \bm{x}_0)/r_1$ から，

$$\nu_1 = \begin{cases} \arccos(t_{11}), & t_{12} \geq 0, \\ -\arccos(t_{11}), & t_{12} < 0. \end{cases}$$

ここで，arccos の定義域は $[-1, 1]$ であり，理論上は $t_{11} \in [-1, 1]$ であるので問題ないが，計算機においては数値誤差を $\varepsilon > 0$ とすると，$t_{11} \in [-1-\varepsilon, 1+\varepsilon]$ となる場合があり，$|t_{11}| > 1$ のとき，例えば C 言語における逆余弦 acos$(t_{11})$ はエラーとなる．これを避けるために，プログラム上では，$t_{11} < -1 \Rightarrow t_{11} = -1$; $t_{11} > 1 \Rightarrow t_{11} = 1$ という二文を加えておくとよいだろう．以下に登場する arccos$(I)$ についても同様である．

次に，$i = 1, 2, \cdots, N$ に対して，次のように，$\nu_{i+1}$ を順次 $\nu_i$ から算出できる．

$$\nu_{i+1} = \nu_i + \mathrm{sgn}(D) \arccos(I), \quad D = \det(\bm{t}_i, \bm{t}_{i+1}), \quad I = \bm{t}_i \cdot \bm{t}_{i+1}.$$

最後に，$\nu_0 = \nu_1 - (\nu_{N+1} - \nu_N)$ とする．角度は一般角であり，周期的ではないことに注意しよう．以上により，接線角度 $\{\nu_i\}_{i=0}^{N+1}$ が算出される．こうして，第

$i$ 外向き単位法線ベクトルが $\bm{n}_i = (\sin \nu_i, -\cos \nu_i)^{\mathrm{T}}$ のように接線角度を用いて計算できる $(i = 1, 2, \cdots, N)$.

### 第 $i$ 頂点 $\bm{x}_i$ での接線ベクトル $\bm{T}_i$ と法線ベクトル $\bm{N}_i$

頂点での接線は本来求まらないが,隣り合う接線角度の平均の角度を接線角度とする接線を頂点における接線と定義する.すなわち,

$$\nu_i^* = \frac{\nu_i + \nu_{i+1}}{2} = \nu_i + \frac{\phi_i}{2}$$

とする $(i = 1, 2, \cdots, N)$. ここで,

$$\phi_i = \nu_{i+1} - \nu_i$$

は第 $i$ 辺と第 $i+1$ 辺の接線角度の差である $(i = 1, 2, \cdots, N)$. これより,第 $i$ 頂点 $\bm{x}_i$ での単位接線ベクトル $\bm{T}_i$ と外向き単位法線ベクトル $\bm{N}_i$ をそれぞれ

$$\bm{T}_i = \begin{pmatrix} \cos \nu_i^* \\ \sin \nu_i^* \end{pmatrix}, \quad \bm{N}_i = -\bm{T}_i^{\perp}$$

と定義する $(i = 1, 2, \cdots, N)$.

### 閉折れ線 $\Gamma(t)$ の発展方程式

以降,次のような省略形を用いる.

$$c_i = \cos \frac{\phi_i}{2}, \quad s_i = \sin \frac{\phi_i}{2} \quad (i = 1, 2, \cdots, N).$$

このとき,次がわかる $(i = 1, 2, \cdots, N)$.

$$\bm{T}_i = c_i \bm{t}_i - s_i \bm{n}_i = c_i \bm{t}_{i+1} + s_i \bm{n}_{i+1}, \quad \bm{T}_{i-1} = c_{i-1} \bm{t}_i + s_{i-1} \bm{n}_i,$$

$$\bm{N}_i = c_i \bm{n}_i + s_i \bm{t}_i = c_i \bm{n}_{i+1} - s_i \bm{t}_{i+1}, \quad \bm{N}_{i-1} = c_{i-1} \bm{n}_i - s_{i-1} \bm{t}_i.$$

**問 8.3** 上を確認し,また次を示せ $(i = 1, 2, \cdots, N)$.

$$\bm{t}_i = c_i \bm{T}_i + s_i \bm{N}_i, \quad \bm{t}_{i+1} = c_i \bm{T}_i - s_i \bm{N}_i,$$

$$\bm{n}_i = -s_i \bm{T}_i + c_i \bm{N}_i, \quad \bm{n}_{i+1} = s_i \bm{T}_i + c_i \bm{N}_i.$$

## 8.2 時間変化する平面折れ線とその表現

閉折れ線 $\Gamma(t)$ の発展方程式を

$$\dot{\boldsymbol{x}}_i = V_i \boldsymbol{N}_i + \alpha_i \boldsymbol{T}_i \quad (i=1,2,\cdots,N) \tag{8.1}$$

とする．ここで，接線速度 $\alpha_i$ と法線速度 $V_i$ は第 $i$ 頂点で定義された量である．また，$\dot{\mathsf{F}} = d\mathsf{F}/dt$ と書くことにする．

接線速度 $\alpha_i$ は後に定義する．法線速度 $V_i$ は第 $i$ 辺 $\Gamma_i$ 上で定義された法線速度 $v_i$ を用いて，

$$V_i = \frac{v_i + v_{i+1}}{2c_i} \tag{8.2}$$

と定義する $(i=1,2,\cdots,N)$．法線速度 $v_i$ は，各問題に応じて定める．

これより，各量の時間発展方程式を得る．

$$\dot{r}_i = V_i s_i + V_{i-1} s_{i-1} + \alpha_i c_i - \alpha_{i-1} c_{i-1}, \tag{8.3}$$

$$\dot{\boldsymbol{t}}_i = -\dot{\nu}_i \boldsymbol{n}_i, \tag{8.4}$$

$$\dot{\nu}_i = -\frac{1}{r_i}(V_i c_i - V_{i-1} c_{i-1} - \alpha_i s_i - \alpha_{i-1} s_{i-1}). \tag{8.5}$$

**問 8.4** これらを示せ．

**注 8.1** 第 $i$ 法線速度 $V_i$ を (8.2) のように定める由来は，次の 2 式である．

$$\beta_i = \dot{\boldsymbol{x}}_i \cdot \boldsymbol{n}_i = V_i c_i - s_i \alpha_i$$

$$\beta_{i+1} = \dot{\boldsymbol{x}}_i \cdot \boldsymbol{n}_{i+1} = V_i c_i + s_i \alpha_i$$

とする．これより，

$$V_i = \frac{\beta_i + \beta_{i+1}}{2c_i}$$

を得る．一般には，第 $i$ 辺 $\Gamma_i$ 上で定義された法線速度 $v_i$ は，$\beta_i = \dot{\boldsymbol{x}}_i \cdot \boldsymbol{n}_i$ と一致することを要請しない．要請した場合，

$$\alpha_i = \frac{v_{i+1} - v_i}{2s_i}$$

のように第 $i$ 接線速度も規定され，(8.5) から $\dot{\nu}_i = 0$ となる $(i=1,2,\cdots,N)$．この関係は，§3.6 の (3.13)$_{\mathrm{p.71}}$ において，$\alpha = \partial_s V/k$ のように接線速度を定めたときに，(3.14)$_{\mathrm{p.71}}$ の $\partial_t \nu = 0$ を得ることの離散版に対応している．

接線角度が時間変化しないのであるから，どの辺も潰れない（どの辺の長さも 0 にならない）限り，$\Gamma(0)$ と $\Gamma(t)$ の対応する辺は平行であることを意味している．すなわち，閉折れ線は，ある特定のクラスに属していることになる．§7.3 でみたように，このような折れ線をあるクラスに制限した運動も研究されている．

**問 8.5** $i = 1, 2, \cdots, N$ について，$v_i = \beta_i$ としたとき，$\dot{\nu}_i = 0$ となることを示せ．

(8.1), (8.2), (8.3) より，周長 $L$, 面積 $A$, 重心 $\boldsymbol{c}$ の時間発展方程式を得る．

$$\dot{L} = \sum_{i=1}^{N} \frac{\tan(\phi_i/2) + \tan(\phi_{i-1}/2)}{r_i} v_i r_i, \tag{8.6}$$

$$\dot{A} = \sum_{i=1}^{N} v_i r_i + \mathrm{err}_A, \tag{8.7}$$

$$\dot{\boldsymbol{c}} = -\frac{\dot{A}}{A} \boldsymbol{c} + \frac{1}{A} \sum_{i=1}^{N} x_i^* v_i r_i + \mathbf{err}_{\boldsymbol{c}}. \tag{8.8}$$

ここで,

$$\mathrm{err}_A = \sum_{i=1}^{N} \left( \alpha_i s_i - \frac{v_{i+1} - v_i}{2} \right) \frac{r_{i+1} - r_i}{2}$$

$$\mathbf{err}_{\boldsymbol{c}} = \mathbf{err}_{\boldsymbol{c}}^1 + \mathbf{err}_{\boldsymbol{c}}^2$$

$$\mathbf{err}_{\boldsymbol{c}}^1 = \frac{1}{A} \sum_{i=1}^{N} \left( \alpha_i s_i - \frac{v_{i+1} - v_i}{2} \right) \frac{r_i^2 \boldsymbol{t}_i + r_{i+1}^2 \boldsymbol{t}_{i+1}}{6}$$

$$\mathbf{err}_{\boldsymbol{c}}^2 = \frac{1}{A} \sum_{i=1}^{N} \left( \alpha_i s_i - \frac{v_{i+1} - v_i}{2} \right) \boldsymbol{x}_i \frac{r_{i+1} - r_i}{2}$$

である．

**問 8.6** これらを示せ．

**注 8.2** $i = 1, 2, \cdots, N$ について，

$$r_i^* = \frac{r_i + r_{i+1}}{2}$$

とおくと，

$$r_i^2 \boldsymbol{t}_i + r_{i+1}^2 \boldsymbol{t}_{i+1} = c_i (r_i^2 + r_{i+1}^2) \boldsymbol{T}_i - 2 s_i r_i^* \boldsymbol{N}_i \frac{r_{i+1} - r_i}{2}$$

であるので，

$$\mathrm{err}_c = \mathrm{err}_c^{(1)} + \mathrm{err}_c^{(2)}$$

$$\mathrm{err}_c^{(1)} = \frac{1}{A}\sum_{i=1}^{N}\left(\alpha_i s_i - \frac{v_{i+1}-v_i}{2}\right)\frac{c_i(r_i^2 + r_{i+1}^2)\boldsymbol{T}_i}{6}$$

$$\mathrm{err}_c^{(2)} = \frac{1}{A}\sum_{i=1}^{N}\left(\alpha_i s_i - \frac{v_{i+1}-v_i}{2}\right)\left(\boldsymbol{x}_i - \frac{s_i r_i^* \boldsymbol{N}_i}{3}\right)\frac{r_{i+1}-r_i}{2}$$

のようにまとめてもよい．

### 第 $i$ 辺 $\Gamma_i$ 上の曲率 $k_i$

線分の曲率は，普通の意味では 0 であるが，滑らかな曲線に対する曲率の定義を §2.12 で述べたように，周長 $L$ の第 1 変分，あるいは (2.10)$_{\mathrm{p.49}}$ の右辺の積分に現れる $k$ を曲率と定義すると，同様の考え方で (8.6) から第 $i$ 辺 $\Gamma_i$ 上の曲率が定義できる．すなわち，

$$k_i = \frac{\tan(\phi_i/2) + \tan(\phi_{i-1}/2)}{r_i} \quad (i=1,2,\cdots,N)$$

とおけば，(8.6) は，

$$\dot{L} = \sum_{i=1}^{N} k_i v_i r_i \tag{8.9}$$

となって，$\dot{L}(t) = \int_{\Gamma(t)} kV\,ds$ の空間離散版に対応するものを得る．そこで，$k_i$ を第 $i$ **離散曲率**と呼ぶことにしよう．

第 $i$ 離散曲率 $k_i$ は，注 8.1（185 ページ）で述べた，$\dot{\nu} = 0$ となるある特定のクラスに制限した折れ線の運動における折れ線曲率 (polygonal curvature) [14] や (§7.3.2)，さらに強い制限を設けたクリスタライン運動におけるクリスタライン曲率 (crystalline curvature) [6, 165, 180] に等しい (§7.3.1)．

### 第 $i$ 頂点の接線角度として $\nu_i^*$ を採用することの合理性

第 $i$ 頂点 $\boldsymbol{x}_i$ における接線角度 $\nu_i^*$ は，隣接する接線角度 $\nu_i, \nu_{i+1}$ の平均として定めたが，本来的には不定である．そこで，接線ベクトル $\boldsymbol{T}_i$ の角度 $\overline{\nu}_i$ を $\nu_i$ と

$\nu_{i+1}$ の内分点として，

$$\overline{\nu}_i = (1-\mu_i)\nu_i + \mu_i \nu_{i+1} \quad (i=1,2,\cdots,N)$$

のように定めてみよう．ここで，$\mu_i \in [0,1]$ は未知であり，何らかの知見によって定めるものとする．このとき，

$$\overline{\nu}_i = \nu_i + \mu_i \phi_i, \quad \overline{\nu}_{i-1} = \nu_i - (1-\mu_{i-1})\phi_{i-1} \quad (\phi_i = \nu_{i+1} - \nu_i)$$

となるので，

$$\boldsymbol{T}_i = \begin{pmatrix} \cos\overline{\nu}_i \\ \sin\overline{\nu}_i \end{pmatrix} = \overline{c}_i \boldsymbol{t}_i - \overline{s}_i \boldsymbol{n}_i, \quad \overline{c}_i = \cos(\mu_i \phi_i), \quad \overline{s}_i = \sin(\mu_i \phi_i)$$

$$\boldsymbol{T}_{i-1} = \begin{pmatrix} \cos\overline{\nu}_{i-1} \\ \sin\overline{\nu}_{i-1} \end{pmatrix} = \widehat{c}_{i-1} \boldsymbol{t}_i + \widehat{s}_{i-1} \boldsymbol{n}_i$$

$$\widehat{c}_{i-1} = \cos((1-\mu_{i-1})\phi_{i-1}), \quad \widehat{s}_{i-1} = \sin((1-\mu_{i-1})\phi_{i-1})$$

と，$\boldsymbol{N}_j = -\boldsymbol{T}_j^\perp$ から，

$$\dot{r}_i = (\dot{\boldsymbol{x}}_i - \dot{\boldsymbol{x}}_{i-1}) \cdot \boldsymbol{t}_i = V_i \overline{s}_i + V_{i-1}\widehat{s}_{i-1} + \alpha_i \overline{c}_i - \alpha_{i-1}\widehat{c}_{i-1}$$

を得る．よって，

$$\dot{L} = \sum_{i=1}^{N} \dot{r}_i = \sum_{i=1}^{N} V_i(\overline{s}_i + \widehat{s}_i) + \sum_{i=1}^{N} \alpha_i(\overline{c}_i - \widehat{c}_i)$$

となる．ここで，与えられた非自明な接線速度 $\{\alpha_i\}_{i=1}^{N}$ に対して，第2項を消去するには，$\overline{c}_i \equiv \widehat{c}_i$ ($\mu_i \in [0,1]$) から，$\mu_i \equiv 1/2$ でなければならないことがわかる．この意味で，第 $i$ 頂点での接線ベクトル $\boldsymbol{T}_i$ の角度として $\overline{\nu}_i = \nu_i^*$ を採用することは合理的といえよう．

## 8.3 一様配置法（離散版）

一様配置法 (§5.12) の実用的な方法を吟味する．

## 理想的一様配置法

古典的面積保存曲率流 (§5.2)，表面拡散流（注 5.2（107 ページ）），ヘルフリッヒ流 (§5.8)，あるいは，ヘレ・ショウ流 (§6.1) などのように，面積が保存する重要な移動境界問題はいくつも知られている．その意味で，面積保存する閉折れ線の運動を考えることは，よい近似スキームを構築する，あるいは面積保存する移動境界問題の理解を深めるといった観点から，とても重要な事項となる．例えば，古典的面積保存曲率流方程式 (5.3)$_{\text{p.103}}$ に対応する式として，

$$v_i = \frac{2\Pi_N}{L} - k_i, \quad \Pi_N = \sum_{j=1}^{N} \tan\frac{\phi_j}{2} \quad (i = 1, 2, \cdots, N) \tag{8.10}$$

を考えると，十分大きい $N$ に対して，$\Pi_N \approx \pi$ であり，面積の時間変化 (8.7)$_{\text{p.186}}$ において，

$$\sum_{i=1}^{N} v_i r_i = 0$$

となることはすぐにわかる．凸折れ線 $\Gamma$ が，$\dot{\nu}_i \equiv 0$ を満たしながら，(8.10) に従って変形運動したとき，これはいわゆる面積保存クリスタライン曲率運動になるが，解凸折れ線は古典的面積保存曲率流方程式 (5.3)$_{\text{p.103}}$ の解凸曲線を近似しており [171]，解の漸近挙動も類似することがわかっている [178]．このような例もあることから，面積の時間変化 (8.7)$_{\text{p.186}}$ において，$\text{err}_A = 0$ を要請することは自然であろう．$\text{err}_A = 0$ を実現するには，注 8.1（185 ページ）で述べた $\alpha_i = (v_{i+1} - v_i)/(2s_i)$ を採用するか，$r_i \equiv L/N$ となるように $\alpha_i$ を定めるかしかない．前者の場合，注 8.1（185 ページ）で述べたように，折れ線のクラスを制限することに他ならないので，折れ線の自由度は下がってしまう．一方で，そのおかげで，上述の例のように，近似や漸近挙動においてさまざまなよい性質を示すことができる．ここでは，折れ線のクラスを制限しないで，後者の立場をとった場合に，どのような利点が生じるかを論じてみたい．

理想的な状況は，解の最大存在時間を $T_{\max}$ としたとき，

$$r_i(t) \equiv \frac{L(t)}{N} \quad (t \in [0, T_{\max}), \ i = 1, 2, \cdots, N)$$

が成り立つことである．両辺を $t$ で微分して，(8.3)$_{\text{p.185}}$ を用いると，

$$V_i s_i + V_{i-1} s_{i-1} + \alpha_i c_i - \alpha_{i-1} c_{i-1} = \frac{\dot{L}}{N}$$

を得るが，これより，次のようにまとめられる $(i = 2, 3, \cdots, N)$.

$$\alpha_i = \frac{\Psi_i}{c_i} + \frac{c_1}{c_i}\alpha_1, \quad \Psi_i = \psi_2 + \psi_3 + \cdots + \psi_i,$$

$$\psi_i = \frac{\dot{L}}{N} - V_i s_i - V_{i-1} s_{i-1}.$$

**問 8.7** これを示せ．

上の計算において，$\{\alpha_i\}_{i=2}^{N}$ は $\alpha_1$ が決まれば値が確定するが，$\alpha_1$ 自体は，(5.19)$_{\text{p.119}}$ の積分から出現する積分定数のように，このままでは定まらない．$\alpha_1$ を決める方法は，いろいろ考えられるが，素朴に零平均をとるのは自然である．すなわち，$\{\alpha_i\}_{i=1}^{N}$ についての上の $N-1$ 本と独立した方程式として，例えば

$$\frac{1}{N}\sum_{i=1}^{N}\alpha_i = 0 \quad \text{や} \quad \frac{1}{L}\sum_{i=1}^{N}\alpha_i r_i^* = 0 \quad \left(L = \sum_{j=1}^{N} r_j^*\right)$$

を，実質は，

$$\sum_{i=1}^{N}\alpha_i = 0 \quad \text{や} \quad \sum_{i=1}^{N}\alpha_i r_i^* = 0 \tag{8.11}$$

を加えて，これら $N$ 本の方程式から，$\{\alpha_i\}_{i=1}^{N}$ が決定される．こうして，与えられた法線速度 $\{v_i(t)\}_{i=1}^{N}$ と解閉折れ線 $\Gamma(t)$ から，時刻 $t$ における接線速度 $\{\alpha_i(t)\}_{i=1}^{N}$ が決定され，発展方程式 (8.1)$_{\text{p.185}}$ が定まる．その際，つねに $\dot{r}_i(t) \equiv \dot{L}(t)/N$ を満たすように接線速度が作られているので，初期配置が一様，すなわち $r_i(0) \equiv L(0)/N$ であれば，それを維持するように変形運動する．

### 漸近的一様配置法

理想的には前小節の通りでよいのだが，現実的に数値計算して解折れ線の挙動を追跡しようとすると，数値誤差（丸め誤差）と発展方程式 (8.1)$_{\text{p.185}}$ を解く際の打ち切り誤差の影響で，誤差のない初期値の一様配置を実現することと一様配置を誤差なく維持することは難しい．したがって，数値誤差付きの一様配置から厳密に一様配置になる方向に各頂点 $\{\boldsymbol{x}_i\}_{i=1}^{N}$ を動かす接線速度を定めることが現実的である．

このような考えのもとで次の漸近的一様配置法が提案されている．

$$r_i - \frac{L}{N} = \eta_i e^{-f(t)} \quad \left(\sum_{i=1}^{N} \eta_i = 0, \ \lim_{t \to T_{\max}} f(t) = \infty \right).$$

両辺を微分して，$\omega(t) = \dot{f}(t)$ とおくと，

$$\dot{r}_i = \frac{\dot{L}}{N} + \left(\frac{L}{N} - r_i\right)\omega(t), \quad \int_0^{T_{\max}} \omega(t)\,dt = \infty \quad (i=1,2,\cdots,N) \quad (8.12)$$

を得る．これより，前小節と同様に (8.3)$_{\text{p.185}}$ を用いて整理すると，次のようにまとめられる $(i = 2, 3, \cdots, N)$．

$$\alpha_i = \frac{\Psi_i}{c_i} + \frac{c_1}{c_i}\alpha_1, \quad \Psi_i = \psi_2 + \psi_3 + \cdots + \psi_i,$$

$$\psi_i = \frac{\dot{L}}{N} - V_i s_i - V_{i-1} s_{i-1} + \left(\frac{L}{N} - r_i\right)\omega(t).$$

この $N-1$ 本の方程式に，例えば (8.11) を合わせた $N$ 本の方程式から，漸近的一様配置を実現する接線速度 $\{\alpha_i\}_{i=1}^N$ が決定される．ここで，緩和関数 $\omega(t)$ は，実際上は，十分大きな定数，例えば 1000 や 10000 や，あるいは $10N$ などととることが多い．このとき，$\omega(t)$ は，§6.2.3 で述べた緩和定数 $\omega > 0$ に等しい．

## 8.4 アルゴリズム

初期閉折れ線 $\Gamma(0)$ を与え，所定の法線速度 $\{V_i\}_{i=1}^N$ と接線速度 $\{\alpha_i\}_{i=1}^N$ から，発展方程式 (8.1)$_{\text{p.185}}$ を時間について積分して，閉折れ線 $\Gamma(t)$ を求めることが目的であるが，特殊なケースを除いて，解析的に手計算で求めることは絶望的である．そこで，数値的に解くことが考えられる．

典型的な法線速度の例は，曲線短縮方程式 (2.14)$_{\text{p.52}}$ の離散版

$$v_i = -k_i \quad (i=1,2,\cdots,N)$$

や，古典的面積保存曲率流方程式 (5.3)$_{\text{p.103}}$ の離散版 (8.10)$_{\text{p.189}}$ である．このとき，法線速度 $\{V_i\}_{i=1}^N$ は，$L$ と $\{\nu_i\}_{i=1}^N$ と $\{k_i\}_{i=1}^N$ に依存する．また，画像輪郭抽出に応用できる (5.6)$_{\text{p.109}}$ や (5.7)$_{\text{p.110}}$ の離散版を考えれば，法線速度は，$\{\nu_i\}_{i=1}^N$ と $\{k_i\}_{i=1}^N$ の他に $\{\boldsymbol{x}_i\}_{i=1}^N$ にも依存するだろう．さらに，等周比や異方的等周比の勾配流方程式 (5.13)$_{\text{p.115}}$ や (5.16)$_{\text{p.117}}$ の離散版からは，法線速度の $L$, $A$, $\{\nu_i\}_{i=1}^N$, $\{k_i\}_{i=1}^N$ に関する依存性が考えられる．

このように，法線速度は，いろいろな量から定義され得るが，$L$, $A$, $\{\nu_i\}_{i=1}^N$, $\{k_i\}_{i=1}^N$ は，すべて $\{\boldsymbol{x}_i\}_{i=1}^N$ から芋づる式に導出される量である．また，非自明な接線速度 $\{\alpha_i\}_{i=1}^N$ を一様配置法 (§8.3) や曲率調整型配置法 (§8.6, §8.7) の離散化によって定めた場合も同様に，すべて $\{\boldsymbol{x}_i\}_{i=1}^N$ から算出可能である．

結局，発展方程式 (8.1)₍p.185₎ は，次のようにまとめることができる．

$$\dot{\boldsymbol{x}}(t) = \boldsymbol{F}(\boldsymbol{x}(t)), \quad \begin{cases} \boldsymbol{x}(t) = (\boldsymbol{x}_1(t), \boldsymbol{x}_2(t), \cdots, \boldsymbol{x}_N(t)) \in \mathbb{R}^{2\times N}, \\ \boldsymbol{F} = (\boldsymbol{F}_1, \boldsymbol{F}_2, \cdots, \boldsymbol{F}_N) : \mathbb{R}^{2\times N} \to \mathbb{R}^{2\times N}; \boldsymbol{x} \mapsto \boldsymbol{F}(\boldsymbol{x}). \end{cases}$$

これは，$2N$ 元連立の常微分方程式系であるから，通常のルンゲ-クッタ法やルンゲ-クッタ-メルソン法 (§6.2.3) などを用いて数値的に解くことができる [142]．

もちろん，解き方はその限りではなく，発展方程式 (8.1)₍p.185₎ を半陰的に離散化して，周期境界条件下での三重対角行列を係数にもつ連立一次方程式を解くことに帰着する方法もよく知られている [156, 157, 158]．

## 8.5　接線速度（詳説）

§2.5 において，閉曲線に関して，接線速度がパラメータに依存することをみた．より詳しくみてみよう．

### 閉曲線の場合

正則閉曲線の場合，法線速度 $V$ が時間発展する閉曲線 $\Gamma(t)$ の形状を決定し，接線速度 $\alpha$ はその形状には影響しないことを示すことができる [30, Proposition 2.4]．彼らの示した命題を紹介しよう．

**命題 8.3**　(**Epstein & Gage [30]**)　正則閉曲線 $\boldsymbol{x}(u,t)$ を，時間発展方程式

$$\partial_t \boldsymbol{x}(u,t) = V(u,t)\boldsymbol{n}(u,t) + \alpha(u,t)\boldsymbol{t}(u,t), \quad u \in [0,1], \quad t > 0$$

の滑らかな解とする．ただし，法線速度 $V(u,t)$ は幾何学的量にのみ依存するとし，接線速度 $\alpha(u,t)$ と局所長 $g(u,t) > 0$ は滑らかであるとする．

このとき，新しいパラメータ $w \in [0,p]$ $(p>0)$ と $\tau \geq 0$ を導入して，

$$\overline{\boldsymbol{x}}(w,\tau) = \boldsymbol{x}(u,t), \quad u = u(w,\tau), \quad t = \tau$$

としたとき，任意の滑らかな関数 $\overline{\alpha}(w,\tau)$ と十分小さい $\tau > 0$ に対して，正則閉曲線 $\overline{\boldsymbol{x}}(w,\tau)$ を，時間発展方程式

8.5 接線速度（詳説）　193

$$\partial_\tau \overline{\boldsymbol{x}}(w,\tau) = V(u(w,\tau),\tau)\boldsymbol{n}(u(w,\tau),\tau) + \overline{\alpha}(w,\tau)\boldsymbol{t}(u(w,\tau),\tau)$$

の解とすることができる．

**注 8.4**　言い換えると，速度ベクトル $\partial_t\boldsymbol{x}$ の接線速度成分を変えることは，パラメータ表示にのみ影響し，曲線の幾何学的形状には影響しない．したがって，接線速度を適切に選択すれば，曲線の挙動の解析を簡単にし得る．また，49 ページの (2.10), (2.11) や (2.13)$_{\text{p.50}}$ により，周長，面積，重心の時間変化は接線速度によって影響されないことがわかる．さらに，この事実を積極的に使って，自明でない接線速度を利用した数値計算法が研究されている．§8.6 において詳述する．

**命題 8.3 の証明**　§2.5 でみたように，適切なパラメータ関数 $u = u(w,\tau)$ に対して，

$$\overline{\alpha}(w,\tau) = \alpha(u(w,\tau),\tau) + g(u(w,\tau),\tau)\partial_\tau u(w,\tau)$$

であった．以下，任意の滑らかな関数 $\overline{\alpha}(w,\tau)$ を与えたとき，上式を満たす適切なパラメータ関数 $u = u(w,\tau)$ が存在することをみる．すなわち，新しいパラメータ $w \in [0,p]$ $(p > 0)$ と十分小さい $\tau > 0$ に対して，パラメータ関数 $u(w,\tau)$ は，

　（正則性）$\partial_w u(w,\tau) > 0$

　（周期性）$u(w+p,\tau) = u(w,\tau) + 1$

を満たすことを示す．

　初期時刻 $\tau = 0$ におけるパラメータ関数 $u_0(w) = u(w,0)$ $(w \in [0,p])$ は，$u_0(0) = 0$, $u_0(p) = 1$ で，正則な周期関数，すなわち，

$$u_0'(w) > 0, \quad u_0(w+p) = u_0(w) + 1$$

を満たしていると仮定する．

　**正則性**　任意に $w$ を固定する．変数 $\tau$ についての常微分方程式

$$\partial_\tau u(w,\tau) = F(u(w,\tau),w,\tau), \quad F(u,w,\tau) = \frac{\overline{\alpha}(w,\tau) - \alpha(u,\tau)}{g(u,\tau)} \quad (8.13)$$

は，一意解 $u(w,\tau)$ をもち，解 $u$ は，$\overline{\alpha}, \alpha, g > 0$ が滑らかなので，$w$ について滑らかである．

したがって，上式の両辺を $w$ で微分すると，$z(\tau) = \partial_w u(w, \tau)$ として，線形常微分方程式

$$z'(\tau) = a(\tau) + b(\tau) z(\tau)$$

を得る．ここで，

$$a(\tau) = \partial_w F(u(w,\tau), w, \tau), \quad b(\tau) = \partial_u F(u(w,\tau), w, \tau)$$

である．よって，これを解いて，

$$z(\tau) = \left( z(0) + \int_0^\tau a(\xi) e^{-c(\xi)} \, d\xi \right) e^{c(\tau)}, \quad c(\tau) = \int_0^\tau b(\eta) \, d\eta$$

を得る．したがって，$z(0) = \partial_w u_0(w) > 0$ より，十分小さい $\tau > 0$ に対して，$z(\tau) = \partial_w u(w,\tau) > 0$ が成り立つ．すなわち，$u(w,\tau)$ は正則なパラメータ表示である．

**周期性** 任意に $w$ を固定する．関数 $F(u,w,\tau)$ は $u$ について周期 1 で，$w$ について周期 $p$ であることに注意すると，$z(\tau) = u(w+p, \tau) - u(w,\tau) - 1$ は，線形常微分方程式

$$z'(\tau) = F(u(w+p,\tau), w+p, \tau) - F(u(w,\tau), w, \tau)$$
$$= F(u(w+p,\tau), w, \tau) - F(u(w,\tau) + 1, w, \tau)$$
$$= G(u(w+p,\tau), u(w,\tau) + 1, w, \tau) z(\tau)$$

を満たす．ここで，関数

$$G(u_1, u_2, w, \tau) = \begin{cases} \dfrac{F(u_1, w, \tau) - F(u_2, w, \tau)}{u_1 - u_2}, & u_1 \neq u_2 \\ \partial_u F(u_1, w, \tau), & u_1 = u_2 \end{cases}$$

は，$\tau$ について滑らかな関数である．よって，上の式を解いて，

$$z(\tau) = z(0) \exp \left( \int_0^\tau G(u(w+p, \xi), u(w,\xi) + 1, w, \xi) \, d\xi \right)$$

を得る．したがって，$z(0) = u_0(w+p) - u_0(w) - 1 = 0$ より，$z(\tau) = 0$，すなわち，$u(w+p, \tau) = u(w, \tau) + 1$ が成り立つ． ∎

### 開曲線の場合

開曲線の場合（図 1.5（右），(20 ページ)）も，命題 8.3（192 ページ）と類似の次の命題を示すことができる [142]．

**命題 8.5**　開曲線 $\boldsymbol{x}(u,t)$ を，時間発展方程式

$$\partial_t \boldsymbol{x}(u,t) = V(u,t)\boldsymbol{n}(u,t) + \alpha(u,t)\boldsymbol{t}(u,t), \quad u \in [0,1], \quad t > 0$$

の滑らかな解とする．ただし，法線速度 $V(u,t)$ は幾何学的量にのみ依存するとし，接線速度 $\alpha(u,t)$ と局所長 $g(u,t) > 0$ は滑らかであるとする．

このとき，新しいパラメータ $w \in [0,p]$ $(p > 0)$ と $\tau \geq 0$ を導入して，

$$\overline{\boldsymbol{x}}(w,\tau) = \boldsymbol{x}(u,t), \quad u = u(w,\tau), \quad t = \tau$$

としたとき，

$$\overline{\alpha}(0,\tau) = \alpha(0,\tau), \quad \overline{\alpha}(p,\tau) = \alpha(1,\tau), \quad \tau \geq 0 \tag{8.14}$$

を満たす任意の滑らかな関数 $\overline{\alpha}(w,\tau)$ と十分小さい $\tau > 0$ に対して，開曲線 $\overline{\boldsymbol{x}}(w,\tau)$ を，時間発展方程式

$$\partial_\tau \overline{\boldsymbol{x}}(w,\tau) = V(u(w,\tau),\tau)\boldsymbol{n}(u(w,\tau),\tau) + \overline{\alpha}(w,\tau)\boldsymbol{t}(u(w,\tau),\tau)$$

の解とすることができる．

証明は，命題 8.3（192 ページ）の正則性の証明の部分のみ示せばよいので省略する．ただし，パラメータ関数の初期値に関して，初期時刻 $\tau = 0$ におけるパラメータ関数 $u_0(w) = u(w,0)$ $(w \in [0,p])$ は，$u_0(0) = 0, u_0(p) = 1$ で正則，すなわち，$u_0'(w) > 0$ を満たしていて，また，任意の $\tau \geq 0$ について，$u(0,\tau) = 0$, $u(p,\tau) = 1$ を仮定する．

**注 8.6**　(8.14) の条件を外すと，任意の $\overline{\alpha}(w,\tau)$ を得るようなパラメータ関数 $u$ が見つかる保証がなくなる．(8.13)$_{\text{p.193}}$ の解 $u(w,\tau)$ が，条件 $u(0,\tau) = 0$, $u(p,\tau) = 1$ を満たすとは限らないからである（例 8.7）．

**例 8.7**　$x$ 軸上の長さ $L_0$ の線分 $[0,L_0]$ が速度 $c > 0$ で伸びていくような運動の解を

$$\boldsymbol{x}(u,t) = \begin{pmatrix} (ct+L_0)u \\ 0 \end{pmatrix}, \quad u \in [0,1], \quad t \geq 0$$

とすると，速度ベクトルは，

$$\partial_t \boldsymbol{x}(u,t) = \alpha(u,t)\boldsymbol{t}(u,t), \quad \alpha(u,t) = cu, \quad \boldsymbol{t}(u,t) = \begin{pmatrix} 1 \\ 0 \end{pmatrix}$$

と表される．(当然，法線速度は $V = 0$ である．)

今，接線速度が $\overline{\alpha}(w,\tau) \equiv 0$ となるようなパラメータ表示を求めたいとする．$w$ を固定し，(8.13)$_{\text{p.193}}$ の常微分方程式

$$\partial_\tau u(w,\tau) = \frac{\overline{\alpha}(w,\tau) - \alpha(u(w,\tau),\tau)}{g(u(w,\tau),\tau)} = \frac{0 - cu(w,\tau)}{c\tau + L_0}$$

を解いて，

$$u(w,\tau) = \frac{L_0 u_0(w)}{c\tau + L_0}$$

を得る．$u_0(0) = 0, u_0(p) = 1$ より，$u(0,\tau) = 0$ であるが，$\tau > 0$ のとき $u(p,\tau) \neq 1$ である．故に，接線速度が $\overline{\alpha} = 0$ となるようなパラメータ表示は見つからない．

**問 8.8** 例 8.7 において，一般の接線速度 $\overline{\alpha}(w,\tau)$ に対しては，

$$u(w,\tau) = \frac{1}{c\tau + L_0}\left(L_0 u_0(w) + \int_0^\tau \overline{\alpha}(w,\xi)\,d\xi\right)$$

であり，$\overline{\alpha}(w,\tau)$ が境界条件 (8.14) を満たすならば，$u(0,\tau) = 0, u(p,\tau) = 1$ となることを示せ．

## 8.6 自明でない接線速度の効果 3 —— 曲率調整型配置法

本章の冒頭の節でも述べたように，接線速度 $\alpha$ の値は，変形する曲線の形状に影響せず [30, Proposition 2.4]，形状は法線速度 $V$ の値のみで決定される．故に，もっとも簡単な設定 $\alpha \equiv 0$ が，しばしば選択される．ジューク (Dziuk) [25] は，この場合に，$V = -k$ に対する数値スキームを研究した．しかし，一般の $V$ に対しては，$\alpha \equiv 0$ という選択は，必ずしも良い選択であるとは限らない．実際，折れ線の頂点が，極端に集中したり，極端に離れたりすることに起因した，さまざまな数値的な不安定現象が起こるからである．故に，安定な数値計算をす

## 8.6 自明でない接線速度の効果3 — 曲率調整型配置法

るために，さまざまな非自明な $\alpha$ を使うことが強く提案されてきており，また，多くの研究者によって発展してきている．以下，非自明な接線速度 $\alpha$ の発展を概観する．

Kimura [77, 78] は，$V = -k$ の場合に，一様配置を提案した．そこで用いられた $\alpha$ は，(5.18)$_{\text{p.119}}$ で定義した相対的局所長 $\mathsf{r} = \dfrac{g}{L}$ を用いた一様配置条件

$$\mathsf{r}(u,t) \equiv 1 \tag{8.15}$$

の離散化と，（これだけでは $\alpha$ は一意に定まらないので）$\alpha$ の曲線に沿ったある種の平均が0である条件の離散化を満たすものである．

Hou, Lowengrub and Shelley [60] は，特に $V = -k$ に対して，初期値 $\mathsf{r}(u,0) \equiv 1$ からスタートして，条件 (8.15) を直接用いた．そして，(5.19)$_{\text{p.119}}$ を導いた．これは，Mikula & Ševčovič [115] によっても独立に提案されている．論文 [60, Appendix 2] において，著者らは，(5.19)$_{\text{p.119}}$ の一般化として次式を紹介している．

$$\frac{\partial_s(\varphi(k)\alpha)}{\varphi(k)} = \frac{\langle f \rangle}{\langle \varphi(k) \rangle} - \frac{f}{\varphi(k)}, \tag{8.16}$$

$$f = \varphi(k)kV - \varphi'(k)\left(\partial_s^2 V + k^2 V\right). \tag{8.17}$$

ここで，$\varphi$ は与えられた形状関数で，曲率の大きさを制御する役割を担っている．例えば，

$$\varphi(k) = 1 - \varepsilon + \varepsilon\sqrt{1 - \varepsilon + \varepsilon k^2}, \quad \varepsilon \in [0,1] \tag{8.18}$$

のように与えられる．§8.7で詳述する．

もし $\varphi \equiv 1$ ならば（(8.18) で $\varepsilon = 0$ のとき），上式は (5.19)$_{\text{p.119}}$ に他ならない．(8.16) は以下の計算から導出される．一般化された相対的局所長を

$$\mathsf{r}_\varphi(u,t) = \mathsf{r}(u,t)\frac{\varphi(k(u,t))}{\langle \varphi(k(\cdot,t)) \rangle}$$

とおく．このとき，保存条件 $\partial_t \mathsf{r}_\varphi(u,t) \equiv 0$ から，(8.16) が導かれる．

**問 8.9** (8.16) を $\partial_t \mathsf{r}_\varphi(u,t) \equiv 0$ から導出せよ．

上で指摘したように，論文 [115] において，著者らは，$V = V(\nu, k)$ に対する，いわゆる intrinsic な熱方程式の一般的な枠組みの中で，(5.19)$_{\text{p.119}}$ に到達した．

この結果は，[114] の改良となっており，その論文の中では，$V = V(k)$ が $k$ について線形，もしくは亜線形 (sublinear) の場合についてのみ満足のいく結果が得られていた．これらの結果のあとで，一連の論文シリーズ [116, 117, 118] の中で，著者らは，漸近的一様配置の方法を提案した．すなわち，以下の方程式を十分に一般的な法線速度 $V = V(\boldsymbol{x}, \nu, k)$ に対して導きだした．

$$\partial_s \alpha = \langle kV \rangle - kV + (\mathrm{r}^{-1} - 1)\omega(t). \tag{8.19}$$

ここで，$\omega \in L^1_{loc}[0, T_{\max})$ は緩和関数で $\lim_{t \to T_{\max} - 0} \int_0^t \omega(\xi) \, d\xi = \infty$ を満たす．彼らの方法は，さまざまな問題，例えば，測地的曲率流や画像輪郭抽出などに応用されている．

一様配置の一方で，クリスタライン曲率流においては，分点は弧に沿って，曲率の絶対値が大きい（あるいは，小さい）部分には，密に（あるいは，疎に）配置されている．この配置は一様配置からは程遠いにも関わらず，数値計算は極めて安定である．その一つの理由は折れ線が許容クラスに制限されているからである．クリスタライン曲率流で陰的に使われている接線速度のエッセンスを，滑らかな曲線の運動の一般的な離散モデルに応用すると，接線速度

$$\alpha = \frac{\partial_s V}{k} \tag{8.20}$$

が抽出される [179]．((3.13)$_{\mathrm{p.71}}$ や注 8.1 (185 ページ) も参照せよ．)

漸近的一様配置は十分に効果的で，数値的にも安定であることから，広範な応用に耐えうる方法である．しかし，近似の観点からすると，曲線が円でない限りは，一様に配置する積極的な意味はない．したがって，配置の方法は，時間発展する曲線の形状に応じたやり方，すなわち，曲率の大きさに依存した方法が望まれる．そこで，論文 [156] の中で，次のように極限曲線の形状に応じた分点の配置方法「曲率調整型配置法」が提案された．

$$\frac{\partial_s(\varphi(k)\alpha)}{\varphi(k)} = \frac{\langle f \rangle}{\langle \varphi(k) \rangle} - \frac{f}{\varphi(k)} + (\mathrm{r}_\varphi^{-1} - 1)\omega(t). \tag{8.21}$$

ここで，$f$ は (8.17) で定義された関数である．もし $\varphi \equiv 1$ ならば，これは (8.19) に他ならず，また $\omega = 0$ ならば，(8.16) に他ならない．

**問 8.10** (8.21) を，常微分方程式

$$\partial_t \mathrm{r}_\varphi = (1 - \mathrm{r}_\varphi)\omega(t)$$

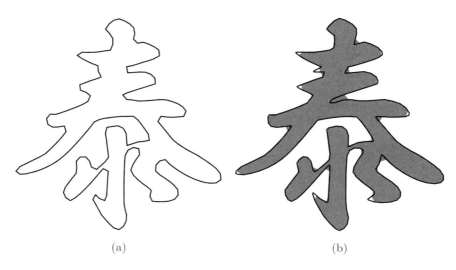

図 8.5 「泰」の字の画像輪郭抽出．(a) 一様配置 $\varepsilon = 0$ の場合，(b) 曲率調整型配置 $\varepsilon = 0.2$ の場合（灰色は (a) の場合の字）

から導け．ここで，この常微分方程式は以下の式を時間微分することによって得られる．

$$r_\varphi(u,t) = 1 + \eta(u)e^{-\mu(t)}, \quad \int_0^1 \eta(u)\,du = 0,$$

$$\mu(t) = \int_0^t \omega(\xi)\,d\xi \to \infty \quad (t \to T_{\max} - 0).$$

さらに，もし $\varphi = |k|$（(8.18)$_{\text{p.197}}$ で $\varepsilon = 1$ のとき）で，かつ $\Gamma$ が狭義凸（すなわち，$k > 0$）ならば，$\omega = 0$ の場合に，(8.20) を得る．それゆえ，これは，漸近的一様配置 (8.19) とクリスタライン接線速度 (8.20) を一般化した組み合わせと考えられる．この方法は，さまざまに応用されているが，§5.4 で紹介したように，画像輪郭抽出においても威力を発揮したことを注意しておこう [13, 156]．図 8.5 は，その一例で，(a) は一様配置 $\varepsilon = 0$ の場合，(b) は曲率調整型配置 $\varepsilon = 0.2$ の場合である．一様配置法では捉えられなかった，漢字の鋭い部分を，曲率調整型配置法では捉えていることが観察される．（図 0.12（9 ページ）や図 5.7（112 ページ）も参照．）

さまざまな接線速度による分点配置方法の概観の最後に，局所的な情報に依存した接線速度について言及しておこう．法線速度が $V = -k$ の場合，Deckelnick [22] によって，

$$\alpha = -\partial_u(g^{-1}) \tag{8.22}$$

が使われた.このとき,発展方程式 (2.1)$_{\text{p.40}}$ は狭義放物型偏微分方程式

$$\partial_t \boldsymbol{x} = g^{-2}\partial_u^2 \boldsymbol{x} \tag{8.23}$$

になる.

**問 8.11** 発展方程式 (2.1)$_{\text{p.40}}$ において,法線速度を $V = -k$ とし,接線速度を (8.22) にしたとき,(8.23) が得られることを確認せよ.

接線速度の2次元曲面の運動への応用は,Barrett, Garcke and Nürnberg [11] を参照されたい.同論文では,平均曲率のラプラシアンによって時間発展する曲面に対して,新たな効果的な数値スキームを提案されているが,スキームには陰的に一様配置となる接線速度ベクトルが用いられている.

## 8.7 形状関数 $\varphi(k)$ の効能

曲率調整型の接線速度が満たす方程式 (8.21)$_{\text{p.198}}$ において,曲率の関数 $\varphi(k)$ は,曲率の絶対値 $|k|$ を測る形状関数で,非負の偶関数 $\varphi(-k) = \varphi(k) > 0$ ($k \neq 0$) で,$k > 0$ について単調非減少であるとする.$\varphi$ の例として,(8.18)$_{\text{p.197}}$ を挙げた.このとき,

$\varepsilon \to +0$ のとき,$\varphi \to 1$

$\varepsilon \to 1-0$ のとき,$\varphi \to |k|$

となる.前者は一様配置接線速度 (5.19)$_{\text{p.119}}$ に,後者はクリスタライン接線速度 (8.20)$_{\text{p.198}}$ にそれぞれ対応していた.$\varepsilon = 1$ のときの $\varphi(k) = |k|$ は,$k = 0$ で微分可能でないので,実用上の曲率調整型接線速度は,$\varepsilon \in (0,1)$ の場合である.例えば,漢字「木」の輪郭抽出図 5.7(112 ページ)や時間依存隙間をもつヘレ・ショウ流 (6.3)$_{\text{p.130}}$ のシミュレーション図 6.7(132 ページ)は $\varepsilon = 0.1$ のときの,漢字「泰」の輪郭抽出図 8.5 や図 0.12(9 ページ)は $\varepsilon = 0.2$ のときの,らせん波の時間発展図 6.14(139 ページ)は $\varepsilon = 0.9$ のときの数値計算である.

形状関数 $\varphi(k)$ は,必ずしも (8.18)$_{\text{p.197}}$ である必要はなく,目的に応じて,$\varphi(k) = |k|^{2/3}$ や $\varphi(k) = |k|^{1/3}$ などの関数も考えられる.前者は周長誤差を最小にする関数で,後者は面積誤差を最小にする関数である.この関数の導出の前

に，$\varphi(k) = 1$ の場合に，与えられた初期曲線上に分点を一様に配置する方法を紹介する．

## 初期曲線上の分点の一様配置方法

初期曲線上の分点の一様配置を実現するには，まず，パラメータ $u \in [0, 1]$ から，新しいパラメータ $w$ を，

$$u(0) = 0, \quad u(1) = 1, \quad u'(w) > 0$$

のように導入する．そして，$\overline{\boldsymbol{x}}(w) = \boldsymbol{x}(u(w))$ の両辺を $w$ で微分して，

$$\overline{\boldsymbol{x}}'(w) = \boldsymbol{x}'(u(w))u'(w)$$

すなわち，$\overline{g}(w) = g(u(w))u'(w)$ を得る．これより，相対的局所長 r が r $= 1$ を満たすように，

$$\mathsf{r} = \frac{\overline{g}(w)}{L} = \frac{g(u(w))}{L}u'(w) = 1$$

から，解くべき常微分方程式

$$u'(w) = \frac{L}{g(u(w))}, \quad u(0) = 0$$

を得る．ここで，$w$ についてはすぐに解けて，

$$w(u) = \frac{1}{L}\int_0^u g(u)\,du = \frac{s(u)}{L}$$

となるが，実用上欲しいのは，例えば，$w = \dfrac{i}{N}$ $(i = 1, 2, \cdots, N)$ に対する $u$ の値であることに注意せよ．

径の比が $a : b$ である楕円

$$\boldsymbol{x}(u) = \begin{pmatrix} a\cos(2\pi u) \\ b\sin(2\pi u) \end{pmatrix}, \quad u \in [0, 1]$$

を例に考えてみよう．この楕円上に分点を一様配置するには，常微分方程式

$$u'(w) = \frac{L}{g(u(w))}, \quad u(0) = 0$$

$$g(u) = 2\pi\sqrt{a^2\sin^2(2\pi u) + b^2\cos^2(2\pi u)}$$

を解けばよい．解析的に解くことはできないので（そもそも周長 $L$ は求まらない！），実際は，例えば，ルンゲ-クッタ法などを用いて数値的に解く．図 8.6 はそのようにして一様配置した分点を求めたものである．

**図 8.6** 左図は楕円上に配置した $N$ 個の分点 $\{\boldsymbol{x}(u_i)\}_{i=1}^{N}$，右図は一様配置した分点 $\{\overline{\boldsymbol{x}}(w_i) = \boldsymbol{x}(u(w_i))\}_{i=1}^{N}$．ここで，パラメータは $u_i = w_i = \dfrac{i}{N}$ ($i = 1, 2, \cdots, N$), $a = 3$, $b = 1$, $N = 32$ である．

### 初期曲線上の分点の曲率調整型配置方法

形状関数 $\varphi$ を用いた曲率調整型の場合も計算方法は同様である．上と同様に $u = u(w)$ を満たす新しいパラメータ $w$ に対して，一般化された相対的局所長 $\mathrm{r}_\varphi$ が $\mathrm{r}_\varphi = 1$ を満たすように，

$$\mathrm{r}_\varphi = \mathrm{r}\frac{\varphi(\overline{k}(w))}{\langle\varphi(\overline{k}(\cdot))\rangle} = 1$$

$$\langle\varphi(\overline{k}(\cdot))\rangle = \frac{1}{L}\int_\Gamma \overline{k}(w)\,d\overline{s} = \frac{1}{L}\int_\Gamma k(u)\,ds = \langle\varphi(k(\cdot))\rangle$$

から，解くべき常微分方程式

$$u'(w) = \frac{L}{g(u(w))}\frac{\langle\varphi(k(\cdot))\rangle}{\varphi(k(u(w)))}, \quad u(0) = 0$$

を得る．ここで，$\overline{k}(w) = k(u(w))$ であることを使った (§2.4)．

図 8.7 は，図 8.6 と同様に径の比が $3:1$ である楕円に対して，さまざまな $\varphi$ を適用して分点を配置したものである．(a), (b), (c) は，形状関数 (8.18)_{p.197} において，それぞれ $\varepsilon = 0, 0.9, 1$ としたときの図で，(e) と (f) はそれぞれ形状関数が $\varphi(k) = |k|^{2/3}$ と $\varphi(k) = |k|^{1/3}$ のときの図である．(d) はクリスタライン曲率流における配置（仮に，クリスタライン配置と呼ぼう）で，楕円に外接する多角

形の第 $i$ 辺の接線角度が $2\pi\dfrac{i}{N}$ となるような配置である．クリスタライン配置のときの外接多角形と楕円の接点が，形状関数 (8.18)p.197 において $\varepsilon=1$ のとき ($\varphi=|k|$) の図 8.6 (c) に対応している．

**周長誤差と面積誤差を最小にする配置方法**

形状関数が，

　　周長誤差を最小にする配置の場合は，$\varphi(k)=|k|^{2/3}$

　　面積誤差を最小にする配置の場合は，$\varphi(k)=|k|^{1/3}$

となる理由の概略を以下に示す [156]．

ジョルダン曲線 $\Gamma=\Big\{\boldsymbol{x}(u)\Big|u\in[0,1]\Big\}$ 上の $N$ 個の分点の集合を

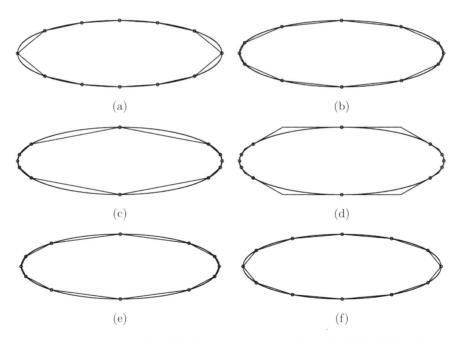

図 8.7　径の比が 3:1 である楕円上の $N=12$ 個の分点のさまざまな配置．(a) 一様配置 ($\varphi=1$)，(b) 曲率調整型配置 ((8.18)p.197 で $\varepsilon=0.9$)，(c) クリスタライン配置に相当する配置 ($\varphi=|k|$)，(d) クリスタライン配置，(e) 周長誤差を最小にする配置 ($\varphi(k)=|k|^{2/3}$)，(f) 面積誤差を最小にする配置 ($\varphi(k)=|k|^{1/3}$)

$$X = \left\{ \boldsymbol{x}_i = \boldsymbol{x}(u_i) \,\middle|\, u_i = ih,\ h = \frac{1}{N},\ i = 1, 2, \cdots, N \right\} \subset \Gamma$$

とし，これを頂点集合とする $N$ 折れ線の周長を $\mathcal{L}(X)$，面積を $\mathcal{A}(X)$ とする．一方，閉曲線 $\Gamma$ の周長を $L$，面積を $A$ とする．このとき，極限 $N \to \infty$ において，周長誤差 $|L - \mathcal{L}(X)|$ と面積誤差 $|A - \mathcal{A}(X)|$ を最小にするための $X$ の条件を見つける．

## 周長誤差を最小にする最適配置

曲線 $\Gamma$ と $N$ 折れ線のそれぞれの周長は，

$$L = \int_\Gamma ds, \quad \mathcal{L}(X) = \sum_{j=1}^{N} |\boldsymbol{x}_j - \boldsymbol{x}_{j-1}|$$

であり $(\boldsymbol{x}_0 = \boldsymbol{x}_N)$，$\mathcal{L}(X) \leq L$ は明らかだから，解くべき最小化問題は，

$$\min_{X \subset \Gamma} (L - \mathcal{L}(X)) \tag{8.24}$$

となる．

$N$ 折れ線の周長は，

$$\mathcal{L}(X) = \sum_{j=1}^{i-1} |\boldsymbol{x}_j - \boldsymbol{x}_{j-1}| + |\boldsymbol{x}_i - \boldsymbol{x}_{i-1}| + |\boldsymbol{x}_{i+1} - \boldsymbol{x}_i| + \sum_{j=i+2}^{N} |\boldsymbol{x}_j - \boldsymbol{x}_{j-1}|$$

である．ここで，$\boldsymbol{z} \in \mathbb{R}^2$ に対して，第 $i$ 頂点 $\boldsymbol{x}_i = \boldsymbol{x}(u_i)$ だけを $\varepsilon \boldsymbol{z}$ だけずらした集合を，

$$X_{i,\varepsilon \boldsymbol{z}} = \left\{ \boldsymbol{x}_i + \varepsilon \delta_{ij} \boldsymbol{z} \,\middle|\, j = 1, 2, \cdots, N \right\}$$

とおき ($\delta_{ij}$ はクロネッカーのデルタ)，$X_{i,\varepsilon \boldsymbol{z}}$ を頂点集合とする $N$ 折れ線の周長 $\mathcal{L}(X_{i,\varepsilon \boldsymbol{z}})$ の $\boldsymbol{z}$ 方向微分を計算すると，

$$\left. \frac{d}{d\varepsilon} \mathcal{L}(X_{i,\varepsilon \boldsymbol{z}}) \right|_{\varepsilon=0} = \widetilde{\boldsymbol{N}}_i \cdot \boldsymbol{z}, \quad \widetilde{\boldsymbol{N}}_i = \frac{\boldsymbol{x}_i - \boldsymbol{x}_{i-1}}{|\boldsymbol{x}_i - \boldsymbol{x}_{i-1}|} - \frac{\boldsymbol{x}_{i+1} - \boldsymbol{x}_i}{|\boldsymbol{x}_{i+1} - \boldsymbol{x}_i|}$$

となる．

## 8.7 形状関数 $\varphi(k)$ の効能

条件 $\boldsymbol{x}_i \in \Gamma$ $(i = 1, 2, \cdots, N)$ のもとで，最小化問題 (8.24) の解が $h \to +0$ としたときに成立する条件を探すのが目的であるから，

$$\frac{\widetilde{\boldsymbol{N}_i}}{|\widetilde{\boldsymbol{N}_i}|} \to \boldsymbol{n}(u_i) \quad (h \to +0)$$

より，$\boldsymbol{z} = \boldsymbol{t}(u_i)$ としたときに，

$$\widetilde{\boldsymbol{N}_i} \perp \boldsymbol{t}(u_i) \quad (i = 1, 2, \cdots, N)$$

であることが必要となる．ここで，$\boldsymbol{t}(u_i)$ と $\boldsymbol{n}(u_i)$ は，それぞれ $\Gamma$ の $\boldsymbol{x}_i \in \Gamma$ における単位接線ベクトルと単位法線ベクトルである．

詳細は，論文 [156] に委ねるが，この条件より，曲線 $\Gamma$ 上で，

$$|k|^{2/3} g = const. \tag{8.25}$$

という条件を得る．このとき，$\varphi(k) = |k|^{2/3}$ とおけば，一般化された相対的局所長が $\mathsf{r}_\varphi = 1$ を満たす．

**問 8.12** 以下の三つの計算を確認せよ．

(1) $\left. \dfrac{d}{d\varepsilon} \mathcal{L}(X_{i, \varepsilon \boldsymbol{z}}) \right|_{\varepsilon=0} = \widetilde{\boldsymbol{N}_i} \cdot \boldsymbol{z}$

(2) $\displaystyle \lim_{h \to +0} \frac{\widetilde{\boldsymbol{N}_i}}{|\widetilde{\boldsymbol{N}_i}|} = \boldsymbol{n}(u_i)$

(3) (8.25), $\varphi(k) = |k|^{2/3} \Rightarrow \mathsf{r}_\varphi = 1$

図 8.7 (203 ページ) の分点配置の頂点集合 $X$ に対応する周長の相対誤差

$$\Delta_L = 1 - \frac{\mathcal{L}(X)}{L}$$

を表 8.1 (207 ページ) に記した．

### 面積誤差を最小にする最適配置

面積誤差を最小にする頂点集合 $X$ を求める手順も上と同様である．

曲線 $\Gamma$ と $N$ 折れ線で囲まれる部分のそれぞれの面積は，

$$A = \frac{1}{2} \int_\Gamma \det(\boldsymbol{x} \ \partial_s \boldsymbol{x}) \, ds, \quad \mathcal{A}(X) = \frac{1}{2} \sum_{j=1}^{N} \det(\boldsymbol{x}_{j-1} \ \boldsymbol{x}_j)$$

である ($\boldsymbol{x}_0 = \boldsymbol{x}_N$). よって,解くべき最小化問題は,

$$\min_{X \subset \Gamma} (A - \mathcal{A}(X))^2 \tag{8.26}$$

となる.

$N$ 折れ線で囲まれる部分の面積は,

$$\mathcal{A}(X) = \frac{1}{2} \left( \sum_{j=1}^{i-1} \det(\boldsymbol{x}_{j-1}\ \boldsymbol{x}_j) + \det(\boldsymbol{x}_{i-1}\ \boldsymbol{x}_i) + \det(\boldsymbol{x}_i\ \boldsymbol{x}_{i+1}) + \sum_{j=i+2}^{N} \det(\boldsymbol{x}_{j-1}\ \boldsymbol{x}_j) \right)$$

である.これより,$X_{i,\varepsilon \boldsymbol{z}}$ を頂点集合とする $N$ 折れ線で囲まれた部分の面積 $\mathcal{A}(X_{i,\varepsilon \boldsymbol{z}})$ の $\boldsymbol{z}$ 方向微分を計算すると,

$$\left. \frac{d}{d\varepsilon} \mathcal{A}(X_{i,\varepsilon \boldsymbol{z}}) \right|_{\varepsilon=0} = -\frac{1}{2} \det(\widetilde{\boldsymbol{T}}_i\ \boldsymbol{z}), \quad \widetilde{\boldsymbol{T}}_i = \boldsymbol{x}_{i+1} - \boldsymbol{x}_{i-1}$$

となる.よって,

$$\frac{\widetilde{\boldsymbol{T}}_i}{|\widetilde{\boldsymbol{T}}_i|} \to \boldsymbol{t}(u_i) \quad (h \to +0)$$

より,$\boldsymbol{z} = \boldsymbol{n}(u_i)$ としたときに,

$$\widetilde{\boldsymbol{T}}_i \perp \boldsymbol{n}(u_i) \quad (i = 1, 2, \cdots, N)$$

であることが必要となる.この条件より,曲線 $\Gamma$ 上で,

$$|k|^{1/3} g = const. \tag{8.27}$$

という条件を得る.このとき,$\varphi(k) = |k|^{1/3}$ とおけば,一般化された相対的局所長が $\mathsf{r}_\varphi = 1$ を満たす.

**問 8.13** 以下の三つの計算を確認せよ.

(1) $\left. \dfrac{d}{d\varepsilon} \mathcal{A}(X_{i,\varepsilon \boldsymbol{z}}) \right|_{\varepsilon=0} = \widetilde{\boldsymbol{T}}_i \cdot \boldsymbol{z}$

(2) $\displaystyle\lim_{h \to +0} \dfrac{\widetilde{\boldsymbol{T}}_i}{|\widetilde{\boldsymbol{T}}_i|} = \boldsymbol{t}(u_i)$

(3) (8.27), $\varphi(k) = |k|^{1/3} \Rightarrow \mathsf{r}_\varphi = 1$

## 8.7 形状関数 $\varphi(k)$ の効能

図 8.7 (203 ページ) の分点配置の頂点集合 $X$ に対応する面積の相対誤差

$$\Delta_A = 1 - \frac{\mathcal{A}(X)}{A}$$

を表 8.1 に記した.

**表 8.1** 図 8.7 (203 ページ) に対応する周長相対誤差 $\Delta_L$ と面積相対誤差 $\Delta_A$ の表. 太字下線部の値は, 各相対誤差の最小値である.

| $X$ | (a) $\varepsilon = 0$ | (b) $\varepsilon = 0.9$ | (c) $\varepsilon = 1$ | (e) $\varphi = \|k\|^{2/3}$ | (f) $\varphi = \|k\|^{1/3}$ |
|---|---|---|---|---|---|
| $\Delta_L$ | 0.01835 | 0.00789 | 0.00966 | **<u>0.00733</u>** | 0.01085 |
| $\Delta_A$ | 0.05834 | 0.05400 | 0.11998 | 0.06222 | **<u>0.04507</u>** |

# 第 I 部略解

**問 1.1** (1) 曲線の方程式は $x^2 + y^2 = R^2$  (2) $y$ について解いた方程式は $y = \pm\sqrt{R^2 - x^2}$  (3) 媒介変数表示は $x = R\cos\theta, y = R\sin\theta$

**問 1.2** 頂点が $(\pm 1, 0), (0, \pm 1)$ の正方形

**問 1.3** (1) $x = \dfrac{au^2}{1+u^2}, y = \dfrac{au^3}{1+u^2}$  (2) $x = \dfrac{3au}{1+u^3}, y = \dfrac{3au^2}{1+u^3}$

**問 1.7** $g(x) = \sqrt{1 + f'(x)^2}, s(x) = \displaystyle\int_0^x g(u)\,du, L = s(1)$

**問 1.8** $|\boldsymbol{x}(1) - \boldsymbol{x}(0)| = \left|\displaystyle\int_0^1 \boldsymbol{x}'(u)\,du\right| \leq \displaystyle\int_0^1 |\boldsymbol{x}'(u)|\,du = L$

**問 1.9** $g(u) = 2\pi R, s(u) = 2\pi Ru, \widetilde{g}(w) = R, \widetilde{s}(w) = Rw, \widehat{g}(\xi) = 1, \widehat{s}(\xi) = \xi$ である．したがって，$\xi$ が弧長パラメータに他ならない．

**問 1.10** $g(u) = |\boldsymbol{x}'(u)| = a\sqrt{1+u^2}$ より，$s(u) = a\displaystyle\int_0^u \sqrt{1+\xi^2}\,d\xi = \dfrac{a}{2}\Big(\log\big(u + \sqrt{1+u^2}\big) + u\sqrt{1+u^2}\Big)$

**問 1.11** $\boldsymbol{t} = \begin{pmatrix} -\sin u \\ \cos u \end{pmatrix}, \boldsymbol{n} = \begin{pmatrix} \cos u \\ \sin u \end{pmatrix}; \boldsymbol{t}\left(\dfrac{\pi}{4}\right) = \dfrac{1}{\sqrt{2}} \begin{pmatrix} -1 \\ 1 \end{pmatrix}, \boldsymbol{n}\left(\dfrac{\pi}{4}\right) = \dfrac{1}{\sqrt{2}} \begin{pmatrix} 1 \\ 1 \end{pmatrix}$

**問 1.12** $\cos\eta(u) = (1+u^2)^{-\frac{1}{2}} \in (0, 1)$ と $\displaystyle\lim_{u \to \infty} \cos\eta(u) = 0$ から，$\displaystyle\lim_{u \to \infty} \eta(u) = \dfrac{\pi}{2}$

**問 1.13** $|\det(\boldsymbol{x}(u)\ \boldsymbol{x}'(u))| = ab$

**問 1.14** (g) は (b) の関数 $f$ を使って閉じないようにすればよいから，例えば，$f$ を 1.1 倍した関数を用いればよい．(e) と (f) は不可能．

**問 1.15** 曲率の表現 1 を用いて，$k = \dfrac{r^2\theta'^3 + 2r'^2\theta' + rr'\theta'' - rr''\theta'}{(r^2\theta'^2 + r'^2)^{3/2}}$

**問 1.16** 曲率の表現 1 は，(1.7)$_{\text{p.22}}$ と (1.10)$_{\text{p.24}}$ を使って，$\partial_s\boldsymbol{x}(u)$ と $\partial_s^2\boldsymbol{x}(u)$ をそれぞれ計算して導出する．表現 2 は，前問において，$\theta(u) = u$ として計算した後に，$u$ を $\theta$ と置き換えればよい．表現 3 は表現 1 を用いて導出する．

**問 1.17** (1) 表現 1，あるいは問 1.15 (25 ページ) より，$k(u) = \dfrac{1}{R}$  (2) 表現 1 より，$k = ab(a^2\sin^2(2\pi u) + b^2\cos^2(2\pi u))^{-\frac{3}{2}}$  (3) $\boldsymbol{x}'' = \boldsymbol{0}$ と表現 1 より，$k = 0$

**問 1.18** (1) $\boldsymbol{a}, \boldsymbol{b} \in \overline{\Omega}$ とする．線分 $[\boldsymbol{a}, \boldsymbol{b}] = \big\{(1-\lambda)\boldsymbol{a} + \lambda\boldsymbol{b} \in \mathbb{R}^2 \,\big|\, \lambda \in [0, 1]\big\}$ を $\lambda < 0$ 方向に延長した直線と $\Gamma$ との交点を $\boldsymbol{a}_*$ とし，$\lambda > 1$ 方向に延長した直線と $\Gamma$ との交点を $\boldsymbol{b}_*$ とする．$\boldsymbol{a}_*, \boldsymbol{b}_* \in \Gamma$ と $\Gamma$ の凸性から，$[\boldsymbol{a}, \boldsymbol{b}] \subset [\boldsymbol{a}_*, \boldsymbol{b}_*] \subset \overline{\Omega}$ がわかる．  (2) $\Gamma$ を狭義凸曲線とする．$\Gamma$ は凸曲線であるので (1) より $\overline{\Omega}$ は凸集合である．よって，$\boldsymbol{a}, \boldsymbol{b} \in \Gamma \subset \overline{\Omega}$ ならば $[\boldsymbol{a}, \boldsymbol{b}] \subset \overline{\Omega}$ である．$\Gamma$ は狭義凸曲線であるから，$[\boldsymbol{a}, \boldsymbol{b}] \cap \Gamma = \{\boldsymbol{a}, \boldsymbol{b}\}$ がわかり，$[\boldsymbol{a}, \boldsymbol{b}] \setminus \{\boldsymbol{a}, \boldsymbol{b}\} \subset \Omega = \overline{\Omega}^\circ$ がわかる．逆も同様．

問 **1.19** (1) $\Gamma$ を凸曲線とする．このとき，$\overline{\Omega}$ は凸集合で，$\boldsymbol{a} \in \overline{\Omega}$ ならば任意の $u \in [0,1]$ に対して，$(\boldsymbol{a} - \boldsymbol{x}(u)) \cdot \boldsymbol{n}(u) \leq 0$ が成り立つ $(*)$．一方，$h > 0$ に対して，テイラー展開 $\boldsymbol{x}(u \pm h) \cdot \boldsymbol{n}(u) = \boldsymbol{x}(u) \cdot \boldsymbol{n}(u) + \boldsymbol{x}''(u) \cdot \boldsymbol{n}(u) h^2/2 + o(h^2)$ が成り立つ．よって，$k(u) = -g(u)^{-2} \boldsymbol{x}''(u) \cdot \boldsymbol{n}(u)$ より，もし，ある $u$ に対して $k(u) < 0$ だったならば，十分小さい $h > 0$ に対して，$(\boldsymbol{x}(u \pm h) - \boldsymbol{x}(u)) \cdot \boldsymbol{n}(u) > 0$ となり，$\boldsymbol{x}(u \pm h) \in \Gamma \subset \overline{\Omega}$ より，$(*)$ に矛盾．逆については，例えば [85] を参照．

問 **1.20** 25 ページの問 1.17 (2) より，局所長 $g = \sqrt{a^2 \sin^2(2\pi u) + b^2 \cos^2(2\pi u)}$ として，半径と中心はそれぞれ $R = g^3/(2\pi)$ と $\boldsymbol{c} = \boldsymbol{x} - g^2 \begin{pmatrix} b\cos(2\pi u) \\ a\sin(2\pi u) \end{pmatrix}$

問 **1.21** $R = 1/2$

問 **1.22** (1) $s = \rho \theta^2/2$  (2) $R = \sqrt{2\rho s}$

問 **1.23** $\nu(u) = \nu(0) + s(u)$, $\boldsymbol{n}(u) = \begin{pmatrix} \sin \nu(u) \\ -\cos \nu(u) \end{pmatrix}$ として，$\boldsymbol{x}(u) = \boldsymbol{x}(0) + \boldsymbol{n}(u) - \boldsymbol{n}(0)$ より示される．

問 **1.24** $\boldsymbol{x}(u) = \boldsymbol{x}(0) + Rt(u) - \sqrt{2Rs(u)} \boldsymbol{t}(u)^{\perp} - Rt(0)$, $\boldsymbol{t}(u) = \begin{pmatrix} \cos \nu(u) \\ \sin \nu(u) \end{pmatrix}$, $\nu(u) = \nu(0) + \sqrt{2s(u)/R}$ である．これは適当に $s(u)$ を定めれば伸開線．

問 **2.1** 一般に $\widetilde{\mathsf{F}} = \widetilde{\mathsf{F}}(w, \tau)$, $\mathsf{F} = \mathsf{F}(u(w,\tau), \tau)$，また形式的微分演算表記を $\partial_{\tilde{s}} = \tilde{g}^{-1} \partial_w$ として，$\tilde{g} = -g \partial_w u(w, \tau)$, $\tilde{s} = L(\tau) - s$, $\tilde{\boldsymbol{t}} = -\boldsymbol{t}$, $\tilde{\boldsymbol{n}} = -\boldsymbol{n}$, $\tilde{k} = \partial_{\tilde{s}} \tilde{\boldsymbol{n}} \cdot \tilde{\boldsymbol{t}} = -\partial_s \boldsymbol{n} \cdot \boldsymbol{t} = -k$, $\tilde{V} = -V$, $\tilde{\alpha} = -\alpha - g\partial_{\tau} u(w, \tau)$

問 **2.2** (2.3)$_{\text{p.47}}$ を示せば，十分．$g = |\partial_u \boldsymbol{x}|$ と $\partial_t \partial_u = \partial_u \partial_t$ を使って，$\partial_t g = (\partial_t g^2)/(2g) = (\partial_t(\partial_u \boldsymbol{x} \cdot \partial_u \boldsymbol{x}))/(2g) = (\boldsymbol{t} \cdot \partial_s \partial_t \boldsymbol{x}) g = (kV + \partial_s \alpha) g$

問 **2.3** (2) $\boldsymbol{e}_1 = (1,0)^{\mathrm{T}}$, $\boldsymbol{e}_2 = (0,1)^{\mathrm{T}}$ とおくと，$\boldsymbol{x} = \begin{pmatrix} \boldsymbol{x} \cdot \boldsymbol{e}_1 \\ \boldsymbol{x} \cdot \boldsymbol{e}_2 \end{pmatrix}$ であるから，後は (1) とガウスの発散定理を用いる．

問 **2.4** $\tilde{g}(w, t) = -g(u(w,t), t) \partial_w u(w, t)$ より，$\partial_u G(u, t) = \mathsf{F}(u,t) g(u, t)$ を満たす $G$ を用いて，$\widetilde{\mathsf{F}}(w, t) \tilde{g}(w, t) = -\partial_w G(u(w,t), t)$ の両辺を $w$ について $[0, p]$ で積分すれば，$\int_0^p \widetilde{\mathsf{F}}(w, t) \tilde{g}(w, t)\, dw = -G(0, t) + G(1, t) = \int_0^1 \mathsf{F}(u, t) g(u, t)\, du$

問 **2.5** (1) $R(t) = ((p+1)(T-t))^{\frac{1}{p+1}}$, $T = \dfrac{R(0)^{p+1}}{p+1}$  (2) $q = 1$ のとき $R(t) = R(0)e^t$, $0 < q < 1$ のとき $R(t) = \left(R(0)^{1-q} + (1-q)t\right)^{\frac{1}{1-q}}$, $q > 1$ のとき $R(t) = ((q-1)(T-t))^{-\frac{1}{q-1}}$, $T = \dfrac{R(0)^{1-q}}{q-1}$

問 **2.8** $c \leq 1$ とし，$f(\boldsymbol{x}) = c$ の等高線は，$\boldsymbol{x} = \sqrt{1-c} \begin{pmatrix} \cos(2\pi u) \\ \sin(2\pi u) \end{pmatrix}$ $(u \in [0,1])$ と媒介変数表示される．よって，$\boldsymbol{x}' = 2\pi \boldsymbol{x}^{\perp}$ と $\nabla f(\boldsymbol{x}) = -2\boldsymbol{x}$ より，$\nabla f(\boldsymbol{x}) \cdot \boldsymbol{x}' = 0$

# 参考文献

[1] U. Abresch & J. Langer, The normalized curve shortening flow and homothetic solutions, *J. Differential Geometry* **23** (1986) 175–196.
[2] F. Almgren & J. E. Taylor, Flat flow is motion by crystalline curvature for curves with crystalline energies, *J. Diff. Geom.* **42** (1995) 1–22.
[3] B. Andrews, Classification of limiting shapes for isotropic curve flows, *J. American math. society* **16** (2003) 443–459.
[4] B. Andrews, Evolving convex curves, *Calc. Var.* **7** (1998) 315–371.
[5] B. Andrews, Singularities in crystalline curvature flows, *Asian J. Math.* **6** (2002) 101–121.
[6] S. Angenent & M. E. Gurtin, Multiphase thermomechanics with interfacial structure, 2. Evolution of an isothermal interface, *Arch. Rational Mech. Anal.* **108** (1989) 323–391.
[7] S. Angenent, G. Sapiro and A. Tannenbaum, On the affine heat equation for non-convex curves, *J. American math. society* **11** (1998) 601–634.
[8] S. Angenent & J. J. L. Velázquez, Asymptotic shape of cusp singularities in curve shortening, *Duke Math. J.* **77** (1995) 71–110.
[9] S. Balibar, H. Alles and A. Y. Parshin, The surface of helium crystals, *Reviews of modern Physics* **77** (2005) 317–370.
[10] S. Balibar, C. Guthmann and E. Rolley, From vicinal to rough crystal surfaces, *J. Phys. I France* **3** (1993) 1475–1491.
[11] J. W. Barrett, H. Garcke and R. Nürnberg, A parametric finite element method for fourth order geometric evolution equations, *J. Comput. Phys.* **222** (2007) 441–467.
[12] J. W. Barrett, H. Garcke and R. Nürnberg, Numerical computations of faceted pattern formation in snow crystal growth, *Physical Review* E **86** (2012) 011604.
[13] M. Beneš, M. Kimura, P. Pauš, D. Ševčovič, T. Tsujikawa and S. Yazaki, Application of a curvature adjusted method in image segmentation, *Bull. Inst. Math. Acad. Sin.* (New Series) **3** (2008) 509–523.
[14] M. Beneš, M. Kimura and S. Yazaki, Second order numerical scheme for motion of polygonal curves with constant area speed, *Interfaces and Free Boundaries* **11** (2009) 515–536.
[15] M. Beneš, K. Mikula, T. Oberhuber and D. Ševčovič, Comparison study for level set and direct Lagrangian methods for computing Willmore flow of closed planar curves, *Comput. Visual. Sci.* **12** (2009), 307–317.
[16] W. K. Burton, N. Cabrera and F. C. Frank, The growth of crystals and the equilibrium structure of their surfaces, *Philos. Trans. R. Soc. Landon, Ser.* A **243** (1951) 299–358.
[17] J. W. Cahn & J. E. Taylor, Surface motion by surface diffusion, *Acta metall. mater.* **42** (1994) 1045–1063.
[18] K.-S. Chou & X.-P. Zhu, Anisotropic flows for convex plane curves, *Duke Math. J.* **97** (1999) 579–619.
[19] K.-S. Chou & X.-P. Zhu, A convexity theorem for a class of anisotropic flows of plane curves, *Indiana Univ. Math. J.* **48** (1999) 139–154.
[20] K.-S. Chou & X.-P. Zhu, The curve shortening problem, *CRC Press*, 2001.
[21] R. クーラント, H. ロビンス (著), I. スチュアート (改訂), 森口繁一 (監訳),『数学とは何か』,

岩波書店，2001．
原著：R. Courant & H. Robbins; I. Stewart (revised), What is Mathematics? (2nd Ed.), Oxford University Press, 1996.

[22] K. Deckelnick, Weak solutions of the curve shortening flow, *Calc. Var. Partial Differential Equations* **5** (1997) 489–510.
[23] C. Dohmen & Y. Giga, Selfsimilar shrinking curves for anisotropic curvature flow equations, *Proc. Japan Acad.* A **70** (1994) 252–255.
[24] C. Dohmen, Y. Giga and N. Mizoguchi, Existence of selfsimilar shrinking curves for anisotropic curvature flow equations, *Calc. Var.* **4** (1996) 103–119.
[25] G. Dziuk, Convergence of a semi discrete scheme for the curve shortening flow, *Math. Models Methods Appl. Sci.* **4** (1994) 589–606.
[26] G. Dziuk, E. Kuwert and R. Schätzle, Evolution of elastic curves in $\mathbb{R}^n$: existence and computation, *SIMA J. Math. Anal.* **33** (2002) 1228–1245.
[27] S. S. Dragomir, A survey on Cauchy-Buniyakovsky-Schwarz type discrete inequalities, *Journal of Inequalities in Pure and Applied Mathematics* **4** (2003) 1–142.
[28] H. G. Eggleston, Convexity, Cambridge Tracts in Mathematics and Mathematical Physics **47**, *Cambridge University Press*, 1958.
[29] 栄伸一郎，「反応拡散方程式とパターン形成」，『数理科学』**413**，サイエンス社 (1997) 23–29．
[30] C. L. Epstein & M. Gage, The curve shortening flow, Wave motion: theory, modelling, and computation (Berkeley, Calif., 1986), *Math. Sci. Res. Inst. Publ.* **7** Springer (1987) 15–59.
[31] I. Fonseca & S. Müller, A uniqueness proof for the Wulff theorem, *Proc. Roy. Soc. Edinburgh Sect.* A **119** (1991) 125–136.
[32] N. Fuchikami, S. Ishioka and K. Kiyono, Simulation of a dripping faucet, *J. of Phys. Soc. Japan* **68** (1999) 1185–1196.
[33] Y. Furukawa & S. Kohata, Temperature dependence of the growth form of negative crystal in an ice single crystal and evaporation kinetics for its surfaces, *J. Crystal Growth* **129** (1993) 571–581.
[34] 古川義純，長嶋和茂，「氷結晶のパターン形成実験とその数理解析」，『応用数理』**7** (1997) 196–211．
[35] M. Gage, An isoperimetric inequality with applications to curve shortening, *Duke Mathematical Journal* **50** (1983) 1225–1229.
[36] M. Gage, On an area-preserving evolution equations for plane curves, *Contemporary Math.* **51** (1986) 51–62.
[37] M. Gage, Positive centers and the Bonnesen inequality, *Proceedings of the American Mathematical Society* **110** (1990) 1041–1048.
[38] M. E. Gage, Evolving plane curves by curvature in relative geometries, *Duke Math. J.* **72** (1993) 441–466.
[39] M. Gage & R. S. Hamilton, The heat equation shrinking convex plane curves, *J. Diff. Geom.* **23** (1986) 69–96.
[40] M. E. Gage & Y. Li, Evolving plane curves by curvature in relative geometries II, *Duke Math. J.* **75** (1994) 79–98.
[41] 儀我美一，「曲面の発展方程式における等高面の方法」，『数学』**47** (1995) 321–340．
英訳：Y. Giga, A level set method for surface evolution equations, *Sugaku Expositions* **10** (1997) 217–241.
[42] 儀我美一，「不思議な拡散方程式」，『数学』**49** (1997) 193–196．
[43] 儀我美一，「非等方的曲率による界面運動方程式」，『数学』**52** (2000) 113–127．
英訳：Y. Giga, Anisotropic curvature effects in interface dynamics, *Sugaku Expositions* **16** (2003) 135–152.
[44] 儀我美一，「界面ダイナミクス：曲率の効果」，増田久弥（編集）『応用解析ハンドブック』，第II部，第4章，シュプリンガージャパン，2010．
新版：丸善出版，2012．

[45] 儀我美一，陳蘊剛，『動く曲面を追いかけて [新版]』，日本評論社，2015.
[46] 儀我美一，儀我美保，『非線形偏微分方程式：解の漸近挙動と自己相似解』，共立出版，1999.
[47] Y. Giga, P. Górka, and P. Rybka, Bent rectangles as viscosity solutions over a circle, *Nonlinear Anal.* **125** (2015) 518–549.
[48] Y. Giga & P. Rybka, Facet bending driven by the planar crystalline curvature with a generic nonuniform forcing term, *J. Differential Equations* **246** (2009) 2264–2303.
[49] Y. Giga & P. Rybka, Quasi-static evolution of 3-D crystals grown from supersaturated vapor, *Differential Integral Equations* **15** (2002) 1–15.
[50] 郷伸彰，『高分子溶液中を上昇する泡のダイナミクス』，平成14年度三重大学大学院修士論文（工学研究科博士前期課程，分子素材工学専攻，川口正美研究室）
[51] M. A. Grayson, The heat equation shrinks emmbedded plane curves to round points, *J. Diff. Geom.* **26** (1987) 285–314.
[52] J.-S. Guo, H. Ninomiya and J.-C. Tsai, Existence and uniqueness of stabilized propagating wave segments in wave front interaction model, *Physica* D **239** (2010) 230–239.
[53] Y.-Y. Chen, J.-S. Guo and H. Ninomiya, Existence and uniqueness of rigidly rotating spiral waves by a wave front interaction model, *Physica* D **241** (2012) 1758–1766.
[54] M. E. Gurtin, Thermomechanics of evolving phase boundaries in the plane, *Clarendon Press*, 1993.
[55] B. Gustafsson & A. Vasil'ev, Conformal and Potential Analysis in Hele-Shaw Cells, *Birkhaeuser*, 2006.
[56] J. Hallett & B. J. Mason, The influence of temperature and supersaturation on the habit of ice crystals grown from the vapour, *Proc. R. Soc. London* **A247** (1958) 440–453.
[57] H. S. Hele-Shaw, The flow of water, *Nature* **58** (1898) 34–36.
[58] 前野紀一，平松和彦，「一瞬で氷をつくる？」，『化学』**54**，化学同人，(1999)，39–40.
[59] H. Hontani, M.-H. Giga, Y. Giga, and K. Deguchi, Expanding selfsimilar solutions of a crystalline flow with applications to contour figure analysis, *Discrete Appl. Math.* **147** (2005) 265–285.
[60] T. Y. Hou, J. S. Lowengrub and M. J. Shelley, Removing the stiffness from interfacial flows with surface tension, *J. Comput. Phys.* **114** (1994) 312–338.
[61] R. Ikota, N. Ishimura and T. Yamaguchi, On the structure of steady solutions for the kinematic model of spiral waves in excitable media, *Jpn. J. Ind. Appl. Math.* **15** (1998) 317–330.
[62] 今井功，『流体力学（前編）』，裳華房，1973.
[63] 入江昭二，垣田高夫，『フーリエの方法』，内田老鶴圃，2000.
[64] T. Ishiwata, On spiral solutions to generalized crystalline motion with a rotating tip motion, *Discrete Contin. Dyn. Syst. Ser.* S **8** (2015) 881–888.
[65] T. Ishiwata, Motion of non-convex polygons by crystalline curvature and almost convexity phenomena, *Japan J. Indust. Appl. Math.* **25** (2008) 233–253.
[66] 石渡哲哉，『クリスタライン運動について：平面上の多角形の運動の解析』，大学院GP数学レクチャーノートシリーズ **GP-TML06**，東北大学大学院理学研究科，2008.
[67] T. Ishiwata, T. K. Ushijima, H. Yagisita and S. Yazaki, Two examples of nonconvex self-similar solution curves for a crystalline curvature flow, *Proc. Japan Acad. Ser. A Math. Sci.* **80** (2004) 151–154.
[68] T. Ishiwata & S. Yazaki, Towards modelling the formation of negative ice crystals or vapor figures produced by freezing of internal melt figures, *RIMS Kôkyûroku* **1542** (2007) 1–11.
[69] T. Ishiwata & S. Yazaki, Interface motion of a negative crystal and its analysis, *RIMS Kôkyûroku* **1588** (2008) 23–29.
[70] T. Ishiwata & S. Yazaki, A fast blow-up solution and degenerate pinching arising in an anisotropic crystalline motion, *Discrete Contin. Dyn. Syst.* **34** (2014) 2069–2090.
[71] T. Ishiwata & S. Yazaki, Convexity phenomena in an area-preserving motion by crystalline curvature, in preparation.

[72] L. Jiang & S. Pan, On a non-local curve evolution problem in the plane, *Comm. in Analysis and Geometry* **16** (2008) 1–26.
[73] 壁谷喜継, 『フーリエ解析と偏微分方程式入門』, 共立出版, 2010.
[74] 金子晃, 『偏微分方程式入門』, 東京大学出版会, 1998.
[75] M. Kagaguchi, S. Niga, N. Gou and K. Miyake, Buoyancy-Driven Path Instabilities of Bubble Rising in Simple and Polymer Solutions of Hele-Shaw Cell, *Journal of the Physical Society of Japan* **75** (2006) 124401.
[76] E. Kelley & M. Wu, Path instabilities of rising air bubbles in a Hele-Shaw cell, *Physical review letters* **79** (1997) 1265–1268.
[77] M. Kimura, Accurate numerical scheme for the flow by curvature, *Appl. Math. Letters* **7** (1994) 69–73.
[78] M. Kimura, Numerical analysis for moving boundary problems using the boundary tracking method, *Japan J. Indust. Appl. Math.* **14** (1997) 373–398.
[79] 木村正人, 「境界追跡法による移動境界問題の数値解析」, 『数理科学』 **417** (1998) 42–47.
[80] 木村正人, 「移動境界問題の数値解析」, 『数学』 **52** (2000.1) 1–15.
[81] M. Kimura, D. Tagami and S. Yazaki, Polygonal Hele-Shaw problem with surface tension, *Interfaces and Free Boundaries* **15** (2013) 77–93.
[82] 小林亮, 「相変化と界面運動の数理モデル」, 『応用数理』 **1** (1991) 300–311.
[83] 小林亮, 高橋大輔, 『ベクトル解析入門』, 東京大学出版会, 2003.
[84] R. Kobayashi & Y. Giga, On anisotropy and curvature effects for growing crystals, *Japan J. Indust. Appl. Math.* **18** (2001) 207–230.
[85] 小林昭七, 『曲線と曲面の微分幾何 (改訂版)』, 裳華房, 1995.
[86] 小林昭七, 『円の数学』, 裳華房, 1999.
[87] T. Kobayashi, The growth of snow crystals at low supersaturations, *Philos. Mag.* **6** (1961) 1363–1370.
[88] 小林禎作, 『雪の結晶：冬のエフェメラル』, 北海道大学図書刊行会, 1983.
[89] 小林禎作, 古川義純, 『[雪] の結晶』, 雪の美術館, 1991.
[90] 郡宏, 森田善久, 『生物リズムと力学系』, 共立出版, 2011.
[91] Y. Kohsaka & T. Nagasawa, On the existence for the Helfrich flow and its center manifolds near spheres, *Diff. Integral Equations* **19** (2006) 121–142.
[92] クゼ・コスニオフスキ (著), 加藤十吉 (編訳), 『トポロジー入門』, 東京大学出版会, 1983.
[93] 小薗英雄, 「ナヴィエ・ストークス方程式」, 『数学セミナー』 **45**, 日本評論社 (2006.6) 47–52.
[94] Y. Kurihara & T. Nagasawa, On the gradient flow for a shape optimization problem of plane curves as a singular limit, *Saitama Math. J.* **24** (2006/2007) 43–75.
[95] 黒田登志雄, 『結晶は生きている』, サイエンス社, 1984.
[96] 黒田登志雄, 「結晶の成長機構と形 (その 1～その 6)」, 『固体物理』 (その 1) **18**(12), (1983) 747–756, (その 2) **19**(3), (1984) 145–154, (その 3) **19**(5), (1984) 274–281, (その 4) **19**(11), (1984) 682–692, (その 5) **20**(2), (1985) 107–117, (その 6) **20**(9), (1985) 710–719.
[97] 桑村雅隆, 『パターン形成と分岐理論：自発的パターン発生の力学系入門』, 共立出版, 2015.
[98] H. ラム, 『ラム 流体力学 1』, 東京図書, 1978.
[99] H. ラム, 『ラム 流体力学 3』, 東京図書, 1988.
[100] H. L. Lebesgue (著), 吉田耕作, 松原稔 (訳・解説), 『ルベーグ 積分・長さおよび面積』, 共立出版, 1969.
[101] C.-P. Lo, N. S. Nedialkov and J.-M. Yuan, Classification of steady solutions of the full kinematic model, *Physica* D **198** (2004) 258–280.
[102] D. Lohse, Bubble puzzles, *Physics Today* **56** (2003).
家泰弘 (訳), 「泡の不思議, バブルの効用」, 『パリティ』 **18** (2003) 34–42.
[103] 前野紀一, 「『湯と水くらべ』のサイエンス」, 『雪氷』 **70** (2008) 593–599.
[104] 増田久弥, 「関数解析の基礎」, 増田久弥 (編集) 『応用解析ハンドブック』, 第 I 部, 第 1 章, シュプリンガージャパン, 2010.
新版：丸善出版, 2012.

[105] 俣野博，『微分と積分3』，岩波書店，1996．
単行本版：『現代解析学への誘い』，岩波書店，2004．
[106] 松本誠，『計量微分幾何学』，裳華房，1975．
[107] U. F. Mayer, A Singular Example for the Averaged Mean Curvature Flow, *Experimental Mathematics* **10** (2001) 103–107.
[108] U. F. Mayer & G. Simonett, Self-intersections for the surface diffusion and the volume preserving mean curvature flow, *Differential Integral Equations* **13** (2000) 1189–1199.
[109] J. C. McConnel, The crystallization of lake ice, *Nature* **39** (1889) 367.
[110] E. Mihaliuk, T. Sakurai, F. Chirila and K. Showalter, Experimental and theoretical studies of feedback stabilization of propagating wave segments, *Faraday Discuss* **120** (2002) 383–394.
[111] E. Mihaliuk, T. Sakurai, F. Chirila and K. Showalter, Feedback stabilization of unstable propagating waves, *Phys. Rev.* E **65** (2002) 065602-1–4.
[112] A. S. Mikhailov & V. S. Zykov, Kinematical theory of spiral waves in excitable media: comparison with numerical simulations, *Physica* D **52** (1991) 379–397.
[113] A. S. Mikhailov, V. A. Davydov and V. S. Zykov, Complex dynamics of spiral waves and motion of curves, *Physica* D **70** (1994) 1–39.
[114] K. Mikula & D. Ševčovič, Solution of nonlinearly curvature driven evolution of plane curves, *Appl. Numer. Math.* **31** (1999) 191–207.
[115] K. Mikula & D. Ševčovič, Evolution of plane curves driven by a nonlinear function of curvature and anisotropy, *SIAM J. Appl. Math.* **61** (2001) 1473–1501.
[116] K. Mikula & D. Ševčovič, A direct method for solving an anisotropic mean curvature flow of plane curves with an external force, *Math. Methods Appl. Sci.* **27** (2004) 1545–1565.
[117] K. Mikula & D. Ševčovič, Computational and qualitative aspects of evolution of curves driven by curvature and external force, *Comput. Vis. Sci.* **6** (2004) 211–225.
[118] K. Mikula & D. Ševčovič, Evolution of curves on a surface driven by the geodesic curvature and external force, *Appl. Anal.* **85** (2006) 345–362.
[119] Y. Miyamoto, T. Nagasawa and F. Suto, How to unify the total/local-length-constraints of the gradient flow for the bending energy of plane curves, *Kybernetika* **45** (2009) 615–624.
[120] W. W. Mullins, Two-dimensional motion of idealized grain boundaries, *J. Appl. Phys.* **27** (1956) 900–904.
[121] 長岡亮介，岡本久，『数学とコンピュータ』，放送大学教育振興会，2006．
[122] 中村幸四郎，伊藤俊太郎，寺阪英孝，池田美恵，『ユークリッド原論 [追補版]』，共立出版，2011．
[123] K.-I. Nakamura, H. Matano, D. Hilhorst and R. Schätzle, Singular limit of a reaction-diffusion equation with a spatially inohomogeneous reaction term, *Journal of Statistical Physics* **95** (1999) 1165–1185.
[124] 中村健一，矢崎成俊，「古典的曲率流の自己相似解の分類：Abresch–Langerの方法の再考」，2002年度科学研究費『巨大領域のための有限要素法と領域分割系ならびに関連事項』研究打ち合わせ会（横浜研究会），講演概要集 (2003) 26–35．
[125] U. Nakaya, The formation of ice crystals, *Compendium of Meteorology* edited by T. F. Malone (American Meteorological Society, Boston) (1951) 207–220.
[126] U. Nakaya, Snow crystals – natural and artificial, *Harvard Univ. Press* Cambridge, MA, 1954.
[127] U. Nakaya, Properties of single crystals of ice, revealed by internal melting, *SIPRE (Snow, Ice and Permafrost Reseach Establishment) Research Paper*, **13**, 1956.
[128] 中谷宇吉郎，「氷単結晶の物理」，『科学』**26**，(1956)，272–279，346–352，401–407．
[129] 中谷宇吉郎，『北極の氷』，宝文館 (1958) 79–133．
[130] 中谷宇吉郎，『中谷宇吉郎集（全8巻）』，岩波書店，2000，2001．

[131] NHK アーカイブス,『NHK 名作選　みのがし　なつかし：毛利衛さん　宇宙飛行』, http://cgi2.nhk.or.jp/archives/tv60bin/detail/index.cgi?das_id=D0009030249_00000

[132] 仁賀助宏, 郷伸彰, 三宅一生, 川口正美,「高分子水溶液中を上昇する泡のダイナミクス」,『高分子加工』**53** (2004) 34–37.

[133] H. Ninomiya, Propagating waves in wave front interaction model, *RIMS Kôkyûroku* **1693** (2010) 99–103.

[134] 二宮広和,『侵入・伝播と拡散方程式』, 共立出版, 2014.

[135] 西浦廉政,『非線形問題 1』, 岩波書店, 1999.

[136] C. D. Ohl, A. Tijink, and A. Prosperetti, The added mass of an expanding bubble, *J. Fluid Mech.* **482** (2003) 271–290.

[137] 太田隆夫,『界面ダイナミクスの数理 [改訂版]』, 日本評論社, 2015.

[138] S. Okabe, The motion of elastic planar closed curves under the area-preserving condition, *Indiana Univ. Math. J.* **56** (2007) 1871–1912.

[139] 岡本久,「知られざるグリーン」,『数学セミナー』**42**, 日本評論社 (2003.7) 45–49.

[140] 岡本久,『現象の数理』, 放送大学教材, 2003. リメイク新版:『日常現象からの解析学』, 近代科学社, 2016.

[141] 大川章哉,『結晶成長』, 裳華房, 1977.

[142] K. Osaki, H. Satoh and S. Yazaki, Towards modelling spiral motion of open plane curves, *Discrete and Continuous Dynamical Systems, Series* S **8** (2015) 1009–1022.

[143] S. Pan & J. Yang, On a non-local perimeter-preserving curve evolution problem for convex plane curves, *Manuscripta mathematica* **127** (2008) 469–484.

[144] P. Pauš & S. Yazaki, Exact solution for dislocation bowing and a posteriori numerical technique for dislocation touching-splitting, *JSIAM Letters* **7** (2015) 57–60.

[145] S. Roberts, A line element algorithm for curve flow problems in the plane, *CMA Research Report* **58** (1989); *J. Austral. Math. Soc. Ser.* B **35** (1993) 244–261.

[146] P. Rybka, On the modified crystalline Stefan problem with singular data, *J. Differential Equations* **181** (2002) 340–366.

[147] 齋藤幸夫,『結晶成長』, 裳華房, 2002.

[148] K. Sakakibara & S. Yazaki, A charge simulation method for the computation of Hele-Shaw problems, *RIMS Kôkyûroku* **1957** (2015) 116–133.

[149] K. Sakakibara & S. Yazaki, Structure-preserving numerical scheme for the one-phase Hele-Shaw problems by the method of fundamental solutions, submitted.

[150] T. Sakurai, K. Osaki and T. Tsujikawa, Kinematic model of propagating arc-like segments with feedback, *Physica* D **237** (2008) 3165–3171.

[151] G. Sapiro & A. Tannenbaum, Affine invariant scale-space, *Int. J. Computer Vision* **11** (1993) 25–44.

[152] G. Sapiro & A. Tannenbaum, On affine plane curve evolution, *J. Functional Analysis* **119** (1994) 79–120.

[153] 澤野嘉宏,『早わかりベクトル解析：3 つの定理が織りなす華麗な世界』, 共立出版, 2014.

[154] J. A. Sethian, Level Set Methods and Fast Marching Methods: Evolving Interfaces in Computational Geometry, Fluid Mechanics, Computer Vision, and Material Science, *Cambridge University Press*, New York, 1999.

[155] D. Ševčovič & M. Trnovská, Solution to the Inverse Wulff Problem by Means of the Enhanced Semidefinite Relaxation Method, *Journal of Inverse and Ill-posed Problems*, **23** (2015) 263–285.

[156] D. Ševčovič & S. Yazaki, Evolution of plane curves with a curvature adjusted tangential velocity, *Japan J. Indust. Appl. Math.* **28** (2011) 413–442.

[157] D. Ševčovič & S. Yazaki, Computational and qualitative aspects of motion of plane curves with a curvature adjusted tangential velocity, *Math. Methods in Applied Sciences* **35** (2012) 1784–1798.

[158] D. Ševčovič & S. Yazaki, On a gradient flow of plane curves minimizing the anisoperimetric ratio, *IAENG International J. Appl. Math.* **43** (2013) 160–171.
[159] M. J. Shelley, F.-R. Tian and K. Wlodarski, Hele-Shaw flow and pattern formation in a time-dependent gap, *Nonlinearity* **10** (1997) 1471–1495.
[160] 砂川一郎,『結晶：成長，形，完全性』, 共立出版, 2003.
[161] 洲之内治男,『改訂：関数解析入門』, サイエンス社, 1995.
[162] J. E. Taylor, Crystals, in equilibrium and otherwise, videotape of 1989 AMS-MAA lecture, Selected Lectures in Math., *Amer. Math. Soc.* 1990.
[163] J. E. Taylor, Constructions and conjectures in crystalline nondifferential geometry, Proceedings of the Conference on Differential Geometry, Rio de Janeiro, *Pitman Monographs Surveys Pure Appl. Math.* **52** (1991) 321–336.
[164] J. E. Taylor, Motion by crystalline curvature, Computing Optimal Geometries, Selected Lectures in Math., *Amer. Math. Soc.* (1991) 63–65 plus video.
[165] J. E. Taylor, Motion of curves by crystalline curvature, including triple junctions and boundary points, Diff. Geom.: partial diff. eqs. on manifolds (Los Angeles, CA, 1990), Proc. Sympos. Pure Math., *Amer. Math. Soc.* **54** (1993) Part I, 417–438.
[166] P. Topping, Mean curvature flow and geometric inequalities, *J. Rein Angew. Math.* **503** (1998) 47–61.
[167] 登坂宣好，中山司,『境界要素法の基礎』, 日科技連出版社, 1987.
[168] 浦川肇,「等周不等式」,『数理科学』**386** (1995.8) 20–24.
[169] T. K. Ushijima & H. Yagisita, Convergence of a three-dimensional crystalline motion to Gauss curvature flow, *Japan J. Indust. Appl. Math.* **22** (2005) 443–459.
[170] T. K. Ushijima & S. Yazaki, Convergence of a crystalline algorithm for the motion of a closed convex curve by a power of curvature $V = K^\alpha$, *SIAM Journal on Numerical Analysis* **37** (2000) 500–522.
[171] T. K. Ushijima & S. Yazaki, Convergence of a crystalline approximation for an area-preserving motion, *J. Comp. App. Math.* **166** (2004) 427–452.
[172] 上羽牧夫,『結晶成長のしくみを探る』, 共立出版, 2002.
[173] X.-L. Wang & L.-H. Kong, Area-preserving evolution of nonsimple symmetric plane curves, *Journal of Evolution Equations* **14** (2014) 387–401.
[174] A. A. Wheeler, Phase-field theory of edges in an anisotropic crystal, *Proc. R. Soc.* A **462** (2006) 3363–3384.
[175] H. Yagisita, Non-uniqueness of self-similar shrinking curves for an anisotropic curvature flow, *Calc. Var.* **26** (2006) 49–55.
[176] 山口昌哉，野木達夫,『ステファン問題』, 産業図書, 1977.
[177] 柳田英二，栄伸一郎,『常微分方程式論』, 朝倉書店, 2002.
[178] S. Yazaki, On an area-preserving crystalline motion, *Calc. Var.* **14** (2002) 85–105.
[179] S. Yazaki, On the tangential velocity arising in a crystalline approximation of evolving plane curves, *Kybernetika* **43** (2007) 913–918.
[180] 矢崎成俊,「クリスタライン曲率流方程式の解の漸近挙動について」, 小薗英雄，小川卓克，三沢正史（編），『これからの非線型偏微分方程式』, 第12章, 日本評論社, 2007.
[181] S. Yazaki, Motion of nonadmissible convex polygons by crystalline curvature, *Publ. Res. Inst. Math. Sci.* **43** (2007) 155–170.
[182] S. Yazaki, Asymptotic behavior of solutions to an area-preserving motion by crystalline curvature, *Kybernetika* **43** (2007) 903–912.
[183] S. Yazaki, An area-preserving crystalline curvature flow equation, Topics in mathematical modeling, Part 4, Jindrich Nečas center for mathematical modeling lecture notes (eds: M. Beneš & E. Feireisl), volume 4, *matfyzpress* (2008) 169–215.
[184] 矢崎成俊,『弱点克服：大学生のフーリエ解析』, 東京図書, 2011.
[185] 矢崎成俊,「自分で作る現象数理」,『数学セミナー』, 日本評論社 (2012.4) 55–61.
[186] 矢崎成俊,『実験数学読本：真剣に遊ぶ数理実験から大学数学へ』, 日本評論社, 2016.

[187] S. Yazaki, A numerical scheme for the Hele-Shaw flow with a time-dependent gap by a curvature adjusted method, *Adv. Stud. Pure Math.* **64**, Math. Soc. Japan, Tokyo (2015), 253–261.

[188] E. Yokoyama & T. Kuroda, Pattern formation in growth of snow crystals occurring in the surface kinetic process and the diffusion process, *Physical Review* A **41** (1990) 2038–2049.

[189] 「特集／雪」,『数理科学』**319**, サイエンス社, 1990.

[190] A. M. Zhabotinsky & A. N. Zaikin, Autowave processes in a distributed chemical system, *J. Theor. Biol.* **40** (1973) 45–61.

図 6.11 の画像入手元：

Anatol M. Zhabotinsky (2007) Belousov-Zhabotinsky reaction. Scholarpedia, 2(9):1435., revision #91050

doi:10.4249/scholarpedia.1435

# 索　引

**【英数字】**

1 相内部ヘレ・ショウ問題　128

Abresch-Langer 曲線　106

BCF 理論　157
BZ 反応　8, 134

Cahn-Hoffman ベクトル　82
CBS 不等式　66
$C^k$-曲線　17

gnuplot　13

intrinsic 方程式　146

Jacobowitz の反例　68

modified Korteweg-de Vries 方程式
　119

natural 方程式　146

$W_\sigma$-許容　172

$\xi$-ベクトル　82

**【ア行】**

アイコナール方程式　102
アルキメデスらせん　15, 147

一様配置法　120, 142
一様配置法（離散版，漸近的）　190
一様配置法（離散版，理想的）　189
一般等周不等式　98
移動境界問題　3, 39
異方性　79
異方的　78
異方的界面エネルギー密度関数　79
異方的関数　79
異方的曲率　81
異方的等周比　86
異方的等周比の勾配流方程式　117
異方的等周不等式　86, 98

ウィルモア汎関数　113
ウィルモア流方程式　113
ウルフ図形　84
ウルフの問題　84

オイラーのエラスティカ　114
オイラーらせん　36
凹　26
重み付き曲率　81
重み付き曲率流方程式　82
折れ線曲率　187
折れ線曲率流方程式　176

**【カ行】**

開曲線　12
界面　2, 39
界面運動　39

ガウスの発散定理　49
カージオイド　15
画像強度関数　109
画像輪郭抽出　9, 109
間接法　178
緩和関数　191, 198
緩和定数　141, 191

幾何学的量　42
キネマティック方程式　136
ギブス-トムソン則　151
境界　2
狭義凸　26, 27
局所長　17
局所長保存流方程式　117
曲線　12
曲線短縮方程式　52
曲率　23, 31
曲率運動　39
曲率円　29
曲率調整型配置法　120, 142, 198
曲率半径　29
曲率ベクトル　30
曲率流方程式　52
許容　172
許容折れ線　170

空像　8, 165
クリスタラインエネルギー　94, 172
クリスタライン曲率　174, 187
クリスタライン曲率流方程式　94, 171, 174
クリスタライン配置法　142
グリーンの公式　64, 163
クロソイド曲線　36

形状関数　141, 197, 200
ゲージの不等式　67

勾配　59

勾配（2次元）　126
勾配（3次元）　123
勾配系　60
勾配流方程式　58, 60
コーシー-ブニャコフスキー-シュワルツ不等式　66
弧状波　137
弧長　17
弧長パラメータ　18
古典的曲率流方程式　52
古典的ステファン問題　151
古典的面積保存曲率流方程式　103
コルニュらせん　36
混合型異方的等周不等式　99

【サ行】

最大値原理　74

自己相似解　53
シッソイド曲線　13
始点　20
霜　7, 164
自由境界問題　39
重心　50, 182
周長　18, 23, 48, 181
周長保存ウィルモア流方程式　114
周長保存勾配流方程式　114
周長保存流方程式　114
終点　20
消滅時刻　77
ジョルダン曲線　12
ジョルダンの曲線定理　13
伸開線　16, 146

ステファン条件　151
ステファン問題　151
ストークス近似　123

斉次次数　81
正斉次1次拡張　79

正斉次 $a$ 次　81
正則　17
正の方向　20
接触円　29
接線速度　40
遷移数　174
全界面エネルギー　79, 108, 173
全長　18, 23, 48

相対的局所長保存流方程式　119, 142

【タ行】

第1変分　57
ダイヤモンドダスト　6
単位接線ベクトル　19
単位法線ベクトル　19
単純　12
端点　12

チェザロ方程式　146
直接法　178
チンダル像　7, 153

ディドの問題　63
デカルトの正葉線　13

等周比　63
等周比の勾配流方程式　115
等周不等式　63, 98
等周問題　2, 62
動的ギブス-トムソン則　152
等方性　79
等方的　79
閉じている　12
凸　26
凸包　26

【ナ行】

内部　12

ナヴィエ-ストークス方程式　123
中谷-小林ダイヤグラム　156
中谷ダイヤグラム　155

熱方程式　58

【ハ行】

爆発　77
爆発時刻　77
発散　49

非斉次界面エネルギー密度関数　108
ビットマップ画像　110
非等方性　79
非等方的曲率　81
非等方的曲率流方程式　82
非凸　26
ヒューウェル方程式　146
表面　2, 39
表面拡散流方程式　107
表面過飽和度　157
開いている　12

フィンスラー距離　88
負結晶　165
符号付き曲率　31
フランク図形　90
プリズム面　157
フレネ-セレの公式　24
フレネ枠　51

閉折れ線　180
閉曲線　12
平面曲線　12
ヘッシアン　80
ヘッセ行列　80
ヘルツ-クヌーセンの式　161
ヘルフリッヒ流方程式　115
ヘレ・ショウセル　122
ヘレ・ショウ問題　122, 128

ヘレ・ショウ流　4
ベローソフ-ジャボチンスキー反応
　　8, 134

法線速度　40
ボンネーゼンの不等式　67

【マ行】

マクスウェル-ボルツマン分布則
　　160

向き　20

面積　49, 182
面積・局所長保存ウィルモア流方程
　　式　118
面積・周長保存ウィルモア流方程式
　　115
面積保存曲率流方程式　103
面積保存流方程式　103

【ヤ行】

ヤコビアン　80
ヤコビ行列　80

雪結晶　6

横山-黒田モデル　156

【ラ行】

ラプラシアン（2次元）　124
ラプラシアン（3次元）　123
ラプラスの関係式　127

リサージュ曲線　14
離散曲率　187
臨界曲率　136

ルンゲ-クッタ-メルソン法　143

レオナルド・ダ・ヴィンチ　131

## 著者略歴

### 矢崎成俊（やざきしげとし）

2000年　東京大学大学院数理科学研究科数理科学専攻博士課程修了
現　在　明治大学理工学部数学科 教授
　　　　博士(数理科学)
専　門　界面現象の数理解析(応用数学)
主　著　『次元解析入門』(共立出版, 2022)
　　　　『大学数学の教則』(ちくま学芸文庫, 2022)
　　　　『新しい微積分〈上・下〉改訂第2版』(共著, 講談社, 2021)
　　　　『実験数学読本③：やりたくなる実験から考えたくなる数学へ』(日本評論社, 2020)
　　　　『微分積分の押さえどころ』(共著, 学術図書, 2019)
　　　　『実験数学読本②：やさしい実験からゆたかな数学へ』(日本評論社, 2019)
　　　　『動く曲線の数値計算』(共立出版, 2019)
　　　　『実験数学読本：真剣に遊ぶ数理実験から大学数学へ』(日本評論社, 2016)
　　　　『弱点克服：大学生のフーリエ解析』(東京図書, 2011)
　　　　『これからの非線型偏微分方程式』(共著, 日本評論社, 2007)

---

シリーズ・現象を解明する数学
**界面現象と曲線の微積分**
*Interfacial phenomena and calculus of curves*

2016 年 8 月 25 日　初版 1 刷発行
2022 年 5 月 1 日　初版 2 刷発行

検印廃止
NDC 413.6, 414.7
ISBN 978-4-320-11005-2

著　者　矢崎成俊 ⓒ 2016
発行者　南條光章
発行所　**共立出版株式会社**
　　　　東京都文京区小日向 4-6-19
　　　　電話　03-3947-2511（代表）
　　　　〒 112-0006／振替口座 00110-2-57035
　　　　URL www.kyoritsu-pub.co.jp

印　刷　啓文堂
製　本　ブロケード

一般社団法人
自然科学書協会
会員

Printed in Japan

---

**JCOPY** ＜出版者著作権管理機構委託出版物＞
本書の無断複製は著作権法上での例外を除き禁じられています．複製される場合は，そのつど事前に，出版者著作権管理機構（ＴＥＬ：03-5244-5088，ＦＡＸ：03-5244-5089, e-mail：info@jcopy.or.jp）の許諾を得てください．